2018年中国稻渔综合种养产业发展报告

2018 NIAN ZHONGGUO DAOYU ZONGHE
ZHONGYANG CHANYE FAZHAN BAOGAO

全国水产技术推广总站　编

中国农业出版社

北　京

图书在版编目（CIP）数据

2018年中国稻渔综合种养产业发展报告/全国水产技术推广总站编 . —北京：中国农业出版社，2019.5
ISBN 978-7-109-25490-9

Ⅰ．①2… Ⅱ．①全… Ⅲ．①稻田养鱼—产业发展—研究报告—中国—2018 Ⅳ．①F326.4

中国版本图书馆 CIP 数据核字（2019）第 089273 号

中国农业出版社出版
地址：北京市朝阳区麦子店街 18 号楼
邮编：100125
责任编辑：王金环　肖　邦
版式设计：王　晨　责任校对：赵　硕
印刷：北京中兴印刷有限公司
版次：2019 年 5 月第 1 版
印次：2019 年 5 月北京第 1 次印刷
发行：新华书店北京发行所
开本：787mm×1092mm　1/16
印张：12.75
字数：280 千字
定价：65.00 元

2018 年中国稻渔综合种养产业发展报告
编 委 会

前 言
FOREWORD

　　稻田养鱼在我国有着悠久的历史。过去，不少地方主要依靠稻田养鱼解决吃鱼问题；现在，我国已经彻底解决了"吃鱼难"的问题，稻田养鱼也推进到了稻渔综合种养的新阶段，"稳粮增收，稻渔互促，绿色生态"是这一新阶段的突出特征。稻渔综合种养是 2000 年以后发展起来的一种新型稻田养殖技术模式，该模式充分利用生物共生原理，种植和养殖相互促进，在保证水稻不减产的前提下，能显著增加稻田综合效益。进入 21 世纪以来，我们高度重视稻渔综合种养发展，在政策推动和技术研发示范带动上开展了大量工作，各地也积极开展了大量实践探索，稻渔综合种养规模和技术都有了很大发展。据统计，2018 年全国稻田养殖面积达到 2 250 万亩[①]，水产品产量 155 万 t，带动农民增收 300 多亿元，发展成效十分显著。

　　我国的稻渔综合种养产业走出了一条产业高效、产品安全、资源节约、环境友好的发展之路，是值得下力推广的农业技术模式。本书在《2018 年中国稻渔综合种养产业发展报告》的基础上汇编了 2018 年各省分报告，展现了我国稻渔综合种养的发展历程、产业现状和技术模式、面临的问题和推广部门的建议，对相关部门和经营主体具有很好的参考价值，有利于稻渔综合种养产业持续健康发展。

编 者

2018 年 12 月

---

　　① 1 亩≈0.067hm²，全书同。

目 录
CONTENTS

前言

第一章　2018年中国稻渔综合种养产业发展报告

　　我国有着悠久的稻田养鱼历史，稻渔综合种养是在传统的稻田养鱼模式基础上逐步发展起来的生态循环农业模式，是农业绿色发展的有效途径。近年来为适应产业转型升级需要，经过不断技术创新、品种优化和模式探索，我国的稻渔综合种养产业走出一条产业高效、产品安全、资源节约、环境友好的发展之路，形成一个经济、生态和社会效益共赢的产业链，在全国上下形成了新一轮发展热潮，是经济上划算、生态上对路、政治上得民心，值得下力推广的农业技术模式。

　　为促进稻渔综合种养产业持续健康发展，受农业农村部渔业渔政管理局委托，全国水产技术推广总站、中国水产学会联合上海海洋大学编写了《2018年中国稻渔综合种养产业发展报告》。本报告重点梳理了我国稻渔综合种养的发展历程、产业现状和技术模式，分析面临问题，提出发展建议。

一、历史沿革

　　中国的稻田养鱼历史悠久，是最早开展稻田养鱼的国家。汉代时，在陕西和四川等地已普遍流行稻田养鱼，至今已有2 000多年历史；唐昭宗年间，稻田养鱼的方式及其作用就有了明确的记载。然而，直至中华人民共和国成立前，我国稻田养鱼基本上都处于自然发展状态；民国时期，有关单位开始进行稻田养鱼试验，并向农民开展技术指导，但由于多年战乱，稻田养鱼的规模发展受到了制约。

（一）恢复发展阶段

　　中华人民共和国成立后，在党和政府的重视下，我国传统的稻田养鱼迅速得到恢复和发展。1953年第三届全国水产工作会议号召试行稻田兼作鱼；1954年第四届全国水产工作会议上，时任中共中央农村工作部部长邓子恢指出："稻田养鱼有利，要发展稻田养鱼"，正式提出了"鼓励渔农发展和提高稻田养鱼"的号召，全国各地稻田养鱼有了迅猛发展，1959年全国稻田养鱼面积突破1 000万亩；此后20年，鱼苗供应受限及农药的大量使用等导致稻渔共生发生了矛盾，一度兴旺的稻田养鱼急骤中落。20世纪70年代末，政府逐步重视发展水产事业，联产承包制的出现和普遍施行以及稻种的改良和低毒农药的出现，为产业的新兴注入了发展动力，稻田养鱼又进入了新的发展阶段。

（二）技术体系建立阶段

1981 年中国科学院水生生物研究所副所长倪达书研究员提出了稻鱼共生理论，并向中央致信建议推广稻田养鱼，得到了当时国家水产总局的重视；1983 年农牧渔业部在四川召开了全国第一次稻田养鱼经验交流现场会，鼓励和推动全国稻田养鱼迅速恢复和进一步发展，稻田养鱼在全国得到了普遍推广；1984 年国家经济委员会把稻田养鱼列入新技术开发项目，在北京、河北、湖北、湖南、广东、广西、陕西、四川、重庆、贵州、云南等 18 个省（自治区、直辖市）广泛推广；1986 年全国稻田养鱼面积达 1 038 万亩，产鱼 9.8 万 t，1987 年达 1 194 万亩，产鱼 10.6 万 t；1988 年中国农业科学院和中国水产科学研究院在江苏联合召开了"中国稻-鱼结合学术研讨会"，使稻田养鱼的理论有了新的发展，技术有了进一步完善和提高；1990 年农业部在重庆召开了全国第二次稻田养鱼经验交流会，总结经验，提出指导思想和发展目标，并先后制定全国稻田养鱼"八五""九五"规划。

（三）快速发展阶段

1994 年农业部召开了第三次全国稻田养鱼（蟹）现场经验交流会，常务副部长吴亦侠出席了会议并作重要讲话，指出"发展稻田养鱼不仅仅是一项新的生产技术措施，而是在农村中一项具有综合效益的系统工程，既抓'米袋子'，又抓'菜篮子'，也抓群众的'钱夹子'，是一项一举多得、利国利民、振兴农村经济的重大举措，一件具有长远战略意义的事情。"同年 12 月，经国务院同意，农业部向全国农业、水产、水利部门印发了《关于加快发展稻田养鱼，促进粮食稳定增产和农民增收的意见的通知》。随后的 1996 年 4 月、2000 年 8 月，农业部又召开了两次全国稻田养鱼现场经验交流会，2000 年我国稻田养鱼发展到 2 000 多万亩，成为世界上最大的稻田养鱼国家，稻田养鱼作为农业稳粮、农民脱贫致富的重要措施，得到各级政府的重视和支持，有效地促进了稻田养鱼的发展。

（四）转型升级阶段

进入 21 世纪，为克服传统的稻田养鱼模式品种单一、经营分散、规模较小、效益较低等问题，以适应新时期农业农村发展的要求，稻田养鱼推进到了稻渔综合种养的新阶段。稻渔综合种养指的是：通过对稻田实施工程化改造，构建稻渔共作轮作系统，通过规模开发、产业经营、标准生产、品牌运作，以实现水稻稳产、经济效益提高、农药化肥施用量显著减少的目的，是一种生态循环农业发展模式。"以渔促稻、稳粮增效、质量安全、生态环保"是这一新阶段的突出特征。2007 年稻田生态养殖技术被选入 2008—2010 年渔业科技入户主推技术。党的十七大以后，随着我国农村土地流转政策不断明确，农业产业化步伐加快，稻田规模经营成为可能。各地纷纷结合实际，探索了稻鱼、稻蟹、稻虾、稻蛙、稻鳅等新模式和新技术，并涌现出一大批以特种经济品种为主导，以标准化生产、规模化开发、产业化经营为特征的千亩甚至万亩连片的稻渔综合种养典型，取得了显著的经济效益、社会效益、生态效益，得到了各地政府的高度重视和农民的积极响应。从 20 世纪末到 2010 年，随着效益农业的兴起，稻田养鱼由于比较效益较高被大力推广，为广大稻区农民的增收做出了重要的贡献。但同时由于大面积开挖鱼坑、鱼沟，引起了对水稻可持续发展的担忧，自 2004 年开始面积出现下降，一度从 2 445 万亩下降到 2011 年的 1 812 万亩。该时期尽管养殖面积下降，但由于养殖技术的进步，养殖产量仍稳定在 110 万 t 以上。养殖单位产量从 2001 年的每亩 37.04 kg 提高到 2011 年的每亩 66.22 kg。

（五）新一轮高效发展阶段

2011 年是近 20 年稻渔综合种养面积的最低点，此后养殖面积止跌回升。2011 年，农业部渔业局将发展稻田综合种养列入了《全国渔业发展第十二个五年规划（2011—2015年）》，作为渔业拓展的重点领域。自 2012 年起，农业部科技教育司连续两年，每年安排 200 万元专项经费用于"稻田综合种养技术集成与示范推广"专项，2012 年投入 1 458 万元启动了公益性行业专项"稻渔"耦合养殖技术研究与示范。2013 年和 2016 年，全国水产技术推广总站、上海海洋大学、湖北省水产技术推广总站等单位承担的稻渔综合种养项目，共获得农牧渔业丰收奖农业技术推广成果一等奖 3 次；2016 年，全国水产技术推广总站、上海海洋大学发起成立了中国稻渔综合种养产业技术创新战略联盟，成功打造了"政、产、学、研、推、用"六位一体的稻渔综合种养产业体系；2011 年和 2018 年，浙江大学陈欣教授在美国科学学院院报（PNAS）发表了两篇关于稻渔综合种养理论研究的高水平学术论文。2016—2018 年连续 3 年中央一号文件和相关规划均明确表示支持发展稻田综合种养发展。2017 年 5 月农业部部署国家级稻渔综合种养示范区创建工作，首批 33 个基地获批国家级稻渔综合种养示范区；同年农业部在湖北省召开了全国稻渔综合种养现场会，副部长于康震要求"走出一条产出高效、产品安全、资源节约、环境友好的稻渔综合化种养产业发展道路"。在党和国家各级政府正确领导下，我国稻渔综合种养发展已步入大有可为的战略机遇期。

二、产业现状

（一）规模布局

据统计，2017 年我国有稻渔综合种养的省份共 27 个，北京、海南、西藏、青海 4 个省份未见统计（未包括中国香港、中国澳门和中国台湾）。

全国稻渔综合种养面积 2 800 万亩，其中湖北 502 万亩、四川 464 万亩、湖南 332 万亩，上述 3 省总面积占全国稻渔综合种养总面积的 46.4%。另外，江苏、贵州、云南、安徽、浙江 5 省稻渔综合种养面积均超过 100 万亩（图 1-1）。

全国稻渔综合种养水产品产量 194.75 万 t，其中湖北 51.70 万 t、四川 37.78 万 t、浙江 28.66 万 t，上述 3 省水产品总产量占全国稻渔综合种养水产品总产量的 61%。另外，湖南、江苏、安徽 3 省稻渔综合种养水产品产量均超过 10 万 t。

全国稻渔综合种养水产品单位亩产量 77.16kg，其中浙江达到每亩 261.21kg，另外，上海、江西、湖北 3 省（直辖市）稻渔综合种养水产品每亩产量都超过 100kg，江苏、四川、安徽 3 省稻渔综合种养水产品单位产量也超过全国平均值。

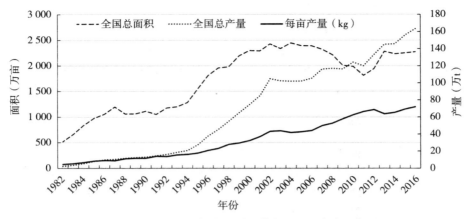

图 1-1 1982—2016 年我国稻田养鱼面积和水产品产量

从各地情况看，2017 年全国稻渔综合种养面积较 2016 年增加了 11%，各省份中，河南增加最多，增幅达到 1 127%。2017 年全国稻渔综合种养水产品产量较 2016 年 163.23 万 t 增加了 19%，各省份中，河南增加最多，增幅达到 348%，此外，河北、吉林、湖南、湖北、宁夏、广东、黑龙江等稻渔综合种养水产品产量均超过全国平均增速。2017 年全国稻渔综合种养水产品单位产量较 2016 年每亩 71.77kg 增加了 7.5%，各省份中，宁夏、甘肃稻渔综合种养水产品单位产量增加最多，均增加 1 倍，此外，河北、湖南、江西、湖北、广东、天津、贵州、云南、吉林稻渔综合种养水产品单位产量增速超过全国平均增速。

（二）产业效益

1. 经济效益。 据统计，全国单一种植水稻的平均亩纯收益不足 200 元，稻渔综合种养的经济效益明显提升。据对 2017 年全国稻渔综合种养测产和产值分析表明，稻渔综合种养比单种水稻亩均效益大幅增加，亩平均增加产值 524.76 元，采用新模式的亩均增加产值在 1 000 元以上，带动农民增收 300 亿元以上（图 1-2）。

2. 生态效益。 根据示范点测产验收结果，19 个测产点中，最少的点减少化肥用量 21.0%，最高的点减少用量 80.0%；农药用量最低减少 30.0%，最高减少 50.7%。根据上海海洋大学、浙江大学等技术依托单位研究结果，稻渔综合种养平均可减少 50.0% 以上的化肥使用量，减少 50.0% 以上的农药使用量。研究表明稻田中鱼、虾等能大量摄食稻田中蚊子幼虫和钉螺等，可有效减少疟疾和血吸虫病等重大传染病的发生；稻田中蟹类活动和摄食可有效减少杂草的滋生，有效节省人力并减少农药的使用。同时，采用稻渔综合种养模式的稻田其温室气体排放也大大减少，甲烷排放降低了 7.3%～27.2%，二氧化碳降低了 5.9%～12.5%。

3. 社会效益。 稻渔综合种养具有稳定粮食生产的作用。根据水稻边际效应原理和测产结果分析，在沟坑占比低于 10% 的条件下，稻渔综合种养不仅不影响水稻生产，而且可以解决稻田撂荒闲置和"非粮化""非农化"等突出的农村问题，大大调动了农民种稻积极性，促进粮食稳产。稻渔综合种养是一些地区产业精准扶贫的有效手段。2017 年农

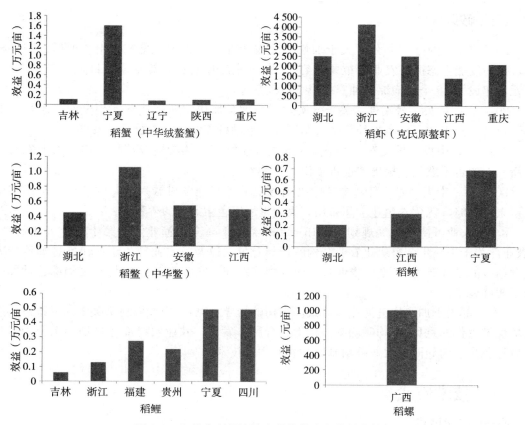

图 1-2　六种典型稻渔综合种养模式亩均增收情况

业部扶贫工作开展了稻渔综合种养推进行动，在湖南湘西、内蒙古兴安盟、黑龙江泰来、贵州铜仁和遵义、陕西延安等贫困地区开展稻渔综合种养技术指导与培训，指导稻田资源丰富的贫困地区因地制宜发展稻渔综合种养。其中，全国水产技术推广总站、中国水产学会在农业部相关司局指导支持下，依托中国水产科学研究院淡水渔业研究中心等科研院校，与云南省农业厅及地方政府通力合作，积极推动云南省元阳县哈尼梯田稻渔综合种养产业发展和精准扶贫工作，迅速建立起一个周期短、见效快、增收稳的扶贫新产业，使千年哈尼梯田既成为带动区域经济发展的"景观田"，又成为农民脱贫致富的"增收田"，走出了一条民族地区产业扶贫的新路。韩长赋部长对此做出批示："这件事做得好、做得实，一举多得，应坚持不懈地抓下去，把哈尼梯田打造成生态农业绿色发展的中国样板"。

综上所述，发展稻渔综合种养既是促进乡村振兴富裕渔民的有效手段：能够有效保障粮食安全、食品安全，还能促进农民增收、推进产业融合，并有利于农村防洪蓄水、抗旱保收，体现了渔业的多功能性；也是美丽乡村建设的重要支撑：提高了稻田能量和物质利用效率，减少了农业面源污染、废水废物排放和病虫草害发生，显著改善农村的生态环境，促进农耕文化与渔文化的融合；还是渔业转方式调结构的重点方向：作为生态循环养殖模式，符合生态环境约束政策对渔业发展的严苛要求，也是发展休闲渔业的潜在资源。

（三）政策扶持

2015 年，《国务院办公厅关于加快转变农业发展方式的意见》提出"把稻田综合种养，作为发展生态循环农业的重要内容"；农业综合开发农业部专项项目资金安排 4 800 万元，建设了 16 个稻渔综合种养规模化示范基地。

2016 年，中央一号文件《关于落实发展新理念加快农业现代化实现全面小康目标的若干意见》提出"启动实施种养结合循环农业推动种养结合、农牧循环发展"。

2017 年，中央一号文件《关于深入推进农业供给侧结构性改革加快培育农业农村发展新动能的若干意见》提出"推进稻田综合种养"。

2018 年，中央一号文件《中共中央国务院关于实施乡村振兴战略的意见》提出实施质量兴农战略，优化养殖业空间布局，大力发展绿色生态健康养殖。

《全国农业可持续发展规划（2015—2030 年）》《全国渔业发展第十三个五年规划》《农业部关于进一步调整优化农业结构的指导意见》以及《农业部关于加快推进渔业转方式调结构的指导意见》《全国农业现代化规划（2016—2020 年）》等均对稻渔综合种养提出了明确要求。

《农业部关于加快推进渔业转方式调结构的指导意见》《农业农村部关于深入推进生态环境保护工作的意见》，均明确支持稻渔综合种养发展，农业农村部还将稻渔综合种养列入以绿色生态为导向的农业补贴制度和农业主推技术。

三、技术模式

（一）技术要点

稻渔综合种养实施过程中，主要涉及的技术有：配套水稻栽培技术、配套水产品养殖技术、配套种养茬口衔接技术、配套施肥技术、配套病虫草害防控技术、配套水质调控技术、配套田间工程技术、配套捕捞技术、配套质量控制技术等 9 个方面。

1. 配套水稻栽培技术：宜选择茎秆粗壮、抗倒伏、叶片直立、株型紧凑、生长期长、分蘖力强、耐深水、耐肥抗倒、抗病虫、耐淹、丰产性能好、适宜当地种植的水稻品种。水稻栽培应发挥边际效应，通过边际密植，最大限量保证单位面积水稻种植穴数。根据不同综合种养模式，采用"大垄双行，沟边密植"水稻插秧技术、"分箱式"水稻插秧技术、"双行靠、边行密"插秧技术、"合理密植、环沟加密"水稻栽培技术、"二控一防"水稻栽培技术、稻田免耕抛秧技术。

2. 配套水产品养殖技术：应选择经济价值高、产业化发展前景好的品种，并且能适应稻田的浅水环境、较大温度变化、低溶氧、生长周期短、生长速度快、中下层栖息性、草食性或杂食性的水产品种。根据不同养殖品种，做好放苗前准备、苗种选择、苗种消毒、苗种投放、饲喂管理、水质调控、病害防治、日常管理等工作。

3. 配套种养茬口衔接技术：根据养殖品种生长特点，综合考虑有害生物、有益生物及其环境等多种因子，对稻蟹共作，稻虾连作、共作，稻鳖共作、轮作，稻鳅共作，稻鱼共作等主要模式的水稻种植和水产养殖茬口衔接采用对应技术，合理安排翻耕、插秧、投苗、蓄水、收获等工作节点。

4. 配套施肥技术：按"基肥为主，追肥为辅"的原则，一是测土配方一次性施肥，对土壤取样、测试化验，根据土壤的实际肥力和种植作物的需求，计算最佳的施肥比例及施肥量；二是基追结合分段施肥，将施肥分为基肥和追肥两个阶段，以基肥为主、追肥为辅，追肥少量多次。

5. 配套病虫草害防控技术：稻田中病虫草害有多种，如害虫有稻象甲、卷叶螟、二化螟、稻飞虱等；稻田杂草有稗草、慈姑、眼子菜、水马齿、莎草科杂草等；其他如鸟、鼠、蛇害等，这些都直接影响养殖产品的产量和收益。宜通过生态防控，降低农药使用量，通过建立天敌群落、生物工作等生态方式防虫，合理使用防鸟网、诱虫灯、防虫网等设备防鸟、虫，通过标准化田间工程进行控草。

6. 配套水质调控技术：稻田水质常见的有低溶解氧、硫化物超标、氨氮和亚硝酸盐超标以及蓝藻水华等问题。一般应急调控采用注水、栅栏、筛网、沉淀、气浮、过滤等物理方法调控和混凝、沉淀、氧化还原和络合等化学方法调控。但多通过水位调节、底质改良、水色调节和种植水草、调整放养密度等方式，确保水质"肥活嫩爽"。

7. 配套田间工程技术：根据不同综合种养模式，要对传统稻田进行工程化改造，改造过程中，不能破坏稻田的耕作层，开沟不得超过总面积的10%。通过合理优化田沟、鱼溜的大小、深度，利用宽窄行、边际加密的插秧技术，保证水稻产量不减，同时工程设计上，应充分考虑机械化操作的要求。

8. 配套捕捞技术：由于养殖品种不同，且稻田水深较浅，环境也较池塘复杂，捕捞时在借鉴池塘捕捞方法的基础上，还要综合考虑茬口衔接状况，应充分利用鱼沟、鱼溜，根据养殖生物习性，采用网拉、排水干田、地笼诱捕，配合光照、堆草、流水迫聚等辅助手段，提高水产品起捕率、成活率。

9. 配套质量控制技术：通过无公害产地和产品认证，绿色、有机产品生产，品牌化产品生产，落实相关要求。把握稻田环境、水稻种植、水产养殖、捕捞、加工、仓储、流通等关键环节，以物联网、云计算等新技术为支撑，传感网络、可视化监控网络、RFID电子标签等手段，建立稻渔综合种养产业链全时空监控和质量安全动态追溯系统。

（二）主要模式

稻渔综合种养模式呈现出从单纯"稻鱼共生"向稻与鱼、虾、蟹、贝、龟鳖、蛙等共生和轮作的多种模式发展的趋势，已逐步形成稻蟹、稻虾、稻龟鳖、稻鱼、稻贝、稻蛙及综合类等7大类24种典型模式（表1-1）。稻渔综合种养技术模式在各地区因地制宜，进一步本地化，区域特色明显。

表1-1　稻渔综合种养模式类型

序号	稻渔综合种养类别	具体模式	省份
1	稻蟹	稻＋中华绒螯蟹（共作）	吉林、辽宁、宁夏、陕西、重庆、广西、黑龙江

（续）

序号	稻渔综合种养类别	具体模式	省份
2	稻虾	稻＋小龙虾（共作）	安徽、重庆、湖北、江西、宁夏、广西
		稻＋小龙虾（轮作）	江西
		稻＋南美白对虾（共作）	广西
		稻＋日本沼虾（轮作）	浙江、湖北
3	稻龟鳖	稻＋中华鳖（共作）	浙江、湖北、江西、宁夏
		稻＋中华鳖（轮作）	浙江
		稻＋乌龟（共作）	广西
		稻＋日本鳖（共作）	安徽
		稻＋黄沙鳖（共作）	广西
4	稻鱼	稻＋鲤（共作）	重庆、福建、贵州、吉林、浙江、四川
		稻＋鲫（共作）	重庆、福建、宁夏、四川
		稻＋田鱼（土著鱼）（共作）	宁夏、四川
		稻＋禾花鱼（土著鱼）（共作）	广西
		稻＋大鳞副泥鳅（共作）	湖北、宁夏、重庆、黑龙江、四川、辽宁
		稻＋黄鳝（共作）	广西
		稻＋黄颡鱼（共作）	江西
		稻＋草鱼（共作）	贵州、四川
		稻＋鲢鳙（共作）	四川
5	稻贝	稻＋田螺（共作）	广西
		稻＋珍珠蚌（共作）	江西
6	稻蛙	稻＋蛙	广西、江西
7	综合类	稻＋鳖＋蛙	安徽
		稻＋虾＋蟹（罗氏沼虾＋中华绒螯蟹）	重庆

1. 稻蟹共作模式： 主要分布在黑龙江、吉林、辽宁、宁夏、浙江、上海、江苏、河北、湖北和云南等省份，已形成典型的"辽宁盘山模式""宁夏稻蟹共作模式"和"吉林稻田养蟹技术模式"等。

2. 稻虾连作、共作模式： 由于操作简单、收益较高，目前已经成为我国最受欢迎的稻渔综合种养模式，并且已经成为小龙虾的主要养殖方式之一。主要分布在湖北、安徽、江苏、浙江、云南、四川、河北等省份，已形成典型的"湖北稻小龙虾连作、共作模式"和"浙江绍兴稻青虾连作模式"等。

3. 稻龟鳖共作、轮作模式： 主要分布在浙江、湖北、福建以及江苏、天津等省份，已形成典型的"浙江德清稻鳖共作、轮作模式"等。

4. 稻鳅共作模式： 主要分布在河南、浙江、江苏、河北、湖北、重庆、天津、湖南、安徽等省份。目前主要包括先鳅后稻、先稻后鳅、双季稻泥鳅养殖模式，已形成典型的

"浙江稻鳅共作模式"等。

5. 稻鱼共作模式：主要分布在浙江、福建、江西、湖南、四川等全国大部分省份，已形成典型的"浙江丽水丘陵山区稻鱼共作模式""江西万载平原地区稻鱼共作模式""云南元阳哈尼梯田稻鱼鸭综合种养模式"等。

（三）技术标准

为规范稻渔综合种养技术模式，推进稻渔综合种养产业健康发展，在农业农村部渔业渔政管理局指导下，全国水产技术推广总站联合相关省份水产技术推广单位和科研院所，制定了我国首个稻渔综合种养方面的行业标准《稻渔综合种养技术规范》，其中"第 1 部分：通则"已于 2017 年 9 月 30 日正式发布，并于 2018 年 1 月 1 日正式实施。"通则"部分界定了稻渔综合种养方面相关术语定义、技术指标、技术要求、技术评价等方面内容，适用于稻渔综合种养的技术规范制度、技术性能评估和综合效益评价；"通则"要求：平原地区水稻产量不低于 500kg/亩，丘陵山区水稻单产不低于当地水稻单作平均单产；沟坑占比不超过 10%；与同等条件下水稻单作对比，单位面积纯收入平均提高 50% 以上，化肥施用量平均减少 30% 以上，农药施用量平均减少 30% 以上；不使用抗菌类和杀虫类渔用药物。标准的其他部分"稻鱼（平原型、山区型、梯田型）""稻蟹（中华绒螯蟹）""稻虾（克氏原螯虾、青虾）""稻鳖""稻鳅"等正按计划制定中。

四、存在问题

（一）产业发展规划缺乏

当前，新思想、新战略、新部署对稻渔综合种养的产业基础、资源条件、要素条件提出了新要求，虽然国家和部分地方政府都对稻渔综合种养提出了政策支持，但对稻渔综合种养产业发展布局的整体规划还跟不上产业快速发展的需求，难以保证产业持续健康发展。有的虽然有了规划，但过于简单，与地方其他产业发展规划，特别是乡村旅游业发展的契合度不高、适用性不强，难以指导产业发展；或是有了规划不按规划建设，很难形成产业聚集，难以发挥集聚效应和提高产业竞争力。一些地区只注重自身利益和眼前利益，完全不顾自身发展能力，在对稻渔综合种养本身特性认识不够、研究不深，在地区发展能力与产业发展条件不匹配的情况下，简单复制，强行推广，重复建设。

（二）基础建设水平欠佳

配套田间工程技术是传统稻田养鱼向稻渔综合种养跨越的重要革新技术，但由于现代化、标准化的田间工程投资大，受资金限制及部分地区国土部门管控，目前，开挖简单的沟坑仍在稻渔综合种养工程中占主流，稻鳖等对稻田工程化技术要求高的模式发展受到局限。稻渔综合种养由于田间工程和茬口衔接等问题，对稻田机械提出了新的要求，目前尚没有开发出与稻渔综合种养相配套的农机，因此，部分稻渔综合种养田块甚至放弃水稻机械化收割，不符合农业机械化发展趋势。信息化是智慧农业的标志，物联网技术在部分稻渔综合种养示范区得到应用，但应用面积仍不够广，数据信息的深度挖掘使用更少。

（三）基础理论研究不足

从全国情况看，与稻渔综合种养模式创新方兴未艾相比，稻渔综合种养基础理论研究仍不足。一是种业发展滞后于产业发展。与多样的养殖对象和模式相比，专门的水稻品种和水产品种严重缺乏，被调查农户中 64.2％的人表示需要新品种。二是稻田生态理论研究不足，生态管理技术缺乏创新。尽管稻渔综合种养是生态循环农业的典型模式，但仍有小范围病虫害发生，目前的"生态"仍停留在模式上，生态管理不够规范，病虫害的生态防治技术缺乏总结和创新。三是缺乏不同模式生产优势的理论解析，模式稳定性不足。新模式新技术更多停留在经验水平，由于缺乏理论指导，新模式缺乏稳定性。

（四）规模化组织化程度不高

从全国情况看，目前稻渔综合种养经营分散，10 亩以下的农户占 15.0％，10～50 亩的占 22.0％，50～100 亩的占 11.0％，100～500 亩的占 33.0％，500 亩以上的仅占 20.0％。组织化程度不高，87.5％的农户没有参加合作社或协会，市场博弈能力差。组织化和规模化程度低，意味着养殖所需资源分散、集中度不够，难以在生产和销售等方面形成合力，对稻田养殖区域化布局、标准化生产、产业化运营、社会化服务等均构成制约。另外，田块面积越小的农户，稻田开挖池塘面积越容易超出标准，偏离以渔促稻、生态环保的发展方向，不符合标准化发展趋势。

（五）从业者专业素质不高

稻渔综合种养是系统工程，其中水产养殖和水稻种植属于两个不同的技术工种，能否既掌握养殖和种植技术，又使不同配套技术有机融合，是对稻渔综合种养从业者的基本要求，也关乎稻渔综合种养的成败。目前，我国农业从业人员整体专业素质不高，稻渔综合种养职业农民严重不足，一是传统水稻种植从业者对水产养殖接触少，对鳖、蟹、泥鳅等名特优水产品养殖知识尤其匮乏，缺乏必要的水产养殖知识和技术。二是水产养殖单位重水产轻水稻，缺乏水稻种植技术和管理能力，难以保证综合效益。三是经营生产人员普遍缺乏必要的质量安全管理技术和知识，水稻种植和水产养殖的产品安全控制能力不足。

五、发展建议

随着经济进入新常态，我国农业和农村形势正在发生深刻变化，农产品价格的"天花板"、成本的"地板"、资源环境的"紧箍咒"等问题日益突出，农业稳粮增收面临新的挑战。发展稻渔综合种养能通过种养结合、生态循环，实现一水多用、一田多收，水稻种植与水产养殖协调绿色发展，既破解了国家"要粮"和农民"要钱"的矛盾，又解决了渔业"要空间"的问题，是一种可复制、可推广、可持续的现代绿色循环农业好模式。目前，全国稻田面积 4.5 亿亩，保守估计其中 15％以上适宜发展稻渔综合种养，产业存在巨大发展空间。

针对当前发展面临的问题，在"以粮为主，工程化发展；生态优先，标准化发展；提质增效，规模化发展；三产融合，产业化发展"原则基础上，提出如下对策建议。

（一）研究制定发展规划和支持政策

按照生态文明建设、农业供给侧结构性改革及"藏粮于地、藏粮于技"的战略要求，在全面分析市场需求、资源禀赋的基础上，推动制定一批国家、地区或企业的稻渔综合种养产业发展规划，明确发展目标和区域布局，确保产业有序发展。争取将稻渔综合种养纳入农业综合开发、高标准农田建设和农田水利建设补贴范围，设立专项资金扶持稻田养殖基础设施建设、苗种补贴、农机购置补贴等，简化申请审批手续，为稻田养殖户获得资金支持创造便利。

（二）强化技术集成创新与标准宣贯

充分发挥产业联盟"产、学、研、推、用"五位一体的平台优势，构建跨学科、跨领域的专家团队和联合协作机制，针对稻渔综合种养产业发展中的关键问题，开展联合科技攻关，加快主导模式和配套关键技术的集成与示范。加强水产行业标准《稻渔综合种养技术规范》宣贯，加快推动稻蟹、稻鳖、稻虾、稻鲤、稻鳅等模式标准的研究制定，确保模式发展不走样。

（三）完善产业技术服务和经营体系

充分发挥国家水产技术推广体系的组织优势，积极构建与产业化相关的技术和服务体系，加快培育苗种供应、技术服务、产品营销等方面的经营主体，试点开展水产养殖互助保险，不断提升产业服务保障水平。加强稻渔综合种养产地环境和产品检验检测。加快推进水稻种植、水产养殖、加工、销售等全过程信息化，建立可追溯体系，确保产品质量和安全。积极培育稻渔综合种养专业大户、家庭农场、农民合作社、农业企业等新型经营主体，做大产业规模，推进产业标准化生产，实现品牌化经营，形成区域性的优势产业。

（四）加强培训示范和融合发展

整合技术资源和信息资源，搭建稻渔综合种养技术经验交流平台，促进新型综合种养模式、稻田养殖技术、用药技术、质量安全管理技术和苗种等信息的交流传授和示范推广。做好国家级和省级稻渔综合种养示范区创建工作，在全国示范推广一批先进技术模式。挖掘稻渔综合种养"接二连三"功能，在积极发展二、三产业的同时，促进产业融合，推动稻渔综合种养与休闲渔业、旅游业有机结合，不断延长产业链，提升价值链，打造现代田园综合体样板。

（五）加大工作宣传力度和品牌创建

通过各种媒体广泛宣传稻渔综合种养在"稳粮、促渔、增效、提质、生态"方面的作用，让社会各界全面了解稻渔综合种养的良好发展前景和所发挥的重要的经济、生态、社会效益，争取上下认可、多方支持。总结宣传各地涌现出来的好模式、好典型、好经验和好做法，营造良好的社会舆论氛围。积极宣传推介稻渔综合种养公共品牌和产品品牌，提升产业品牌价值，扩大稻渔综合种养优质稻米、水产品的影响力和市场占有率。

农业农村部渔业渔政管理局

全国水产技术推广总站　中国水产学会

上海海洋大学

第二章 2018 年天津市稻渔综合种养产业发展分报告

一、产业沿革

天津市开展稻田养殖可追溯到 20 世纪 90 年代，在水产部门的推动下曾实施了稻田养鱼和稻田养蟹项目，并对相关技术进行了摸索和总结。但由于当时种养殖条件、农民观念、产业发展政策等因素的局限，并没有形成规模化发展。大约在 2007 年前后，天津市宝坻区又开始将稻田养鱼（蟹）技术在本地区进行应用。最初利用几十亩稻田开展种养殖试验示范，养殖的品种仅有中华绒螯蟹、泥鳅。随后经过几年的发展，宝坻、宁河等地持续发展水稻种植和水产品养殖，取得了良好的经济效益和生态效益。至 2015 年，全市稻渔综合种养面积近 4 万亩，养殖品种涵盖中华绒螯蟹、泥鳅、鲤、鲫、草鱼、青虾、蛙、鳖等，形成了符合地区发展特点的"稻蟹立体种养模式和稻鱼立体种养模式"。2016 年以来，在政策利好、产业结构优化调整的环境下，在农业提质增效、保粮增收的发展要求下，天津市稻渔综合种养产业进入加快发展阶段，2018 年产业规模达 6 万亩。综合种养殖面积稳中有增，养殖模式品种以稻蟹为主，占全市稻田综合种养的 90% 以上，稻青虾、稻鱼规模不大，稻小龙虾养殖近两年开展了试验示范，虽然仅部分地区取得了阶段性成功，但呈现出比较大的产业发展需求。

二、产业现状

目前，天津市拥有水稻种植面积近 50 万亩，其中宝坻区约 37 万亩，是天津市水稻主产区。宝坻区境内河流纵横交错，水网交织，水系水域面积为 30.3 万亩，水资源充沛。中、东部地区自然气候和条件非常适合水稻的种植和水产品养殖。随着全国稻田综合种养技术的发展，天津市积极推动开展稻渔综合种养的示范推广。结合项目实施了稻渔立体生态种养技术的集成与示范，开展了"稻蟹共作""稻鳅共作""稻鱼共作"以及"稻虾连作＋共作"四种模式的应用，取得了良好的经济效益和生态效益。

按照国家提出的发展绿色农业的总要求，天津市渔业部门将发展稻渔立体种养作为农业结构战略性调整的重点，鼓励农民推陈出新，通过提高稻田单位效益拉动农民增收。并且，以项目带动、产业扶持，培育了多家具有代表性的养殖龙头企业和专业合作社，示范带动了河蟹、泥鳅、虾、观赏鱼等水产经济品种的稻田养殖。除此之外，还积极挖掘推动种养殖产业外的关联产业，通过举办钓蟹节、新米节等活动，为乡村旅游活动增添新的内容和活力，促进稻区农村休闲旅游业发展。

目前全市稻田综合种养以水稻主产区宝坻区为重点进入加快发展阶段，区域内稻渔种养面积近 5 万亩。养殖品种涵盖河蟹、泥鳅、草鱼、青虾、小龙虾、蛙等，以"稻蟹""稻鱼""稻虾"为主。几年的发展，形成了符合当地实际的"稻蟹立体种养模式"和"稻鱼立体种养模式"。2015 年、2016 年，稻田养殖年度总产量达到 1 500t，总产值 0.5 亿元。平均亩产稻谷 500 kg 左右，亩产河蟹 10～15 kg，亩产泥鳅 40～50 kg，比单纯种植水稻亩纯收入增加 600～1 000 元。

2017 年，天津市鸿腾水产科技发展有限公司在市、区渔业主管部门及技术推广部门的支持下，按照国家级稻渔综合种养示范区创建要求，积极开展示范区创建工作。企业用于稻渔综合种养技术研究示范面积约为 3 000 亩，开展稻鳅为主的稻田综合种养示范并取得显著成效。公司制定并严格实施安全生产规范，坚决不使用化肥、农药以及禁用渔药，严格填写生产记录，确保生产的农产品质优价优、养殖生态环境良好、实现产值效益增长。2016 年稻渔综合种养亩产有机稻平均为 460kg 左右，每千克有机稻谷价格为 6 元。每亩每年泥鳅产量 50kg，价格约为 16 元/kg，仅套养泥鳅年实现利润 1 000 元以上。稻渔综合立体种养模式每亩稻田年利润 3 000 元以上。

2017 年，天津市水产技术推广站承担并完成中央财政项目，在全市开展稻渔立体种养技术集成与推广，地区涉及宝坻、宁河、武清、滨海新区等水稻产区，面积 11 260 亩。开展了稻蟹、稻鱼、稻虾等立体种养技术的示范推广。进行了中华绒螯蟹"光合 1 号"、泥鳅、青虾、草金鱼等水产动物的培育及示范养殖，取得了较好的示范效果。水稻平均亩产量 647.41kg，水产品亩产量 17.19kg，综合亩效益 1 070 元；较传统水稻种养亩增效益 770 元。实现了"一水两用、一地双收"，有效增加农民收入，取得了显著的经济效益、社会效益。2018 年，受天气、苗种等因素的影响，全市稻蟹主要养殖区水稻及水产品的平均产量有所下降，稻田蟹亩均产量 10～12.5kg。

三、主要技术模式

1. **"稻蟹共作"模式**。该模式是天津地区的主要模式，约占稻渔综合种养的 90% 以上。选择连片农田，面积几亩、十几亩或四五十亩，进行工程改造。包括田埂改造、田面改造、进排水设施改造、防逃墙设置等，让稻田从结构和功能上适应水产动物的生态习性。田埂高出田面 30cm，宽度达到 40cm，沿田埂内侧 1m 挖环沟，宽 1m 左右，深 0.6m 左右，坡度为 1：（1.2～2）。视田块大小中间挖 3～5 条宽 50～70cm，深 30～40cm 的田间沟，主要供养殖河蟹爬进稻田觅食、隐蔽用。开挖面积占稻田总面积的 10% 以下。本地区因水稻分蘖期在 5 月中下旬至 6 月上旬，与蟹苗供应时间存在一定的时间差，因此部分水稻种植区利用田头自然沟、塘，经整理后或利用稻田的进排水渠道改造后进行蟹苗或扣蟹的暂养。

选择适应本地气候，耐肥，秸秆坚硬，不易倒伏，抗病性能良好，分蘖力强，高产优质的水稻品种。田块施足基肥，占全年施肥总量的 70%，追肥占 30%，多施有机肥和生物肥。4 月初育秧，5 月中旬前后插秧，因地制宜选取扦插方式，宽行密植插秧，大垄双行等，让养殖的水生动物能够在稻田中自由进出觅食，为其提供适宜的生长空间。

放养苗种前，每亩用生石灰对环沟进行消毒，清除环沟中的敌害生物、病原菌等。待药效消除后放苗。天津地区一般在插秧20d左右，秧苗分蘖后的6月初前后开始放养苗种。放养前对苗种进行消毒。亩放养规格120～160只/kg的扣蟹400～600只。扣蟹投放后及时投喂，避免对秧苗的破坏。根据成蟹养殖不同发育阶段，前期和后期育肥阶段投喂相应蛋白含量的人工配合饲料，并搭配补充螺等动物性饵料。中期稻田中的水草生长快，为河蟹提供了充足的饵料，不投喂或适当补充河蟹专用全价配合饲料。稻田养蟹坚持精、青、粗饲料合理搭配的原则，动物性饵料占30%，植物性粗饲料占30%，草类占40%。9月下旬至10月，田沟中放置地笼网起捕，捕大留小，陆续上市。平均规格75～200g，平均亩产量10～15kg。

2. "稻鱼共作"模式。 稻田工程方面，插秧前挖好鱼沟和鱼坑，鱼沟"十"或"一"或"田"字形，沟宽60～70cm，深30～40cm。鱼坑占稻田面积3%左右，深80cm以上。在进出水口设置拦鱼栅、拦鱼网。

放养苗种前15～20d进行消毒，清除鱼沟、鱼坑中的敌害生物、致病生物及携带病原的中间宿主等。选择体质健壮，规格整齐，活动力强的苗种。近两年天津市主要开展了稻草金鱼、稻鳅两个品种的立体养殖示范。草金鱼每亩放养规格为3cm左右的夏花3.5万尾。泥鳅每亩投放规格为3～5cm的夏花1.5万～2.0万尾。

稻草金鱼共作模式，除可利用稻田一些天然动物、植物饵料外，另补充人工饲料。日投喂量占养殖鱼总重量的3%，每天投喂2次，上下午各1次。稻鳅共作模式，饲料为泥鳅专用人工配合饲料，主要投放在田沟四周浅水区，便于泥鳅均衡摄食，也利于观察泥鳅吃食情况和发病情况。投放量前期按鱼体重的1%，中期按鱼体重的1.5%，后期按鱼体重的2.0%。傍晚投饵，一次投足。9月中下旬至10月，疏通鱼溜、鱼沟，通过放水落差，使草金鱼进入沟坑，然后网捕。一次性未捕完的，再次进水、集鱼、排水捕捞。平均规格40g，亩产量30kg。

3. "稻虾连作＋共作"模式。 开挖好稻田边沟，边沟宽3～5m，深1.2～1.5m。田间沟等根据实际需要，参照稻蟹模式。天津市主要开展了杂交青虾"太湖1号"稻田立体种养技术示范。

3月底，购入杂交青虾"太湖1号"种虾，按雌雄比5∶1的比例投放入育苗池中，通过投喂沙蚕、蛤肉等高蛋白动物饲料对其进行营养强化，促进其性腺成熟。在育苗池进行原池孵化，青虾繁育期间水质调肥，待青虾孵出苗后每天泼洒豆浆，补充开口饵料，待苗约1cm左右时，投喂南美白对虾破碎料。

待稻田晒田壮秆后，于7月初，每亩稻田投放1.5～2.0cm的虾苗2万尾。饲料主要投放在田沟四周浅水区便于青虾摄食，日投喂量为虾体重的3%～5%，投喂2h内吃完。杂交青虾"太湖1号"生长速度很快，在稻田里饲养2个月，达到商品规格4cm以上，体重3～5g。9月中下旬稻田晒田时，稻田水回撤到边沟中，降低水位至1m以内，田沟放入地笼进行捕虾，留大放小，捕捞的小虾放回边沟中，待稻田收割完进行回水，水深1.0m，虾苗进行自然越冬，留作种虾作为第二年青虾苗种所用。

四、特色品牌

天津地区稻蟹综合种养区主要在宝坻，当地规模较大的专业种养殖合作社近几年生产发展很快，区域性品牌创建和保护的意识比较强，发展良好的合作社建立了自己的产品品牌。并且，通过本地电台、报刊、微信公众号等加强对稻、蟹等特色农产品的宣传。宝坻八门城镇杨岗蟹田米、河蟹等特色产品在天津本地以及北京、河北等地的消费认可度很高，如杨岗庄"稻蟹缘（蟹、米）"、东走线窝"走燕窝（蟹、米）"、王建庄"蟹田米"等，由于产品品质优良，市场销售价格优势显著。与市场上的普通产品相比，蟹平均单价高出 5 元，稻米价格高出 0.5～3.0 元。2018 年，宝坻区八门城镇组织成立了稻蟹综合种养殖协会，在特色品牌建设等方面还将继续深入推进。

另外，天津地区七里海河蟹是地理标志保护产品，且具有较优良的品种，在天津及周边地区也有较好的认可度。但近几年由于苗种繁育规模、养殖区域规划等原因，七里海河蟹的产量受到了影响。目前，天津市也在积极开展七里海河蟹的繁育与保种工作，增强对这一特色产品（品牌）的保护和发展力度。

五、存在问题及发展对策建议

（一）存在问题

天津市发展稻田综合种养虽然取得了一些成绩，但随着种养殖规模增加，新品种需求、技术发展变革，养殖模式选择等出现新变化，产业稳步持续推进尚存在着不少问题与困难。

1. 群众思想认识不足，影响对稻渔综合种养的参与性。多年来，天津市水稻主产区的政府部门将发展稻田综合种养作为农业结构战略性调整的重点，鼓励农民推陈出新，利用区域内水稻种植的有利条件发展稻渔综合种养。相关部门也协调技术人员及种养殖大户到辽宁盘锦、江苏连云港等地考察，学习他们在稻田综合种养方面的先进技术和成功经验，并聘请大洼县稻田养蟹的技术能人，亲自指导天津市稻蟹种养。同时，利用媒体广泛宣传产业发展优势，鼓励更多的水稻种植户参与其中。但由于整体思想认识不足，农户缺乏系统性、专业性、高水平的培训和技术指导服务，如何科学管理，提高水产养殖品种的成活率和品质，赢得稳定且较高的经济效益成为困扰农户的主要问题，从事传统水稻种植的农民参与的意愿受到不同程度的影响，致使天津市稻田综合种养殖发展速度远落后于其他省市。

2. 产业扶持不强，缺乏有效规划和配套措施。一是稻区的水利设施基本建于二十年前的荒改稻时期，由于资金短缺，多年没有维修，渠道淤积老化，进排水功能变弱，有的已经失去功能，大部分闸涵、桥梁、道路等损坏，特别是电力设施急需增容改造。二是天津市稻田种植以一家一户为主，由于稻田流转难度大，因此连片规模少，导致组织化程度较低，仍以粗放式养殖模式占主导，生产及管理成本高，缺乏规模效应。三是部分乡镇或农户不允许对土地进行边沟改造，一定程度上影响了稻渔种养的效益，进而限制了稻渔种养技术的发展。四是企业参与度不高，龙头企业少，带动作用弱，养殖的产品进入流通、加工、销售环节不顺畅，产业链短，附加值低。五是对于稻田综合种养在产业政策扶持、资金投入方面仍缺乏长远规划，持续性资金投入不足。

3. 技术水平低，技术服务有待增强。一是养殖户养殖技术低，特别是稻蟹养殖过程中，前期和后期的生产管理薄弱，造成河蟹成活率低，商品蟹规格小、品质差，影响养殖效益。养殖户缺乏系统性、专业性、高水平的培训和技术指导服务，种养、管护技术亟待提高。二是品牌创建、市场营销缺乏专业指导，高质量农产品卖不出应有价格，达不到投入产出应有的效益，品牌培育体系有待进一步完善。三是本地蟹苗繁育规模化程度低，种苗供应受到多重制约。天津市稻田综合种养以稻蟹养殖和稻鳅养殖为主，所需的扣蟹多来自辽宁盘锦、河北、山东等地；所需泥鳅苗种主要来自周边地区的野生种苗或从河北、内蒙古等地收购。从外地购入的苗种不但价格高、运输及入塘田养殖成活率风险增大，而且数量质量有时也没有保障；还可能将区域外水产病害带入，从而对天津市的水产养殖业产生不利影响。因此，苗种质量以及供需矛盾在很大程度上阻碍了稻田综合种养殖产业的发展。

（二）对策建议

1. 充分重视，形成思想上的合力。政府层面要充分认识发展稻渔综合种养是符合天津市种、养殖业实际、具备广阔发展前景和潜力的绿色产业，强化推进稻田综合种养的决策意识。农业、水产部门要加强宣传与推广力度，多开展示范引导，多借助新闻媒体进行宣传报道，通过组织全市范围的稻渔综合种养现场推广会，推介专业合作组织、养殖生产大户的成功经验和典型做法，扩大先进种养殖技术模式的影响力，提高广大农户的认知度，让他们充分了解认识开展稻渔综合种养的优势所在，亲身感受到这种生产模式的应用前景和预期的效益，营造良好的产业发展环境，进一步推进稻渔综合种养在天津市的持续发展。

2. 总体规划，形成政策上的合力。为加快落实乡村振兴战略，促进天津市农业现代化发展，相关部门应该加大产业融合发展，增强政策、科技支持的总体规划，将惠农举措真正落地生根。拓展农业功能，坚持质量兴农、绿色兴农，促进产业优化升级，促进形成城乡经济社会发展一体化新格局。通过调整种植结构、农业经营模式、价值实现形式，给予种养殖者更多惠农支持。下力量搞好农村水利建设和高标准农田建设，推进农业经营方式创新，加快培育专业农民合作组织、农业产业化龙头企业、家庭农场、专业大户等农村新型经营主体，着力培养新型职业农民和带头人，推进农民承包土地经营权规范有序流转，发展多种形式适度规模经营，实现农业生产规模和效益的双提高，促进农业功能向二三产业拓展。

3. 加强引导，形成市场上的合力。一是通过土地流转、股份合作等多种形式，按照因地制宜和群众自愿的原则，鼓励、引导农户组建专业合作社，把分散的农户组织起来，进行统一规划管理，不断扩大生产经营规模，促进稻田综合种养向产业化、规模化方向发展。二是加强招商引资，通过专业合作社与实力强大的集团公司强强联合，发展订单农业，建立"龙头企业＋专业合作组织＋养殖户"三级联动的发展模式，延长产业链条，降低农业经营风险，锁定未来利润。三是大力实施品牌战略，打造扶持如农产品网店等新型销售模式，通过政府推动和市场引导相结合的方法，形成具有天津特色的水稻、水产品品牌，提高附加值。四是促进稻渔种养殖产业与农业休闲旅游相结合，发挥稻田水产品的休闲垂钓等功能，为乡村旅游活动增添新的内容和活力，推动如稻香丰收节、鱼耕文化节、金秋钓蟹节等乡村游活动的开展，带动区域乡村旅游业的蓬勃发展。

4. 完善机制，形成技术服务的合力。一是编制适合本地环境条件的稻渔综合种养技术操作要点及规程，使种养户"一看就懂，一学就会"。聘请先进省市及本市种养殖行业的相关专家，做好技术服务、培训、指导，提高养殖户种养殖综合技术和管理水平。二是完善惠农服务机制，以科技项目示范带动产业升级与成果转化，积极争取政策、资金的投入。如在农田基础设施建设上增强针对性，按照稻渔综合种养的要求进行规划设计、申报立项、建设施工。设立稻渔综合种养产业发展专项资金，按一定标准实行"以奖代补"政策，带动资金要素向综合种养产业集中。三是加强服务体系的建设，按照"稳粮增效、以渔促稻"的总体要求，集成配套稻渔综合种养关键技术和设施，建立稻渔综合种养产业化发展技术支撑体系和配套服务体系。加大技术集成和示范推广的力度，在宝坻区、宁河区、武清区、滨海新区、静海区、蓟州区等建立稻蟹、稻虾、稻鱼等主导模式示范区。着力解决苗种供应、技术服务、产品营销等关键环节的问题和梗阻，建立和完善稻渔综合种养的公共服务保障体系。

5. 因地制宜，向兄弟省市学习。近些年，江苏、湖北、安徽、辽宁、山东等省在稻渔综合种养殖产业发展方面走在了前列，为我们提供了许多可借鉴的成功经验和技术模式，我们要走出去、请进来，不断向兄弟省市学习，并结合天津市发展稻渔综合种养殖的实际，通过规划引领、政府引导、市场主导、农民主体、典型引路、部门联动，因地制宜，稳步推进该产业发展。

稻渔综合种养是一种实现稳粮、促渔、增效、提质、生态等多方面功能的现代生态循环农业发展新模式，未来将作为天津市渔业主推的先进养殖模式之一。今后，将积极争取省级渔业、财政等主管部门的支持，继续扩大稻蟹、稻虾、稻鱼等综合种养模式的示范推广，提高技术成熟度与成果的转化应用，促进天津地区稻渔种养殖产业的发展，促进区域产业结构优化升级和农民持续增收。

天津市水产技术推广站

钟文慧

第三章 2018 年河北省稻渔综合种养产业发展分报告

河北省常年水稻种植面积 126 万亩左右，主要分布在唐山（曹妃甸区、丰南区、滦南县、乐亭县等共 85 万亩）、秦皇岛（抚宁县、昌黎县共 12 万亩）、承德（隆化县等 20 万亩）等三地七县区，保定、邯郸、石家庄等沿河、沿淀、洼地等区域也有少量种植。利用稻田水资源进行水产养殖的稻渔综合种养面积 2.2 万亩，主要集中在唐山（1.19 万亩）、保定（1.04 万亩）两市，其中以唐山市的曹妃甸区稻渔综合种养最为集中。唐山市的丰南区、滦南县、乐亭县、保定安新县（雄安新区）也有一定种养，邯郸的永年县等尚处于试养阶段。稻渔综合种养的渔业品种以河蟹为主，有少量泥鳅、小龙虾、南美白对虾。因唐山市曹妃甸区是稻渔综合种养的传统产区，也是稻渔各种模式的试验先行区和推广发展区，谨以曹妃甸区稻渔综合种养产业发展情况总结如下，一窥全局。

一、发展沿革

河北省稻渔综合种养始于唐山市曹妃甸区。曹妃甸区的前身是河北省国营柏各庄农场，1956 年建场，1983 年建县（唐海县），2012 年设区（曹妃甸区）。全区现有 15 个农业场，农作物种植面积 38 万亩，其中水稻种植面积 32 万亩，是京津冀单季粳稻种植最具区域代表性的县（区）。因曹妃甸区特殊的退海地理环境，加之天然的滦河库水灌溉和 180 余天无霜期等良好的生长气候条件，孕育出香糯可口、外观剔透晶莹的地理标志产品"柏各庄大米"，是北方闻名的优质大米产区、河北大米之乡、全国农垦现代农业示范区。

曹妃甸区海岸线长 51km，位于渤海湾的湾顶，是各种海淡水养殖种类的栖息、繁殖场所。当地的中华绒螯蟹素有"紫蟹金鳞唾手可得"的美称，发展河蟹养殖具有得天独厚的资源优势和基础条件。1993 年对虾养殖病害暴发以来，当地县委、县政府积极调整养殖结构，大力发展河蟹养殖，以弥补养虾业的损失，从此兴起了河蟹养殖开发的热潮。由于当时粮价偏低，农业增产不增收，利用稻田养殖河蟹模式应运而生。

1995—1996 年，是全省河蟹养殖发展的高峰期，唐海县河蟹养殖面积 14.2 万亩，年创利税 55 000 万元，占县域国民经济的比重达 27.5%。尤其是稻田养蟹投资小、效益高（亩效益在 2 000 元左右），成为唐海县淡水养殖的首选。稻田养蟹面积一度发展到 5.8 万亩，年产河蟹 2 000 多 t，其面积、产量、效益均居全省之首。以稻田河蟹综合种养为主的河蟹产业成为了多年来唐海县实现优质、高产、高效和可持续发展农业的有效途径，也成为促进农业增产、增收、区域增效的新型产业。

二、产业现状

根据《2018 中国渔业统计年鉴》统计，2017 年全省稻渔综合种养面积 1 483hm²（折合 22 245 亩），其中唐山市 793hm²（11 895 亩），保定市 690hm²（10 350 亩）；稻渔养殖水产品产量 569t，其中唐山市 380t，保定市 189t。主要种养模式有四种，稻蟹、稻鳅、稻虾（小龙虾）及利用稻田尾水进行南美白对虾养殖。分述如下：

1. 稻蟹综合种养。 稻蟹综合种养是河北省稻渔综合种养的主要模式，多以扣蟹养殖为主，主要分布在曹妃甸区，成蟹养殖分布于曹妃甸区、丰南区、安新县（雄安新区）等地。现有稻蟹综合养殖面积 1.7 万多亩，亩均产河蟹 30～50kg，亩均产水稻 600kg，亩均总产值 7 500 元左右，亩均利润 4 500 元左右。

2. 稻鳅综合种养。 稻鳅种养是河北省近年来发展起来的新型模式，主要集中在唐山市的丰南区。现有稻鳅种养面积 2 000 亩，亩产泥鳅 200kg 左右，亩均产水稻 600kg，亩均产值 8 000 元左右，亩均利润 5 000 元左右。

3. 稻虾（小龙虾）综合种养。 自 2016 年开始试养成功，现有稻虾种养面积 3 000 亩，主要分布在唐山市的曹妃甸区、丰南区和保定市的安新县（雄安新区）。稻虾综合种养一般亩产小龙虾 30～70kg，亩均产水稻 600kg，亩均产值 7 000 元左右，亩均利润 4 000 元左右。

4. 利用稻田尾水进行南美白对虾养殖（此项未统计在年鉴中）。利用稻田的泡田尾水、洗田尾水进行蓄积，平均每 5 亩稻田配 1 亩池塘，蓄积的稻田尾水进行南美白对虾养殖。该模式主要集中在唐山市曹妃甸区、丰南区，目前养殖池塘面积 6.5 万亩，对虾亩产量 200～300kg。这种模式也是曹妃甸区利用稻田尾水进行综合利用的一大特色。

三、特色品牌

为规范生产，1996 年唐海县水产主管局组织技术人员首先制订了河北省地方标准《稻蟹混合种养技术规程》，2001 年 5 月，在国家商标总局注册了"恒行"品牌河蟹，成为河北省首个稻渔综合种养的渔业产品，当年唐海县被中国特产之乡推荐暨宣传活动组织委员会授予"中国河蟹之乡"称号；2002 年 12 月，唐海县河蟹被河北省质量奖审定委员会、河北省质量技术监督局评为河北省优质产品。2004 年，以稻田河蟹养殖为主的唐海县河蟹产业入围第五批全国农业标准化示范区创建名单。2007 年 10 月，唐海县被命名为"国家级无公害河蟹标准化养殖示范区"。近年来先后获得"国家现代农业示范区""国家农产品质量安全县""国家级出口食品农产品质量安全示范区""农业部渔业健康养殖示范县"荣誉称号。

与此同时，唐海县稻渔大米各项认证工作也同步推进。如曹妃甸水稻已通过有机认证面积 1 234 亩，且大米全部通过绿色食品认证。同时拥有稻米"曹妃湖"省级著名商标和"大喜康田""益三方""纬度 39"等品牌。其中大喜康田 7233 稻米市场售价每 500g 19.8 元，大喜康田胭脂稻每 500g 90 元，品牌效果明显。

四、存在问题及对策

（一）存在问题

（1）稻渔综合种养技术还比较欠缺，模式比较单一，还无法满足种养户的需求。稻渔综合种养需要结合水稻及养殖品种进行综合防治及管理，操作难度较大。目前，河北省稻蟹综合种养技术已经成熟，稻鳅模式也基本成熟，稻田小龙虾综合种养模式尚有待进一步完善。

（2）稻渔综合种养产业规模还比较小，稻田利用率还不够充分。需要进一步完善配套基础工程和种养模式，规模化开发和推广应用。

（3）品牌意识较弱。缺少有效的组织、宣传和推广，销售渠道有限，市场范围较窄，市场竞争力不强。

（4）组织化程度还比较薄弱，目前多是一家一户式养殖，抗风险能力较低。

（二）发展对策

1. 加强稻渔综合种养新技术、新模式的引进、研发与创新。结合河北省实际情况，不断引进和集成示范适合河北省的稻渔综合种养新技术、新模式，满足绿色生态农业发展及广大种养户的需要。

2. 加大政策扶持力度，扩大农渔融合度。借力国家级稻渔综合种养示范区申报的东风，积极建设稻渔综合种养示范区，并在政策、资金、项目等方面给予支持，不断加大农渔技术融合，促进水资源、土地资源共享，推动全省稻渔综合种养更好更快地发展。

3. 树立品牌意识，提高品牌引领作用。品牌是产业存在和发展的灵魂，意味着高附加值、高品质、高利润。发展现代农业，实施乡村振兴，应把品牌建设放在首位，通过科学的有组织的规划管理，打造地区稻渔知名品牌，提高市场认知度，从而达到提升稻渔综合种养质量和效益的目的。

4. 加强科技创新，提高技术支撑能力和水平。树立创新是第一生产力的理念，积极引智、借力，打造河北省稻渔综合种养产业科技人才队伍和产业队伍，整体提升全省科技创新能力和服务水平，推进稻渔综合种养产业跨越式发展。

河北省水产技术推广站　唐山市水产技术推广站

王凤敏

第四章　2018 年山西省稻渔综合种养产业发展分报告

山西省有 10 多万亩稻田，其中约 4 万亩适合发展养鱼。利用这些稻田、莲田养鱼，可取得稻鱼、莲鱼双丰收，增加土地产出，提高生产效益。

一、发展历史

山西的莲田养鱼起步较早，在 20 世纪 70 年代即开展起来。2001 年，省水产主管部门开始推广稻田养鱼技术。当年在大同市灵丘县开展 100 亩水稻田养鱼（蟹）试验，收获鱼 6 075kg、蟹 720kg，鱼蟹产值 8.1 万元，平均每亩增产稻谷 50kg。莲菜田养鱼技术在清徐县实施 100 亩，平均每亩产鲫 80kg，优质莲菜 1 900kg，比单种莲藕增值 600 多元。至 2003 年，稻田养鱼技术在代县、原平、灵丘等地推广，推广面积达到 230 多 hm²，平均每亩产鱼 75kg，增收稻谷 50kg，增加产值 680 元。莲田养鱼技术在清徐、曲沃、芮城等地推广，推广面积 230 多 hm²，平均亩效益比单纯池塘养殖高出近 1 000 元，实现了水下种菜、水中养鱼、水面牧鹅的立体生态养殖。

2001 年 6 月 13 日　时任省政府副省长范堆相到灵丘县蔡家峪村稻田养鱼试验基地进行调研并指导工作。范堆相副省长指出，稻田养鱼是一件好事，既合理利用了水源，又能增加农民收入，有条件的地方都要很好地推广。

二、产业现状

2002 年山西省在 2001 年试验成功的基础上，又推广了近 70hm² 稻鱼、160 多 hm² 莲鱼生态渔业工程，稻田养鱼产量由 2001 年的 25t 增加到 75t，每亩纯收入 2 500 元。2004 年全省稻田养鱼生态渔业工程自 2001 年试验推广以来，历时 4 年的发展，推广面积已达到 330 多 hm²，平均亩产鱼 75kg，增收稻谷 50kg，纯收入 500 元。莲田养鱼推广面积 330 多 hm²，平均亩纯收入达到 3 500 元。

2005 年，稻田养鱼面积和莲田养鱼面积在 2004 年各 330hm² 的基础上分别新增 66hm²。稻田养鱼亩纯收入达 400 元，莲田养鱼亩纯收入达 2 500 元。稻田养鱼主要在灵丘、代县、原平等地得到大面积推广，莲田养鱼主要在太原、临汾等地得到推广。

2006 年，全省稻鱼、莲鱼生态渔业发展至 672hm²，达到了历史最高水平，产量达到 876t，有效促进了渔业、种植业、畜牧业的协同发展。

2007—2008年，稻鱼、莲鱼生态渔业开始大面积减少，养殖面积分别为87hm² 和5hm²，而养殖产量分别减少至54t和12t。2010年之后面积和产量又开始回升，截止到2017年年底，全省稻鱼养殖面积266hm²，产量140t。池塘作为重要的资源条件在山西省渔业发展中起着重要作用。到2017年年底，山西省池塘养殖面积为2 772hm²，湖泊面积1 941hm²，水库面积10 692hm²，占到全省鱼类养殖水面的98%。而稻田所占比例不到所有养殖水域面积的1%，导致稻鱼种养模式无法大面积推广，没有开发出特色品牌，稻鱼技术更新缓慢。

山西省水产技术推广站

郝晓丽

第五章 2018 年辽宁省稻渔综合种养产业发展分报告

辽宁省水稻种植历史悠久，稻田河蟹等渔业资源丰富。从 20 世纪 90 年代初开始开展稻渔综合种养，随着养殖规模逐渐扩大、养殖技术的不断成熟，目前，辽宁省稻渔综合种养已逐步发展成为生态循环农业模式，走出了一条产业高效、产品安全、资源节约、环境友好的发展之路，形成一个经济、生态和社会效益共赢的产业链。

一、稻渔综合种养情况

辽宁省稻田渔业起步于 20 世纪 90 年代中期，经过四五年的发展，90 年代末形成一定规模，并逐步成为辽宁省农村经济发展的一项新兴产业。进入 21 世纪，农业部及辽宁省各级政府、渔业行政主管部门高度重视，稻田渔业迎来新的发展机遇。辽宁省将发展稻田渔业作为调整农业结构、稳定粮食生产、增加农民收入、促进农业综合开发向广度和深度发展的重要抓手，稻田渔业取得突飞猛进的发展，实现了经济、社会、生态三大效益的有机统一，为农民增收、渔业增效和保持农村稳定作出贡献，为稳定水稻生产和保障粮食安全提供了重要支撑。

截至 2018 年 6 月，全省稻渔综合种养面积已达 98 万亩。其中，稻蟹 85.5 万亩、稻鱼 11.5 万亩、稻虾 1 万亩。全省稻渔综合种养年总产量达到 67.5 万 t。其中，水稻总产量达 56 万 t、蟹虾鱼总产量 6 万 t、大豆总产量 5.5 万 t；稻渔综合种养年总产值达到 35.2 亿元，利润达到 14.2 亿元。辽宁省稻渔综合种养主要分布在盘锦、丹东、营口、辽阳、鞍山等地区。其中盘锦市稻渔综合种养面积达到 65.5 万亩，占全省稻渔综合种养面积的 66.8%。

（一）稻蟹综合种养情况

经过近几年的快速发展，辽宁省稻蟹综合种养发展到 85.5 万亩，年产河蟹 5 万多 t，产值达到 18 亿元。其中，盘锦市稻蟹综合种养 58 万亩，占全省稻蟹综合种养面积的 67.8%。全省有 12 个市 20 多个县（市、区），出现了一大批规模化经营的万亩县、万亩乡、千亩村、百亩村。盘锦市就有 18 个镇实现了养蟹万亩镇，养蟹面积在 10 亩以上的户数达 2.86 万户。稻田河蟹产业的兴起，为全省稻蟹养殖户带来了可观的经济效益，初步形成了苗种繁育、蟹种养殖、成蟹养殖、饵料生产、冷链物流、互联网销售和餐饮服务等诸多环节的产业链条，为全省城乡提供了近 15 万个就业岗位。盘山县、大洼县、东港市、大石桥市、辽阳县、台安县等重点稻田渔业示范县粗具规模，在辽宁省凡是有稻田的县（市、区）基本有了稻田渔业。河南省平顶山市、兰考县，吉林省梅河口市，安图县，黑龙江省佳木斯市，内蒙古通辽市，宁夏回族自治区等多个省市和地区先后数千人来辽宁省考察学习，辐射带动了我国北方地区稻田种养新技术的发展。

（二）稻渔综合种养情况

近两年，随着稻田养蟹产业的蓬勃发展，辽宁省继续开拓创新，在综合调研和论证基础上，充分发挥全省稻田优势，继河蟹产业之后大力推广"一水两用""一地四收"（水稻、大豆、河蟹、泥鳅）的稻渔综合种养模式，增加了稻田养殖"新贵"泥鳅，带动更多养殖户增产增收。目前，全省稻田养殖泥鳅已发展到11.5万亩，产量达到9 320t，产值达2.2亿元，利润达9 260万元，亩效益增加1 730元。盘锦市和丹东市的部分乡镇建立了稻鳅综合种养示范区，示范区实施统一管理、统一供苗、统一测水、统一调控，保证泥鳅健康养殖的环境条件。并建立起集孵化、养殖、加工、销售、冬储和信息服务为一体的一条龙服务体系，上联科研技术推广部门，下联广大养殖户，为推动全省泥鳅产业发展提供有力的技术保障。从2014年开始，全省各级政府通过各种方式扶持稻渔综合种养，极大地调动了群众养殖泥鳅的积极性，泥鳅稻田养殖面积从2014年的1万亩左右，发展到现在的11.5万亩，有效地拓宽了稻渔综合种养渠道。

（三）稻虾综合种养情况

2018年农业农村部发布了《中国小龙虾产业发展报告》，小龙虾产业在全国范围开展推广工作。辽宁省有丰富的小龙虾养殖资源和成熟的养殖技术，受苗种和价格的影响，小龙虾产业一直没有发展起来。随着小龙虾产业在全国的推广，辽宁省抓住发展小龙虾产业的有利时机，2018年在盘锦市、沈阳市、丹东市等地区开展了稻田、池塘、苇田小龙虾的养殖和繁育越冬试验，试验面积达3 000多亩，目前已取得良好效果。如果能够成功解决北方地区小龙虾越冬技术，做到苗种自给自足，小龙虾将成为辽宁省稻渔综合种养的另一个主养品种。同时，辽宁省稻田放养本地中华小长臂虾已经进入推广阶段，2018年已推广达8 000亩。此外，辽宁省稻渔养殖品种还增加了红鲫、锦鲤、草鱼、黄颡鱼、鲤、鲫、鲇、对虾等众多养殖品种。

二、主要技术模式

（一）稻蟹共作模式

盘锦市在发展河蟹产业中先后提出"稻田养蟹""蟹田种稻""大养蟹"和"养大蟹"的发展思路，积极探索"用地不占地，用水不占水，一地两用，一水两养，一季双收"生产模式，实现了埝埂种豆、田中种稻、水中养蟹的立体生态种养殖的有机结合，形成了稻、蟹、菜多元化的复合生态系统，从而打造出"大垄双行、早放精养、种养结合、稻蟹双赢"的稻田生态种养新技术——辽宁"盘山模式"。形成了"水稻＋水产＝粮食安全＋食品安全＋生态安全＋农民增收＋企业增效"，即"1＋1＝5"，实现了由传统农业向现代农业的转变。"盘山模式"是一项新的技术创新成果。

（二）稻鱼共作模式

稻田养殖泥鳅，带动更多养殖户增产增收。现主要分布在辽宁省的盘锦市和丹东市的一些乡镇，并有综合种养示范区。

（三）稻虾共作模式

在盘锦市、沈阳市、丹东市等地区开展了稻田、池塘、苇田小龙虾的养殖和繁育越冬试验，试验面积达 3 000 多亩，目前已取得良好效果。在盘锦和沈阳等地试验的本地中华小长臂虾养殖已经进入推广阶段，2018 年已推广达 8 000 亩。

三、稻渔综合种养的主要做法和经验

（一）健全组织，加强领导

辽宁省将稻渔综合种养工作作为重要工作，省渔业部门联合对产业的发展进行统筹筹划、制订方案、争取扶持、精心组织、齐抓共管。同时，成立了由辽宁省农业科学院相关院所和盘锦市北方河蟹研究所等技术骨干组成的专家组，重点解决产业发展中遇到的重大技术问题。各市、县政府部门也成立了领导小组，制订实施方案，积极宣传、引导专业合作社、新型经营主体、企业、养殖户等开展稻渔综合种养，形成了上下联动的良好局面。

一是摸清底数，提出实施意见。组织渔业、推广和科研等部门进一步摸清全省稻田渔业的发展现状、潜力以及存在的问题，将稻田渔业发展列入辽宁省渔业倍增发展计划中，提出了稻田渔业发展意见，进一步明确了发展目标，确定了工作重点。

二是提高认识，增强发展信心。通过加大对稻田渔业生产模式的宣传，各地进一步统一了对"一水两用、一地双收"稻田种养新技术的认识，增强了发展的信心。作为稻田渔业主导地区，盘锦市委、市政府提高了对发展稻田渔业的认识，把大力发展河蟹产业作为实施农业结构战略性调整的切入点和突破口，不断更新观念，使"盘锦河蟹"产业从小到大，由弱到强，成为盘锦市农产品中影响力最大，优势最突出，市场竞争力最强的产业之一，有力地带动了全市稻田养蟹产业的发展。

三是加强引导，促进产业发展。各地纷纷行动起来，加强对稻田渔业发展的引导。辽阳市委、市政府在全市农村工作会议上，对各县（市）区下达了开发稻田渔业的指标，对各县（市）区及稻田主产乡（镇）提出了具体要求。市委书记亲自带队，赴盘锦考察学习，对发展稻田渔业做出具体部署。目前综合种养面积已发展到 7 万亩，辽阳市稻田渔业发展进入了快车道。

（二）制定政策，加强扶持

稻渔综合种养绿色生态、种养结合、稻渔双收、增产增效，符合现代渔业发展要求，省政府和省渔业部门始终把其作为一项惠民工程，在政策和资金上给予大力支持。近几年，通过国家、省、市各级政府部门投入近亿元资金扶持全省稻渔综合种养项目。其中，省内通过开展新型渔民培训、技术攻关、标准化建设、科技服务、示范园区建设等工作投入资金2000多万元。一是盘锦市政府高度重视稻渔综合种养工作，2015年，制定了《关于加快发展泥鳅鱼产业的实施意见》和《盘锦市泥鳅鱼养殖业发展实施方案》，2年投入2300多万元用于扶持稻田泥鳅养殖，使盘锦市稻田泥鳅养殖在短短2年时间里就从5000亩发展到8万亩，推动了产业快速发展。二是"盘山模式"得到了农业部的大力支持，2016年投资600万元给辽宁省大洼县标准化稻蟹共生种养基地和辽宁省盘山县稻蟹鳅综合种养示范基地项目，地方政府配套300万元。其中省级政府配套270万元，市级政府配套30万元，极大地调动了广大农渔民的种养积极性。三是省渔业部门高度重视稻渔综合种养模式，2018年制定了《加快推进水产养殖业绿色发展三年行动计划》，要求相关市要大力发展稻田渔业，充分利用渔稻共生作用，实现"一水两用""一地双收"，打造资源综合利用、生态绿色环保的样板工程。并投入420万元资金，扶持新增稻渔综合种养示范区2万亩以上。

（三）创新模式，加强引领

在农业农村部渔业渔政管理局的大力支持下，辽宁省建立了辽宁河蟹产业技术创新联盟，整合上海海洋大学、辽宁省农科院、沈阳农业大学、大连海洋大学、辽宁省淡水水产科学研究院、盘锦市北方河蟹养殖研究所、盘锦市光合水产有限公司等单位的科技力量，围绕稻田种养新技术，建立产学研紧密结合的课题公关组，从水稻种植与管理、河蟹养殖水质监测和调控、饵料投喂、养殖模式创新等多方面进行技术指导、研发和集成，先后制定了《农产品质量安全 稻田中华绒螯蟹养殖技术规范》《无公害食品 盘锦稻田大规格河蟹养殖规范》等地方标准，探索出"大垄双行、早放精养、种养结合、稻蟹双赢"的稻蟹综合种养新技术"盘山模式"，并在我国水稻主产区大规模推广和应用。"盘山模式"有别于传统的稻田养蟹，既不是稻田里养蟹，也不是蟹池种稻，而是将水稻、蔬菜种植与水产养殖结合起来，组成稻、蟹、菜多元的复合生态系统，引领了北方稻田养蟹的大规模发展。

辽宁省加大对稻渔综合种养新品种、新技术、新模式的创新研发，以解决稻渔综合种养的种质（包括稻和渔）、施肥用药、质量安全、养殖模式等瓶颈问题。包括：适宜稻田综合种养的水稻新品种筛选与利用，稻田种养施肥技术研究与安全性评价，稻田综合种养水稻有害生物安全防控技术研究与应用，稻田综合种养化肥农药替代协同优化技术与应用，稻田综合种养减肥减药模式下产品品质及生态效应评价等。计划利用3年时间创建稻田综合种养化肥农药生态减施技术模式1套，制定国家稻蟹生态种养生产技术标准1套，提出稻田综合种养模式下化肥农药减施增效关键技术2～3项，筛选适宜稻田综合种养优良水稻品种10～15个，筛选对水产养殖安全的化学农药及替代产品15～20种，研制改进稻田综合种养专用肥配方1～2个，形成稻田生态种养优质高效生产模式和稻田综合种养丰产高效生产模式各1套。该项目的研发将大幅提高辽宁省稻渔综合种养的科技含量，推动稻渔综合种养工作跃上新台阶。

同时，辽宁省高度重视科研机制的创新，大力扶持民营科技的发展，发挥产学研联合优势，解决制约生产发展瓶颈问题。盘锦光合蟹业有限公司是辽宁省一家集优质苗种生产、养殖、加工、销售、研发、技术服务、休闲旅游于一体的民营科技企业，先后被认定为辽宁省农业产业化重点龙头企业、国家高新技术企业、全国科普示范基地、省级技术研发中心及中小企业技术服务平台、国家级河蟹健康苗种繁育基地、国家级河蟹良种场、全国现代渔业种业示范场、农业部健康养殖示范场、全国休闲渔业示范基地。拥有水产苗种培育面积 400hm²。其中，工厂化水产苗种培育车间 3 万 m³ 水体。养殖面积 1 万 hm²。公司下辖 1 个技术研发中心，在编人员 80 人。其中，有多年科研活动管理经验的管理人员 3 人；专职技术人员 56 人，有两人为辽宁省百人层次科技人才兼盘锦学科带头人。研发中心建有湿地科普馆、研发实验室、多功能培训教室、食品加工车间、活体实验车间，是一个将教学与实践完美结合的研发平台。2017 年 11 月成立院士专家工作站，引进桂建芳院士及其团队，确定以构建"稻渔综合种养与田园综合体"为目标，构建"繁育推"一体化的现代种业发展体系，实现一、二、三产业的相互结合和转移。研发中心以产业发展瓶颈问题为攻关课题，每年拿出 800 万元的科研经费，开发河蟹亲本培育、苗种培育、稻蟹综合种养先进适用生产模式，形成完整的养殖模式和一系列配套技术；研发出河蟹新品种"光合 1 号"和可复制的盘锦土著品种中华小长臂虾与河蟹立体生态养殖模式，并建立综合种养实践教学栈道，让养殖户从看、听、触等方面，近距离接触养殖品种，观摩养殖模式，实现实时观察养殖过程，带动 700 多户养殖户开展稻渔综合种养，覆盖养殖面积 6.5 万亩。公司将养殖生产、科技研发、典型示范和推广应用有机结合，对全省稻渔综合种养事业的发展起到了重要的推动作用。

（四）注重培训，加强推广

为提高广大从事稻田渔业的人员能力，以此为突破口，区分层次，突出重点，有效地培训从业人员。

一是搞好基础培训。每年组织国家、省、市、县、大专院校和科研院所的专家，定期组织产前、产中和产后培训班，由浅及深、由易到难地学习渔业新理论、新技术、实践经验和生产中遇到的各类难题，多次举办现场培训班，高效地开展技术推广服务工作。每年全省举办各种培训班达 70 多期，培训人数近万人。各示范县也都采取不同培训方式，提高教学质效。辽阳县建立了唐马寨镇稻田养鱼培训基地、穆家镇观赏鱼养殖培训基地等 4 个技术培训基地，有效地提高了养殖户的技术水平。

二是组织做好基层技术推广工作。在推广工作方面，采取首席专家＋技术推广人员＋科技示范户＋辐射带动户方式，组织各级水产推广和科研人员，总结生产实践经验，编写了《稻田养蟹种技术规范》《稻田养成蟹技术规范》《稻田养观赏鱼技术规范》，编印了《稻田养蟹经验汇编》和《稻田养蟹技术问答》等技术资料，通过基层农技推广体系改革与建设补助项目，让技术推广人员走入田间地头，把技术直接送到养殖户的家中，以最有效的方式完成技术推广服务工作，为发展稻田渔业提供技术支撑。

（五）创建品牌，倡导电商

稻田渔业是纯生态生产方式，打造稻田渔业品牌可以一举多得。稻田养鱼、养蟹要求不施肥或少施肥，在降低成本的同时，减少环境污染，是真正的绿色无公害，"蟹田大米"已经成为市场上最受欢迎的大米。辽宁省在品牌打造上下功夫：

一是打造品牌，提升档次。盘锦市主办中国北方河蟹展洽会，通过展洽会，盘锦的河蟹得到认同，盘锦市也荣获"中国北方河蟹之乡"的美誉。2009年9月，中国渔业协会河蟹分会授予盘锦市"中国河蟹第一市"称号；2012年10月，"盘锦河蟹"经国家工商总局批准注册中国地理标志证明商标；2013年11月，旭海牌、秀玲牌河蟹获得了中国"十大名蟹"奖。2014年9月中国渔业协会河蟹分会授予盘锦市"中国河蟹产业先进市""中国河蟹第一城"称号；同年12月"盘锦河蟹"获得了辽宁省著名商标；2015年"盘锦河蟹"被评为"最受消费者喜爱的中国农产品区域公用品牌"，2016年被评为全国最具影响力的水产区域品牌，同年12月，2016中国品牌价值评价"盘锦河蟹"品牌价值达到132.17亿元，2017年11月，"秀玲牌"河蟹再一次被评为中国"十大名蟹"。在近几年中国北方（盘锦）河蟹展洽会河蟹十佳包装评选活动中，盘山县的柳编系列、蒲编系列、精品系列河蟹包装，都被评为十佳包装。东港市"鳅地"牌泥鳅，盘锦"胡家""旭海""孟亮""腰岗子"牌河蟹，"利是""柏氏""圣"牌大米享誉国内市场。通过系统推进，打造品牌，实现了品牌效应，增加了附加值，延伸了产业链，增强了市场占有率和竞争力。

二是建设专业市场，引导产业发展。全省目前直接服务于稻田渔业的专业市场有6个，其中盘锦胡家镇"天下第一河蟹"市场是辽宁省重点发展的专业市场，现已名闻天下，成为全国河蟹销售的集散地，吸引了全国10多个省、市、自治区的客商，在河蟹销售期，参加交易的人数每天在4 000~5 000人，最高峰可达万人，日成交额800万元，最高日成交额达1 000多万元，形成"早上盘锦田中蟹，午间京津盘中餐"的产业链条。丹东椅圈镇河蟹市场也吸引了国内各地客户，河蟹交易额逐年上升，高峰时日交易量达50t，并常年设有收购点。目前，各市场积极引进了互联网＋电商销售模式，线上线下齐开花，实施网络＋实体店联合销售模式，通过品牌效益，拓宽销路，提高产品竞争力和市场的占有率。为扩大河蟹销售渠道，增加网上河蟹销售力度，盘锦市海洋渔业部门积极与天猫、京东两家大型网络销售商联系，签订战略伙伴关系，把更多的河蟹销售企业引导到线上销售。2017年，在盘锦河蟹最佳销售期，"盘锦河蟹旗舰店"正式上线运营，9月份一个月平台销售额达500余万元，在天猫聚划算的大型活动中，3日内全国浏览量即品牌曝光量5 000万人次，详细深度阅读200万人次左右，最终购买2万人次。此外，2017年盘锦市政府还与顺丰速运集团合作，成功举办了"让河蟹飞出盘锦"活动，每天有3万多斤（1.5万kg）盘锦河蟹坐飞机飞往全国各地甚至国外，盘锦河蟹作为生鲜商品长途运输探索的难题得到了破解。

三是培育发展协会和经纪人队伍，促进流通发展。盘锦市建立市、县、乡三级河蟹协会7个，培育各种河蟹销售中介组织近百个，经纪人队伍近5 000人，在全国大中城市建起了50多个销售网点。盘锦河蟹除销售全国各地外，还出口到日本、韩国、泰国、新加坡、美国等地，河蟹出口对盘锦市河蟹产业发展起到积极的推动作用，提高了河蟹市场价格，延长了产业链，增强市场竞争力，给企业和蟹农带来了巨大效益。盘锦市被国家质检总局批准为"辽宁地区唯一输台螃蟹基地"，2016年国家进出口商品检验检疫局批准盘锦旭海河蟹有限公司为国家级出口河蟹示范区。2017年，全市出口河蟹达到4 000t，创汇2 000万美元。"横行天下"的盘锦河蟹给盘锦的百姓带来了滚滚财源。

（六）积极宣传，加强引导

稻渔综合种养是名副其实的资源节约型、环境友好型和食品安全型产业，经济、社会和生态效益显著，符合国家绿色、生态的发展理念，对我国粮食安全战略具有重要意义。辽宁省渔业部门把稻渔综合种养列为重要工作，设立了稻田种养新技术（科技入户）专页，对全省稻田渔业的各项工作进行及时报道和宣传。还通过电台、报纸、电视、媒体、互联网等多种方式举办讲座、发布信息，对稻渔综合种养的重要意义、典型的龙头企业、养殖的新技术"盘山模式"、创建的米、鱼、蟹名牌产品等方面，开展积极的宣传引导工作，让广大养殖户真正了解稻渔综合种养在促进粮食生产、增产增收、绿色生态、产业扶贫等方面的重要作用，最大限度地促进稻渔综合种养的产业发展规模，推动全省渔业转方式调结构的快速发展。

四、下一步发展对策

2019 年，辽宁省将按照"十三五"规划的总体思路和发展重点，加快发展全省稻渔综合种养的产业化，重点抓好稻渔综合种养示范创建工作，认真落实农业农村部科教司和渔业渔政管理局的指示精神，继续把发展稻田渔业作为一项重要工作来抓，进一步整合资源，加大工作力度，确保稻田渔业发展再上新台阶。

（一）进一步提高认识，重视规模开发

稻田渔业开发在全省虽然已取得共识，但仍存在认识上的不足。锦州、沈阳、鞍山、铁岭的稻田面积分别为 15 万亩、20 万亩、60 万亩和 90 万亩，占全省稻田面积的 19.4%，而四市稻田渔业开发仅为全省总规模的 6%。沈阳市作为发展稻田渔业起步较早的地区，20 世纪 90 年代末，也曾达到 10 万亩的规模，但是近年来，由于受水源影响和扶持政策上的缺乏，更主要是认识上的不足，现仅有几千亩的规模，逐渐萎缩退步。因此，辽宁省拟规划建设省级稻渔综合种养示范区，制定相关的建设和认定标准，为全省稻渔综合种养提供发展模式，带动沈阳、辽阳、鞍山和铁岭等内陆宜渔地区的稻渔综合种养全面发展。

（二）做好经验总结，加强推广普及

稻田渔业经过 20 多年的快速发展，稻田养殖成蟹、扣蟹和养鱼的立体生态养殖模式已经得到完善和发展。整合全省各级渔业科研、推广、民营领军企业代表等的力量，及时将这些好模式进行总结推广，加快高效生态养殖技术的普及，是今后全省发展稻田渔业的重点。同时，及时总结推广各地发展稻田渔业的好经验、好做法，大力开展基地县、示范区建设、渔业科技入户工作，带动和促进全省稻田渔业的健康发展。

（三）打造质量品牌，扩大开拓市场

实现稻田渔业由规模数量型增长向质量、效益型增长的转变，丰富发展内涵，扩大市场占有，是今后发展稻田渔业的方向。进一步加强省内区域间和省间的合作与交流，学习

先进省份的养殖技术，依靠科技提高产品质量。加大推广盘锦地区提升产业水平的成功经验，提高全省稻田渔业产业质量，打造产业品牌，为稻田渔业发展提供更广阔的空间。

（四）强化组织领导，加大扶持引导

加强对稻田渔业的领导，加大政策的扶持力度，是加快稻田渔业开发的重要措施。总结盘锦、辽阳和营口等地开发稻田渔业的成功经验，继续在全省推广，不断扩大稻田渔业开发规模。同时，从农业稻渔生态种养、质量安全和绿色可持续发展的角度出发，大力支持和鼓励稻渔综合种养发展。协调财政科技示范推广、农业综合开发等项目资金用于稻渔综合种养示范区建设、综合种养技术研发和技术推广，不断提高养殖技术和产品品质，推动稻渔综合种养一、二、三产业的融合发展，使其在乡村振兴发展中发挥引领作用。

辽宁省现代农业生产基地建设工程中心

叶保民　宋玉智　刘学光

第六章 2018 年吉林省稻渔综合种养产业发展分报告

按照《吉林省水利厅关于印发稻渔综合种养增收工程实施方案（2018—2020 年）的通知》（吉水渔［2018］115 号）的总体部署，在省水利厅及各级渔业行政主管部门的大力支持下，经过全省各级水产技术推广机构的共同努力，建立省级示范区 13 个，全省完成推广面积 65 万亩，取得了较好的经济效益、生态效益和社会效益。具体情况总结如下：

一、项目主要经济技术指标及完成情况

（一）项目主要经济技术指标

按照《吉林省水利厅关于印发稻渔综合种养增收工程实施方案（2018—2020 年）的通知》（吉水渔［2018］115 号）文的要求，项目计划 2018 年全省推广 65 万亩，全省建立省级示范区 10 个以上，市、县级示范区达到 30 多个。计划稻田养鱼亩产鱼 15kg，综合增效 1 000 元；稻田养蟹亩产成蟹 15kg，综合增效 1 000 元；稻谷增收 7％以上。

（二）项目完成情况

2018 年全省共完成稻田养鱼（蟹）总面积 65 万亩，鱼蟹总产量 975 万 kg，稻谷总增产 3 250 万 kg，稻谷亩增利润 1 067 元，亩综合增效 1 306.5 元，综合总利润 8.49 亿元，稻谷增收 7.15％。超额完成了各项经济技术指标，取得了良好的经济、生态及社会效益。

二、采取的主要措施

（一）领导重视，政策扶持

此项目受到各级领导高度重视，省政府主管农业的隋忠诚副省长、水利厅张凤春厅长先后做出了批示和指示，主管渔业的宫成全副厅长为此项目进行了多次协调和调度，在全省渔业工作会议上用较大篇幅对此项目进行了讲解和动员。为了扎实落实此项目，省水利厅连续多年下发《吉林省水利厅关于印发吉林省稻渔种养增收工程实施方案》，在项目实施过程中，省水利厅的主管厅长、渔业局局长多次带队深入到全省各级示范区检查督导，省总站的领导也带领专业技术人员，深入到田间地头，对生产关键环节进行指导。

在资金投入上省水利厅把高标准稻田改造资金同项目结合起来，在开展稻田改造的同

时把项目需要的工程同步进行，既提升了工程标准又节省了生产企业的资金投入。省渔业局充分利用水产专项资金，对承担稻田综合种养项目的地区进行了重点扶持，据统计，2018 年各级推广机构争取各类资金超过 510 余万元用于项目推广，同时各级主管部门还把这个项目纳入政府部门的绩效考核，这些措施充分调动了组织者、生产者的积极性，为完成项目起到了决定性作用。

(二) 加强领导，明确分工

为了促进项目落实，省总站成立了项目工作领导小组和项目技术指导小组。采取领导带头、划分片区、责任到人的管理办法，项目工作领导小组主要负责组织协调、督导落实等。下设办公室，具体负责项目日常管理工作。项目技术指导小组主要负责项目的技术指导和跟踪服务等工作。采取分片负责的形式，按地区确定责任人员。项目确立了目标责任制，落实到项目承担地区及县市，明确了项目指标和验收方法，同时市、县水产技术推广机构都选派有经验的技术人员专门负责此项工作。确保了项目计划部署、落实、生产、验收及总结等工作的有序开展。

(三) 以点带面，加强管理

项目重点倾斜，扶持企业、合作社做强做大，以点带面，带动周边农户大力发展稻渔种养增收工程项目。以白城市弘博农场示范区为点带动白城示范区发展稻田养蟹，以东福米业、春新家庭农场为点带动吉林周边地区发展稻田养蟹。镇赉、东辽、前郭等县市也抓住了各县的示范点，带动本地的项目实施。为保证此项目顺利实施，省总站派技术人员到盘锦光合蟹业公司学习半个月稻田养殖扣蟹技术，回到省内长期蹲点负责协调和技术指导，帮助稻农做好田间工程、苗种选购、防逃设施设置、日常管理等关键环节工作。

(四) 强化培训，引进技术

新一轮稻渔种养增收工程技术与传统的稻田养殖技术区别较大，为保障新技术尽快被技术人员和养殖户掌握，省总站指派有经验的专家在全省 20 余县市培训班上巡回讲解"稻渔种养增收技术"，并在多地实地指导和现场讲解。培训技术人员及农渔民 1 500 余人次。扶余、梅河口市、伊通、东辽、四平、梨树、九台示范区还组织示范户及种养大户到辽宁盘锦光合蟹业进行现场考察学习，现场了解养殖工程建设以及苗种的投放方法，提高了理性认识。

(五) 因地制宜，确定模式

全省大面积推广以稻田养鱼为主，示范区以稻田养蟹为主。各项目区的推广机构根据本地稻田的条件和养殖户的接受能力，制定本地的稻田养鱼（蟹）的模式。镇赉县示范区采取"大垄双行"和"分箱式"插秧养蟹模式，东辽县示范区采取"分箱式"插秧养蟹模式，吉林市示范区采取"围田暂养"和"大垄双行"养蟹模式，白城地区根据稻农的意愿，选择了工程简单、操作方便、投入较低的稻田养殖鲤和鲫夏花模式，取得了鱼、稻双丰收的推广效果。

（六）扩大宣传，注重交流

为扩大稻渔种养增收技术的宣传和影响，及时交流和推广先进的经验，2018 年 9 月中下旬，在全省八个地区召开了"全省稻渔种养增收技术现场培训班"，全省重点养殖区的行政、技术负责人及种养大户 500 余人参加了会议，推动各地稻渔种养技术的推广应用。省水产技术推广总站利用全国水产技术推广网、中国农业推广网、吉林省乡村电视台、吉林水利网、吉林省水产技术推广网、白城电视台等多种媒体对稻渔种养技术示范项目进行报道和宣传，起到积极的引导作用。

三、发展成效

几年来，各级水产部门同种养大户联合开展技术试验示范，进行技术创新，先后开展了"分箱插秧""围田暂养""环沟暂养"和"扣蟹养殖与越冬"等技术的创新和技术集成，这些技术符合吉林省的资源和气候条件，得到了广大生产者的认可和欢迎，取得了一定成效。

（一）"围田暂养"和"环沟暂养"技术标准化

2018 年在吉林市春新家庭农场和意禾田公司示范了标准化"围田暂养"稻田养蟹模式，以及在白城市弘博农场示范"环沟暂养"并获得成功。示范在挖沟、沟宽、田埂加固、稻田机械进出口设计、进出水口设计、暂养水深等方面均积累了实践经验，并设计成图纸。这种模式适合于没有扣蟹暂养池的稻农采用。同时解决了因吉林省稻田养蟹放苗较晚，一般要在 6 月上旬，而此时购进辽宁的扣蟹的最佳时间（4 月中旬至 5 月上旬）已过，即使留下来的扣蟹也已是别人挑选之后的，质量难以保障等相关问题。"环沟暂养"模式在全国稻渔综合种养模式创新大赛上获得银奖。

（二）苗种养殖与越冬技术创新

在前郭县、镇赉县、四平老公林子镇等地示范推广的稻田养殖扣蟹获得成功的基础上，2018 年在吉林市、前郭县、四平市等地进一步示范推广，经测产验收，平均亩产 35kg 以上，个体大小均匀，活动能力较强，规格整齐，为吉林省稻田大面积养蟹实现苗种自给自足提供了保障，同时通过总结经验，制定的《稻田养殖中华绒螯蟹蟹苗技术规范》已经颁布。同时开展了扣蟹的越冬技术探索，越冬扣蟹的成活率达到 80%，而且规格、质量都达到了较高的标准。2018 年吉林省扣蟹养殖的面积有所扩大，力争经过 2~3 年的推广，最终实现重点养殖区域扣蟹苗种自给，为吉林省大面积推广稻田养蟹技术提供苗种保障。

"分箱插秧"技术创新。在引进的"大垄双行"基础上，根据吉林省稻田机械插秧覆盖广的特点，摸索创新了"分箱插秧"模式，不仅实现了与水稻插秧机械的耦合，而且其通风透光的作用不逊色"大垄双行"模式，多数种养大户采取该模式，全省推广面积达到 4 万亩以上，这种模式得到国家主管部门的认可，并作为新的技术模式收录到"稻渔综合种养新模式新技术系列丛书"中。

四、主要问题

虽然吉林省稻渔综合种养技术项目获得了较快的发展，取得了一些成绩和经验，但同发达省市相比仍有一定的差距，同时也面临一些需要解决的问题。

（一）认识不足，观念落后

目前仍有部分养殖户和稻农对稻渔种养增收工程项目技术认识不足，认为稻田养殖只是从单一的水产品上获得效益，忽略了稻谷增产、减少病害、减少农药化肥使用和提高稻米品质的综合效益，对稻渔种养增收工程项目逐步改善水质环境、土壤环境从而实现可持续发展理解不深，同时，在水产品集中上市时，缺乏营销意识，没有完善的市场营销网络，容易产生贱卖现象，在实际工作中农民的积极性和主动性以及创新性还不高。因此需加大培训力度，采取走出去或请进来的方式，不断提高相关人员对稻渔种养增收工程项目技术先进性的认知度。

（二）投入较少，效果受限

尽管国家和地方对项目给予了一定资金扶持，但相对于投入较高稻田养蟹（防逃工程、苗种投入大）项目仍显得资金不足，致使在项目示范落实、培训、指导上及扩大推广面积方面存在困难。

五、推进建议

一是提升战略定位。按照国家确立的农业发展战略，以"生态优先、绿色发展"的理念，把稻田综合种养技术项目纳入全省农业"调结构，转方式"重要措施之一，作为下一步吉林省农民增收增效的有效手段，也是新时期解决农业增收和稳粮问题的一条重要途径。各级政府应该将其提升到打造"吉林大米"高端品牌、保障粮食安全的高度，作为一项重要战略加以推进。

二是加强组织领导。稻田综合种养事涉农业、渔业、水利等多行业、多部门，是一项系统工程。为快速有效推进工作，建议由各级政府牵头，在农业、渔业、水利、财政、发改、科技等部门间建立协作机制，统一研究、策划、指导相关工作。

三是建立奖励机制。按照农业部、财政部联合下发的《农业生产发展资金项目实施方案》（农财发〔2017〕11号），稻渔综合种养技术项目符合其"支持耕地地力保护""支持绿色高效技术推广服务"及重大农业技术推广项目的扶持范畴。为鼓励、推广稻田综合种养项目，政府应出台相关扶持政策，如对开展稻田综合种养户按面积实施财政补贴；将开展稻田综合种养所需的田间工程纳入农田水利基本建设计划；安排专项资金用于开展相关技术研究和示范推广等。培育和扶持一批种养大户、专业合作社等种植企业，实施产业化发展和品牌战略，提升项目的综合效益。

四是强化科技服务。科技是第一生产力。渔业和农业技术推广部门应加强稻田综合种养方面的技术研究，不断探索创新适合吉林省的生产品种和技术模式；精心组织编制好技术操作规程，组织技术培训、现场观摩，加强技术服务体系建设，在田间工程、苗种供应、疾病防控等关键环节为农户做好指导服务，加大对基层技术人员、稻农的技术培训力度，普及相关知识。

五是加强统筹规划。吉林省稻渔综合种养有很大的发展潜力，要在完善政策支持体系、加强科技创新、培育新型经营主体、强化示范带动、做好宣传引导等方面下功夫，进一步推进全省稻渔综合种养的发展。充分延长产业链，提升价值链，加强统筹规划，推进稻渔综合种养与旅游、教育、文化、健康养老等产业深度融合，促进一、二、三产业融合发展。要总结稻渔综合种养所取得的经验，将其作为产业精准扶贫的有效手段加以推广，为吉林省脱贫攻坚事业做出贡献。

吉林省水产技术推广总站

刘洪健

第七章 2018 年黑龙江省稻渔综合种养产业发展分报告

一、产业发展沿革

黑龙江省传统的稻田养鱼经历了两个时期，第一个时期是 20 世纪 50 年代末至 70 年代末。1959 年，黑龙江省甘南县东阳公社利用 2.1 万亩稻田开展养鱼，取得了平均亩产鱼 2.35kg、增产水稻 12.2%（当时每亩水稻单产 183.5kg）的成果，成为黑龙江省稻田养鱼的发端。1960 年，甘南县稻田养鱼面积达到 30 万亩，在当时的省渔业部门推动下，稻田养鱼推广到省内的其他县区。到了 20 世纪 70 年代末，全省利用稻田养成鱼的已经寥寥无几。总结这一阶段全省稻田养鱼发展受阻的原因主要有两个方面：一是鱼类苗种缺乏，难以满足生产需要（当时天然野生鱼类苗种量锐减，而人工培育的鱼类苗种不过关，成本高，数量少）；二是养鱼与农药使用存在矛盾，当时缺乏有效的解决办法。

第二个时期是 20 世纪 80 年代中期至 90 年代末。1984 年，绥化市双河镇 6 户稻农利用 57.5 亩稻田养成鱼，平均亩产鱼 10.8kg，亩增产水稻 20kg，鱼稻亩增收 42.8 元。此后，在省渔业部门的推动下，拉开了黑龙江省稻田养鱼发展的第二次高潮。在这一时期，黑龙江省对稻田养鱼的生态机理、技术模式等进行了系统的总结，形成了"垄稻沟鱼""稻、萍、菇、鱼"等多种技术模式；稻田养鱼的面积一度发展到 100 万亩以上（占当时全省水稻种植面积的 1/15 左右），平均亩产鱼 35kg 左右，亩增盈利 110 元左右；当时对稻田养鱼发展的推动也一度上升到省政府的层面，还被农业部列为全国渔业丰收计划项目。1996 年以后，黑龙江省稻田养鱼又开始盛极而衰，进入低潮。回顾这次黑龙江省稻田养鱼发展走向萎缩的原因主要有：一是稻田养鱼单位面积增产增效占比有限，而田间工程比较费时费工，稻农嫌麻烦，不愿意开展；二是稻田养鱼防盗管护困难，一旦被盗，损失的不仅是鱼，更会破坏水稻，造成更大的损失；三是人们对稻田养鱼的内涵认识不足，还停留在单纯增产增效的层面，没有上升到打造高端生态大米品牌的高度；四是分散经营，当时的农村合作组织及土地流转还没有发展起来，稻田养鱼规模化经营存在困难。

黑龙江省于 2013 年开始示范推广稻渔综合种养技术，承担了多项省部级推广项目，并作为水产主推技术在全省推广，取得了显著的经济、社会和生态效益。至 2018 年已累计推广 217.4 万亩，推广面积逐年增长。主要示范推广了稻鱼共作、稻鳅共作、稻蟹共作等三种模式，实现种养综合效益提高 30% 以上，减少农药使用量 40% 以上，减少化肥使用量 30% 以上。黑龙江省稻渔综合种养之所以取得显著成效，是因为它以产业化发展为导向，积极推进规模化、标准化、品牌化生产经营。一是一批规模化经营的企业、农民合作社、家庭农场、种粮大户等新型经营主体加入到稻渔综合种养产业。二是采取标准化生产，和绿色有机大米生产相结合。各地因地制宜，选择示范模式，实施标准化操作技术规程，与绿色及有机大米生产相结合。三是和品牌大米生产相结合，提升了品牌价值。佳木斯郊区黑龙江金海大地生态农业科技开发有限公司应用稻田养蟹技术生产蟹田有机大米，积极依托"互联网＋"开拓市场，有机大米卖到 26～36 元/kg；四是和休闲旅游相结合。佳木斯郊区黑龙江金海大地生态农业科技开发有限公司与爱特龙江农业发展有限公司合作，在互联网上销售"一亩稻田"品牌（土地认领）。桦川县把沿路示范区、辐射区纳入农业休闲一日游参观景点，并建设了方便游览参观的设施。

二、产业现状

(一) 布局

近六年，黑龙江省稻渔综合种养快速发展。由 2013 年 5 个示范县、核心示范区面积 2 200 亩、推广面积 12 万亩，发展到 2018 年 30 个示范县、核心示范区面积 3.8 万亩、推广面积 70.1 万亩，分别比 2013 年增长 5 倍、16 倍、4.8 倍（表 7-1）。

表 7-1　黑龙江省稻渔综合种养示范推广情况

年份	示范县数量	核心示范区面积（万亩）	推广面积（万亩）
2013	5	0.22	12
2014	10	0.6	22.6
2015	15	1.236	27.7
2016	20	1.65	35
2017	22	2.6	50
2018	30	3.8	70.1
合计		10.106	217.4

(二) 效益

1. 经济效益。 稻渔综合种养在经济效益上主要体现在两个方面：一是生产的水产品为农民带来可观的经济效益。2016 年实施的"稻田综合种养技术集成示范推广"项目，综合种养模式较水稻单种亩增产水产品 22.5kg，亩增效 241 元，其中：①稻鱼综合种养模式：鱼类平均亩产 21kg，平均亩效益 180 元。②稻蟹综合种养模式：河蟹平均亩产 15kg，平均亩效益 500 元。③稻鳅综合种养模式：台鳅平均亩产 30kg，平均亩效益 300 元。桦川县"稻鳅共作"面积 675 亩，台鳅亩均纯收入 1 200 多元。巴彦县稻鳅模式，亩产泥鳅近 55kg，泥鳅收益近 700 元，超过水稻收益，综合效益"一亩田顶两亩田"。二是水稻品质提升为农民增加的效益。水产养殖与水稻种植的生态种养结合，提高了水稻安全水平和品质，增加了其科技内涵（有故事可讲），较大幅度提高了部分示范区和辐射区的水稻销售价格，特别是绿色、有机水稻的价格，可提高一倍以上，农民增效非常显著。桦川县和佳木斯郊区采取项目与绿色、有机稻生产相结合的做法，水稻提质增效作用显著。2015年，桦川县星火乡核心示范区大米销售价格56元/kg；辐射区古耕鸭稻专业合作社的750亩"鱼鸭稻共作"模式，垦稻10号（长粒509）大米价格卖到34元/kg，大米产品全部销售到省外；佳木斯郊区辐射区5 000余亩有机水稻收购价格2元/kg，农民一垧地增收8 000元以上。2018年7月北安市乌裕尔水产养殖专业合作社与绥化市嘉香米业责任有限公司签订合同，对合作社1.2万亩实施稻渔综合种养面积的水稻全部订购，收购价格3.6元/kg，高于国家收储价1元/kg。

2. 生态效益。在生态效益上，"三减"（减农药、减除草剂、减化肥）方面作用突出。目前，水稻单一种植，生态结构简单，水稻抗病能力差。而稻渔综合种养是水稻种植与水产养殖相结合的复合生态系统，抗病能力明显强于水稻单种。因此，有机稻示范区生产做到了不使用化肥和农药。其他示范区农药及除草剂施用量平均减少40%以上，化肥使用量平均减少30%以上，在一定程度上解决了农药残留和化肥污染给农田带来的土地板结及面源污染等问题。

3. 社会效益。实施稻渔综合种养技术提高了稻米质量安全水平，发挥了品牌效应，增强了黑龙江省大米产品在国内市场的竞争力，增加了农民收入，提高了农民种粮积极性。这种"一水两用，一地双收，一季双赢"的稻渔综合种养技术，综合效益可概括为：水稻＋水产＝粮食安全＋食品安全＋生态安全＋农民增收＋企业增效，是1＋1＝5的工程，是名副其实的资源节约型、环境友好型、食品安全型和可持续发展的产业。

（三）测产结果

2018年，主要示范区测产结果如下：

1. 稻鱼共作模式。稻鱼共作示范2 800亩，水稻平均亩产569.6kg，比水稻单种增产0.7%；鱼平均亩产22kg；平均亩产值1 928.8元，平均亩效益908.1元，平均亩效益比水稻单种增加52.28%；农药施用量减少41.45%；化肥使用量减少32.8%（表7-2）。

表7-2　"稻鱼共作"模式水稻及鱼测产情况

测产地点	示范区面积（亩）	每亩水稻单产（kg）	每亩水稻单种单产（kg）	每亩鱼产量（kg）
桦川县	800	505.2	504.5	22.5
绥化市北林区	1 000	580.6	572.3	20.5
通河县	1 000	610.1	607.2	23.2
加权平均		569.6	565.4	22.0

2. 稻鳅共作模式。稻鳅共作示范840亩，水稻平均亩产531.2kg，比水稻单种增产0.3%；泥鳅平均亩产143.4kg；平均亩产值3 723.4元，平均亩效益1 287.2元，平均亩效益比水稻单种增加93%；农药施用量减少42.54%；化肥使用量减少35.2%（表7-3）。

表 7-3　"稻鳅共作"模式水稻及鱼测产情况

测产地点	示范区面积（亩）	每亩水稻单产（kg）	每亩水稻单种单产（kg）	每亩鳅产量（kg）
桦川县	640	505.8	504.6	150.5
富锦市	200	612.5	608.6	120.6
加权平均		531.2	529.4	143.4

3. 稻蟹共作模式。 稻蟹共作示范 2 450 亩，水稻平均单产 490.5kg/亩，比水稻单种减产 15.1%，减产的主要原因是佳木斯郊区和北安市生产的是有机稻；河蟹平均亩产 16.8kg；平均亩产值 2 968.3 元，平均亩效益 1 419.5 元，平均亩效益比水稻单种增加 112.8%；农药施用量减少 48.6%；化肥使用量减少 36.5%（表 7-4）。

表 7-4　"稻蟹共作"模式水稻及蟹测产情况

测产地点	示范区面积（亩）	每亩水稻单产（kg）	每亩水稻单种单产（kg）	每亩蟹产量（kg）
佳木斯郊区	1 000	400.2	600.2	20.2
北安市	1 000	462	458.1	11.7
虎林市	450	605.5	605.4	20.5
加权平均		490.5	543.2	16.8

（四）政策

1. 部省级政策扶持。 黑龙江省先后实施了农业部 2013 年优势农产品重大技术推广项目"稻田综合种养技术集成与示范"、农业部全国水产技术推广总站 2014—2016 年推广项目"稻田综合种养产业化配套技术集成与示范"、黑龙江省 2015—2016 年基层农技推广体系改革与建设补助项目"稻田综合种养技术集成示范推广"。特别是"稻田综合种养技术集成示范推广"被列为 2015—2016 年基层农技推广体系改革与建设补助资金支持的八大黑龙江省重大农业技术推广项目之一，获得 1 400 万元资金的扶持，其中：2015 年获得扶持资金 600 万元，扶持 15 个项目县，每个项目县获扶持资金 40 万元；2016 年获得扶持资金 800 万元，扶持 20 个项目县，每个项目县获扶持资金 40 万元。省部级项目的实施，推动了稻渔综合种养技术在黑龙江省的示范与推广。2018 年黑龙江省级财政资金投入 145 万元扶持发展，确保黑龙江省稻渔综合种养高标准、高起点和多种模式同步发展。

2. 地（市）、县政策扶持。 近几年来，黑龙江省各县（市）非常重视稻渔综合种养，绥滨县政府投入近百万元支持稻渔综合种养发展，富锦市政府先后投入 100 余万元支持稻渔综合种养工作。2018 年，通河县通过整合惠农的大棚小区补贴、统一种子补贴、柴油补贴、病虫草害统防统治、有机肥料、有机认证等补贴资金 3 300 万元，全部向稻渔综合种养基地集中统一倾斜，鼓励其向土地适度规模经营，向农业集约化要效益。

三、主要技术模式

近些年来，黑龙江省主要示范推广了稻鱼共作、稻鳅共作、稻蟹共作等水稻种植与水产养殖相结合的生态种养模式，小规模示范了稻鱼鸭共作、稻蛙共作等模式，开展了稻鳖共作、稻虾共作等试验。无论是养殖水产品种上，还是在配套技术上，都有所创新和发展。

（一）稻鳅共作模式

过去黑龙江省稻鳅共作模式主要以养殖泥鳅、黑龙江花鳅、大鳞副泥鳅等地产土著鳅科鱼类为主，但因其生长速度慢、捕捞难等问题，导致养殖效果不理想。近些年来，稻田精养台湾泥鳅开始在黑龙江省兴起，取得了较好的养殖效果，实现了"鳅稻双丰收"。

2015年勃利县稻田养殖台湾泥鳅在黑龙江省首获成功。2016年，台湾泥鳅稻田精养模式在黑龙江省桦川县创业乡谷大村取得成功，亩产达到310kg，每尾规格超过50g，亩效益超过3 000元，在产量和效益上均取得了突破。2017年，台湾泥鳅稻田精养模式在黑龙江省推广面积扩大到1 000余亩，主要集中在前锋农场、洪河农场，桦川县、木兰县等，并且在技术上得到进一步完善。稻田养殖台湾泥鳅较池塘养殖成本低，每千克成鳅养殖成本为12元左右，比池塘养殖低2元左右。尽管2017年台湾泥鳅价格有所下滑，养殖户在掌握种养技术、保证养殖成活率的情况下，稻田养殖仍可获得较好的经济效益，亩产150～300kg，亩增效1 000～1 500元。2017年，比较突出的典型是洪河农场试验开展的稻鳅共作项目，采取了"互联网＋有机鳅稻生产"模式，对生产过程的每一个环节实时监控，实现产品质量可追溯，并获得了成功。

2018年，稻鳅共作模式面积进一步扩大，面积超过了5 000亩。洪河农场与湖南岳阳博农谷物有限公司签订3 000亩鳅稻订单销售合同，在2017年基础上，农场积极引进设备和技术，自主研发孵化台鳅种苗，成功繁育2 000万尾，满足了大部分鳅稻种养户的需求，大大降低了购买鱼苗的成本。与外购泥鳅苗相比，自繁泥鳅亩成本可节省600元，相当于亩效益直接增加600元，按照3 000亩鳅稻种植面积计算，仅台湾泥鳅效益可增加180万元，显著增加了种植户的收益。

（二）稻蟹共作模式

近些年来，稻蟹模式发展较快。在养殖模式上，过去为单一的成蟹养殖模式，近些年来增加了扣蟹培育模式，取得了一定成效，相关技术日趋成熟。稻田培育扣蟹模式的成功，有助于减轻河蟹养殖对辽宁盘锦扣蟹的依赖。

在稻田养殖成蟹上，2018年，北安市乌裕尔水产养殖专业合作社，开展稻田养殖成蟹10 000亩，投放扣蟹3万kg，生产河蟹11.7万kg，亩产11.7kg；河蟹产值1 300万元，盈利431万元，亩盈利431元，取得了较好的养殖效果。虎林市战庭忠家庭农场开展稻田养殖成蟹450亩，亩放扣蟹6.5kg，亩产成蟹20kg，亩盈利400元；在田间工程上设置了宽蟹沟、铁皮防逃（害）围墙，取得了较好的养殖效果。

在稻田培育扣蟹上，2018年6月中旬，来自盘锦的养殖户刘克明等两户养殖户在克尔台乡波贺岗子屯700亩稻田开展扣蟹培育，取得了较好的效果，共投放豆蟹400kg（每千克约1.2万只）。养殖过程中，因稻田内饵料充足，整个养殖阶段没有投喂任何饲料。养殖的扣蟹于9月上旬开始捕捞，700亩稻田产扣蟹28 400kg，平均亩产扣蟹40kg以上

（扣蟹每千克 100～120 只），取得了较好的效果。

（三）稻鱼共作模式

稻鱼共作模式是黑龙江省推广面积最大的模式，一般亩产鱼 10～50kg；养殖的鱼类主要以鲤为主，其次是鲫、草鱼，放养夏花鱼种或春片鱼种。夏花鱼种成本低，且出池时间与稻田放养时间基本一致，所以许多县（市）大面积投放夏花鱼种，如绥滨县年投放量达到 1 000 万尾以上。但由于这些大宗鱼类市场价格长期低迷，导致养殖效益较低。部分地区开始探索养殖经济价值的高的鱼类，如柳根鱼、鲇等。2018 年，北安市乌裕尔水产养殖专业合作社利用 70 亩稻田养殖柳根鱼，共放柳根鱼夏花 16 万尾，生产柳根鱼 1 000 余千克，标志着柳根鱼首次在稻田养殖获得了成功。柳根鱼为小型鱼类，适应稻田浅水环境，适合稻田养殖，且养殖成本低，易开展，可实现鱼稻双丰收，推广前景看好。在配套技术，研发了不影响机械作业的 L 形和 U 形鱼沟。

（四）其他共作模式

稻虾共作模式处于试验阶段，有关技术尚待进一步完善。养虾的种类为小龙虾和青虾。2018 年，前锋农场、宝泉岭农场、汤原县等地开展了稻田养殖小龙虾试验，但成活率较低。杜尔伯特县他拉哈水产养殖合作社虾稻试验共作面积 20 亩，主要养殖青虾，但成活率也较低。2018 年，桦南县首次开展了稻鳖共作模式试验，取得了成功。

四、特色品牌

（一）水产品品牌

水产品品牌较少，目前只有虎林市的"月牙"牌河蟹，北安市乌裕尔水产养殖专业合作社"孝田""道稻蟹"牌河蟹，在本地市场很受欢迎。

（二）稻米品牌

稻米品牌较多，如兰西县的"河顺"牌大米，佳木斯郊区的"爱之米""金海生态""蟹王稻""蟹香稻"牌蟹田有机大米，宁安的"镜岩响"牌大米，泰来县的"一江五河"牌大米，木兰县的"莎莎妮"牌大米，巴彦县的"东北鲜"牌大米，汤源县的"引汤河"牌大米，桦川县的"寒地明珠""寒地五谷""鱼蟹稻"牌大米，穆棱的"春天里"牌大米，农垦建三江管理局洪河农场的"东方白鹤之乡"牌生态鳅稻米。

（三）休闲品牌

佳木斯郊区黑龙江金海大地生态农业科技开发有限公司与爱特龙江农业发展有限公司合作，在互联网上销售"一亩稻田"品牌（土地认领），每年都有 300 多名全国各地的客户购买"一亩稻田"成为"地主"，购买者年度到基地短期游玩一次，与蓝天白云、原生态农田亲密接触，基地免费提供三天食宿。

五、存在问题

（一）稻渔综合种养推广规模小，产业化水平低

与先进省份相比，黑龙江省稻渔综合种养的推广规模和产业化水平都有较大的差距。2016年稻渔综合种养发展面积较大省份为：湖北381万亩、四川120万亩、宁夏70万亩，湖北、宁夏稻渔综合种养面积占其水稻种植面积的10%以上，四川达到了4%；而黑龙江只有38.85万亩，仅占全省水稻种植面积0.5%。在产业化方面，大米品牌的知名度不高，市场开拓不够，销售不畅，实现优质优价困难；没有创建水产品品牌，水产品销售价格较低，影响了种养效益。

（二）高效稻渔综合种养模式缺乏

目前，黑龙江省推广的稻渔综合种养模式生产的水产品能为稻田每亩增加效益200~300元，亩效益超1 000元的模式较少，缺少稻虾、稻鳖等高效模式。之所以稻渔综合种养技术在湖北、安徽等南方省份得到大面积推广，其中一个很重要的原因是他们推广了高效的稻渔综合种养模式，特别是稻虾模式。2015年，湖北省稻渔综合典型案例实地测产验收表明，"虾稻共作"模式单位面积产值达5 408元/亩，平均纯收入每亩3 107元。

（三）稻渔综合种养服务体系薄弱

服务体系薄弱是制约黑龙江省稻渔综合种养发展的重要因素。一是缺乏稳定的水产苗种供应体系。黑龙江省水产苗种供应时间多在4月份至5月初，而稻田放养水产苗种多在6月份，由于没有稳定的水产苗种供应体系，稻农这个时候购买水产苗种困难。二是技术服务体系薄弱。黑龙江省稻渔综合种养主要依靠各级水产技术推广机构的水产技术人员，但受经费和人员素质的限制，还不能满足稻渔综合种养发展的需要。

六、发展对策

黑龙江省水稻种植面积常年保持在6 000余万亩，位居全国第一位，是重要的水稻产区。省委省政府非常重视农产品的绿色生产，提出不但要种得好，还要卖得好，通过卖得好，倒逼种得更好，这为稻渔综合种养提供了发展机遇。

（一）政策扶持，加大支持力度

加快稻渔综合种养发展，需要加大政策扶持力度。近些年来，湖北省超过30个县（市、区）印发文件明确稻渔综合种养支持政策，地方财政落实了每亩40元至100元不等的"以奖代补"资金。2009年以来，宁夏回族自治区党委、政府高度重视稻渔综合种养工作，安排农业产业化资金、财政支农资金、重大技术推广项目等资金3 800多万元进行专项支持。黑龙江省应争取把稻渔综合种养纳入各类项目给予支持。

（二）搞好服务，实施产业化发展

稻渔综合种养要按照发展现代农业的要求，坚持集约化、专业化、组织化、社会化相结合，积极培育稻渔综合种养的专业大户、家庭农场、龙头企业、专业合作社等新型经营主体，推进构建新型稻渔综合种养经营体系，提高稻渔综合种养组织化程度，不断扩大稻渔综合种养产业规模，完善产前、产中、产后全过程的社会化服务，通过统一品种、统一管理、统一服务、统一销售、统一品牌，进一步推动稻渔综合种养快速发展。

（三）加强宣传，营造良好氛围

各级渔业部门要及时将稻渔综合种养项目实施情况向当地政府和有关部门汇报，争取当地政府的重视和支持。同时，加大宣传力度，通过多种媒体和采取不同形式进行广泛宣传，让社会各界全面了解稻渔综合种养的意义及发展前景，帮助农民认识稻渔综合种养的好处，为稻渔综合种养工作的开展营造良好的社会氛围。

（四）开展培训，做好技术指导

要加强稻渔综合种养技术复合型人才培养，举办技术培训班或现场交流会，并充分发挥专家及技术人员的作用，加快稻渔综合种养典型模式的总结和技术熟化，制作技术操作规程，科学指导稻渔综合种养标准化生产。

（五）重视研究，提升技术水平

进一步研究高效的稻渔综合种养模式及配套技术，研究经济价值高的名优鱼类（乌苏里拟鲿、麦穗鱼等）、虾类（小龙虾、青虾、中华小长臂虾、秀丽白虾等）和中华鳖在黑龙江省的稻田养殖技术，力争在适合稻田养殖的高效水产品种上有所突破。另外，在有关模式的配套技术上也需加大研究的力度。

黑龙江省水产技术推广总站

孔令杰

第八章 2018年上海市稻渔综合种养产业发展分报告

稻渔综合种养即"一水两用，一田双收"，实现"以渔促稻、稳粮增效、质量安全、生态环保"，为渔业发展、农民增收、三产融合、供给侧结构性改革打开了新的空间。2016年、2017年中央1号文件连续两年将发展稻渔综合种养列入文件内容，农业部"十三五"规划明确提出要大力推广稻渔综合种养技术。

一、稻渔综合种养产业发展沿革

近年来，在农业部渔业局、全国水产技术推广总站和上海市农业委员会的大力推动下，上海市稻田综合种养发展取得了显著成效。一批以水稻为中心，以特种水产品为主导，以产业化经营、规模化开发、标准化生产为特征的稻田综合种养典型模式不断涌现，逐步形成了"以渔促稻、稳粮增效、质量安全、生态环保"的稻田综合种养新模式。截至目前，上海市已形成稻蟹、稻虾、稻鳖、稻蛙4种典型模式。通过稻渔综合种养模式的实施，农药和化肥使用量大幅减少，稻田综合效益显著增加。近几年上海市在有条件的区县逐步探索种养结合新模式。据调查，以稻渔共作为主要模式，占地面积在50亩以上的共计6 099.52亩，主要以稻蟹、稻虾（克氏原螯虾和南美白对虾）共作为主。

二、产业现状

稻渔共作种养模式将水稻种植和水产养殖相结合，虾蟹粪便可以作为稻田的肥料，稻田中的生物饵料又是虾蟹的理想饲料。据测算，此种养模式，显著降低了稻飞虱、纹枯病的发生，减少农药投入68%左右，大大减少化肥农药带来的污染。水稻收割后种植水草，为虾蟹提供饵料和隐蔽场所，起到净化水质和改善土壤的作用，解决水质的二次净化问题和土壤盐碱化严重的困扰。

以稻虾共作为例，稻虾共作的种养结合模式可以做到"水稻不减产，效益翻1～3番"。经测算，小龙虾亩产125kg，水稻亩产450kg，亩均收益约6 350元（按常规稻3元/kg、小龙虾40元/kg的单价计算）。传统的水稻、麦子轮作模式中，水稻亩产575kg，麦子亩产300kg，亩均收益约2 325元（按常规稻3元/kg、麦子2元/kg计算）。稻虾共作的收益是种植常规粮食作物收益的近3倍，农业增效、农民增收效果明显。

通过科技兴农项目，研究具有上海特色的稻渔综合种养模式。目前已立项稻田生态高效种养模式及技术集成与示范和鱼菜共生系统研究与集成示范。最终集成示范推广"稻虾鳝""稻鳅鳝""稻蛙"3 种生态高效种养结合模式和技术，以及鱼菜共生系统技术规范，实现减肥 20%，减药 30%，提高经济效益 20%。

三、主要技术模式

（一）金山区总结推广枫泾镇稻虾共作种养结合模式

这一模式采取"企业＋合作社＋农户"的形式，以上海开太鱼文化发展有限公司为主要试点，依托上海海洋大学的科研技术力量，通过统一种苗、统一技术、统一品牌，实现了这一模式的逐步推广。

1. 统一种苗。为解决种虾来源渠道不一、存活率低等问题，开太公司依托海洋大学的科研力量，通过提纯复壮培育优质种苗，统一供应给农户，减少养殖风险，提高产品质量。

2. 统一技术。在稻虾共作试点推进中，通过不断研究、积累，形成了一套技术规范，编制成《稻虾共作操作指南》，让稻虾共作这一模式可复制、可推广。

3. 统一品牌。枫泾区域稻虾共作模式生产的小龙虾统一使用开太公司注册的"开太红"品牌，这一做法不但能确保品质，也扩大了影响。

（二）嘉定区为稻虾共作种养结合模式提供政策支持

为进一步推广稻虾共作种养结合模式，提高农户积极性，在补贴政策上，嘉定区对稻虾共作种养结合模式给予每亩 5 500 元的补贴，在技术服务上，区水产技术推广站积极开展稻田生态小龙虾技术服务，形成整套养殖模式，加强对农户进行培训，同时因地制宜不断改进种养方式。

1. 区水产技术推广站帮助合作社进行了稻田改造设计，积极开展考察学习，多次去金山、江苏、湖北等地学习模式、理念，调查苗种、市场，积极探讨痛点和难点，定位生态养殖，初步形成整套养殖方法。

2. 区水产技术推广站建立服务小组，采取每周上门至少一次，关键环节召开技术总结交流会，组织外出考察学习，聘请专家、一线技术人员前来授课、发放管理表等方式，尽快让农户熟悉、了解基本养殖方法和理念。

3. 区水产技术推广站总结种养经验，因地制宜地不断改进种养方式。从稻田改造、种草方式、虾苗密度把握、野杂鱼如何控制、增氧方式、疾病防控等等各方面进行改进。农户也发挥自己的聪明才智，改进了投喂饲料的方式。

四、特色品牌和典型案例

案例一

上海沪宝水产养殖专业合作社位于上海市宝山区新川沙路 25 弄 70 号，毗邻长江，紧靠陈行水库，占地面积万亩，位于上海市饮用水水源一级保护区内。园区内拥有千亩标准化水产养殖基地，千亩"宝农 34"优质蟹稻米生产基地，千亩涵养林，百亩优质果园，百亩有机蔬菜。自 2015 年开始依托园区内原有的优质稻米生产基地，进一步开展小龙虾与水稻轮作的综合种养模式，生产面积 120 亩。水稻田四周开环沟，环沟深度 1～1.2m，环沟内种植伊乐藻，种植时间为水稻收割后 10 月下旬至 11 月上旬，随后投放亲本，亩放 10kg，规格 35g 以上，小龙虾亲本来源为合作社内虾蟹混养池塘。次年 3 月下旬至 4 月上旬开始陆续起捕小龙虾，捕捞期持续至水稻插秧，于 6 月上旬结束，整个捕捞周期小龙虾平均亩产 125kg，种植水稻品种为"宝农 34"，水稻亩产约 400kg，折合稻米 280kg，补充亲本投放时间为 9 月中旬至 10 月上旬，每亩补充 7.5kg，同样来源于合作社内虾蟹混养池塘。利润情况为稻米 280kg×20 元/kg＝5 600 元，小龙虾 125kg×30 元/kg＝3 750 元，总产值 9 350 元。特色创新：利用双层大棚进行了小龙虾苗早繁实验，在每年 3 月补充大规格虾种，提早商品虾上市时间和产量，依托合作社内农业旅游观光、休闲度假、优质农产品餐饮、果蔬采摘体验、特色水产品垂钓等游乐活动，在 5～6 月期间开展小龙虾垂钓项目，作为新型营销手段，进一步提升了小龙虾的附加值。

案例二

上海新平农业种植专业合作社位于上海市崇明县三星镇永安村，是生产环境优越、交通便利、有规模、有种养特色的新型农业合作社，长期从事优质水稻种植，是崇明县首批"两无化"大米生产单位。2015—2017 年在与上海市水产研究所、崇明县水产技术推广站共同实施上海市科技兴农项目"克氏原螯虾规模化繁育与多元化养殖技术研究与示范"期间，立足于生态养殖、低碳农业，建立了稻虾综合种养示范区 300 亩，在崇明地区发展稻虾共作与稻虾轮作生产模式。稻虾共生以 6 月插秧后投苗为宜，水稻品种为"花优 14"，放养密度为每亩 5 000 尾，两个月左右即可将部分达到商品规格的成虾及时捕捞上市，既可降低稻田内龙虾的密度，又可促进小龙虾的快速成长，10 月底至 11 月初稻谷成熟后，收割稻谷，水稻收割后提高水位进入越冬。稻虾轮作生产模式小龙虾亩产 163kg，平均 40 元/kg，亩产值 6 520 元，水稻亩产 512kg，折合稻米 360kg，平均 6 元/kg，亩产值 2 160 元，亩总产值 8 680 元。稻虾轮作生产模式小龙虾亩产 115kg，平均 40 元/kg，亩产值 4 600 元，水稻亩产 540kg，折合稻米 378kg，平均 6 元/kg，亩产值 2 268 元，亩总产值 6 868元。合作社与崇明县水产技术推广站、崇明县农业技术推广中心合作开展稻虾综合种养模式推广，至 2018 年推广面积达 1 200 亩，稻虾综合种养模式提高了土地和水资源的利用率，既提高了小龙虾的产量、规格，又提高了稻米的品质，减少了农业的面源污染。

案例三

上海承鑫水产养殖专业合作社位于上海市嘉定区徐行镇钱桥村，稻虾综合种养面积 30 亩，主要开展稻虾轮作生产方式。稻田开沟面积约占总面积的 8% 左右，塘埂加高，保持 50～80cm 的水位。虾种放养时间为 4 月下旬，放养密度每亩 3 000 尾，规格 50 尾/kg。小龙虾养殖周期 40d 左右，5 月中旬开始捕捞，捕捞期 30d 左右，直至插秧前，平均亩产小龙虾 100kg，种植水稻品种为南粳 46，每亩收获稻米 250kg 左右。成本：每亩人工费、饲料费、苗种费、地租费等约 4 000 元，每亩小龙虾收入 3 800 元，稻米收入 2 500 元，利润每亩 2 300 元。

案例四

上海良星水稻种植专业合作社位于上海市金山区金山卫镇星火村，面积 60 亩，分六块，每块 10 亩，其中水稻约占 45 亩，罗氏沼虾占 15 亩，4 月 5 日投罗氏沼虾苗，6 月 1 日插秧；产量方面罗氏沼虾平均亩产 90kg，水稻亩产 400kg；销售价格罗氏沼虾 40 元/kg，稻米 14 元/kg；罗氏沼虾亩产值 3 600 元，稻米亩产值 3 500 元（稻米按 250kg 算），总亩产值 7 100 元，去掉亩成本 2 200 元，利润大概在每亩 4 900 元。

五、存在问题及发展对策

（一）存在问题

一是用地属性不明晰。种养结合模式涉及水产养殖业、种植业。建议规划和自然资源局等管理部门明确其中所涉及用地的属性，并将其纳入农用地规划中。

二是建议种养结合模式纳入政策性农业保险的范畴，解决农户的后顾之忧，促进这一模式的推广。

（二）发展对策

一是完善种养结合基础设施。将种养结合纳入现代农业发展项目中，通过市、区两级财政资金的投入，对种养结合基础设施进行改造。二是打造种养结合模式示范区。在"十三五"期间，以枫泾镇为重点，全力打造稻虾、稻蟹、稻鱼、稻鳅共作和虾稻轮作等多品种种养结合模式示范区，形成枫泾经验、金山模式、全市推广。三是发展家庭种养户。引导家庭种粮大户养殖小龙虾，让家庭种养结合模式成为农民增产增收的新方式。四是构建集"科研、种植、养殖、销售、旅游"为一体的稻田种养产业链。通过加强院区合作、建设小龙虾种苗培育基地，打造稻田虾、虾稻米品牌，开发小龙虾垂钓节等休闲农业项目，延长种养结合产业链条。

上海市水产技术推广站

李建忠　杨茜

第九章　2018 年江苏省稻渔综合种养产业发展分报告

近年来，在农业农村部的领导下，江苏省依托水稻和水产资源优势，大力发展稻渔综合种养，主推"稻虾共作""稻蟹共作""鳖虾渔稻"等模式，截至目前，全省种养面积超过 90 万亩，主要集中在盱眙、泗洪、沛县、灌云等地，已形成稻与龙虾轮作为主导，稻鳖、稻鳅、稻蟹（成蟹、蟹种）、稻虾（青虾、澳洲龙虾）等轮作与共作模式全面发展的局面，取得了显著的成效，稻渔综合种养效益稳步提高，农民收入持续增加。

一、稻渔综合种养发展现状

（一）发展历程

江苏稻田养鱼发展历史可以追溯到春秋时期，其发展经历了唐代的挫折，至迟在明代，已经成为一种比较普遍的复合农业生产方式，放养鱼种逐渐多样化。民国时期，江苏出现了专门机构指导稻田养鱼的发展。新中国成立后，江苏稻田养鱼走向成熟，至 20 世纪 90 年代初，全省稻田养鱼达到高峰，面积达 100 多万亩，但随后由于技术和市场等因素，稻田养鱼比较效益低，面积逐步萎缩。近年来，随着农业供给侧改革的深入、稻田综合种养技术的进步、小龙虾等名特优水产品市场的火爆，江苏省稻渔综合种养稳步发展，各地因地制宜地走种养结合、立体生态之路，大力开展名特优水产品及优质稻米生产，稻渔综合种养面积、产量、效益不断提高，技术、模式不断创新，已形成稻虾轮作为主导，稻鳖、稻鳅、稻蟹（成蟹、蟹种）、稻虾（青虾、澳洲龙虾）等多种轮作与共作模式为辅的"一主多元"发展态势，取得了显著的成效，稻渔综合种养效益稳步提高，亩均增收 1 500 元以上。2018 年，全省稻渔综合种养面积达 90 万亩，年新增稻渔综合种养 50 万亩，发展势头良好。

（二）规模布局

1. 养殖面积。2017 年江苏省稻田综合种养面积 42 万亩，其中稻虾综合种养面积约占总面积的 85% 左右，其他面积较大模式有稻蟹、稻鳖等。一批 3 000 亩、5 000 亩以上规模连片示范基地相继建成，盱眙、沛县 2 家单位成功创建国家级稻渔综合种养示范基地。

2. 养殖产量。2017 年江苏省稻田综合种养水产品产量为 5.2 万 t，其中小龙虾产量 4.5 万 t。

3. 产值。2017 年江苏省稻田综合种养总产值 33 亿元。其中以小龙虾为主的水产品产值 26 亿元，水稻产值 7 亿元。

4. 产业分布。江苏省 13 个设区市均开展了稻田综合种养，但养殖面积主要集中在淮安市、宿迁市、盐城市、徐州市等四市，其中淮安市面积最大，约占全省综合种养总面积的 45%，盱眙县是我省稻田综合种养面积最大的县，2017 年综合种养面积达 13.8 万亩，约占全省总面积的 30%。

二、主要模式

目前江苏省有稻田综合种养模式 20 余种，主要以稻虾连作、稻虾共作模式为主，稻鳅、稻蟹、稻虾（澳洲龙虾）、稻鳖等模式为辅。

（一）稻虾连作模式

稻虾连作模式指在稻田里种一季水稻后，接着养一季小龙虾的种养模式。稻田面积 20～50 亩，对稻田进行适当改造，根据田块大小挖"回"字形、U 形、L 形沟。7—8 月水稻收割前投放亲虾 15～20kg（已养过虾的稻田每亩 5.0～10kg），或水稻收割后投放 2～3cm 幼虾 0.6 万～0.8 万尾，翌年 4 月中旬至 6 月上旬收获成虾；或在 3 月底投放 200～300 只/kg 大规格虾苗每亩 6 000～8 000 尾，6 月份水稻种植前轮捕上市，起捕后插秧，6 月底至 10 月以水稻生产为主，进入稻虾共作期，在稻田虾沟中保有 10～15kg 种虾，解决翌年小龙虾养殖的苗种来源问题。该模式一般每亩可产小龙虾 75～100kg，水稻 500kg 左右，亩利润 2 000～3 000 元。

（二）稻虾共作模式

稻虾共作模式是在稻虾连作的基础上，增加水稻与小龙虾在稻田中共同生长的一季虾，每年可获得一季稻两季虾，可显著提高小龙虾的产量和效益。每年的 8—9 月水稻收割前投放亲虾，或 9—10 月水稻收割后投放幼虾，第二年的 4 月中旬至 5 月下旬收获成虾，视剩余量补放幼虾每亩 2 000～3 000 尾。6 月整田、插秧，8 月、9 月收获亲虾或商品虾，该模式种一季稻，收两季虾，4—6 月一般可收获小龙虾 150kg 左右，8—9 月可以再收获 50kg 左右，亩产水稻 500kg，亩利润 3 000～4 000 元。

（三）稻鳖共作模式

6 月底前后当外塘水温基本稳定在 25℃以上时，亩放规格为每只 350～500g 鳖种 80～100 只。可亩增收鳖 30～40kg，水稻产量每亩 500kg，亩利润 3 000～4 000元。

（四）稻蟹种共作模式

5 月中旬亩放大眼幼体每亩 0.25～0.5kg，可亩产优质蟹种 50～100kg，亩增利润 2 000～3 000元。

（五）稻蟹共作模式

2月底3月上旬亩放蟹种300～500只，先将蟹种暂养在环沟中，待水稻返青后再放入大田，可亩产25～30kg，亩增利润1 000～1 500元。

（六）稻澳洲龙虾共作模式

5月中旬亩放澳洲龙虾2～3cm苗种8 000尾，可亩产澳洲龙虾200kg左右，亩增利润8 000～10 000元。

三、流通和加工

目前，江苏省已初步形成了以小龙虾为主的饲料加工、苗种繁育、成虾养殖、成品加工、销售、特色餐饮、调味品种植与加工等为一体的产业链。从最初的"捕捞＋餐饮"延伸为包括饲料加工、苗种生产、成虾养殖、流通、特色菜肴（"十三香龙虾""蒜泥龙虾"等）的餐饮服务，从小龙虾仁、整只小龙虾加工到甲壳素提取等深加工产品生产，从小龙虾烹饪调味品原料种植到加工销售等多环节、多系列的大产业，拉动了小龙虾从养殖到加工到系列产品销售的一体化发展。

（一）加工

江苏省的小龙虾加工产品主要为虾仁、整只小龙虾以及甲壳素等副产品。江苏宝龙集团有限公司开发出的茴香整虾、香辣整虾、清水整虾，卡真辣味虾、凤尾虾、小龙虾仁等系列产品，畅销欧盟国家、美国、俄罗斯、东南亚以及国内市场，通过EEC、HACCP、BRC、AIB认证，2004年、2005年先后代表全国同行企业通过了美国FDA和欧盟FVO官员的质量体系评审；南通双林生物制品有限公司、江苏九寿堂圣物制品有限公司、扬州日兴生物科技有限公司等企业，以小龙虾壳为主要原料，加工形成了甲壳素、壳聚糖、几丁聚糖胶囊、几丁聚糖、水溶性几丁聚糖、羧甲基几丁聚糖、甲壳低聚糖等系列产品，产品出口日本、欧美等国家和地区，产值达5.1亿元，出口金额2.8亿元人民币。除了十多家小龙虾出口企业外，江苏省还有数十家从事小龙虾加工的企业。

（二）流通

随着小龙虾产业在全国范围内的大面积火爆，江苏小龙虾销售流通最初线下的货运、客运物流等模式已经远远不能满足市场需求，为了解决这一问题，江苏盱眙、金湖、泗洪、兴化等小龙虾重点养殖县市全力推进小龙虾线上线下销售模式，加快冷链物流服务机构建设，盱眙县与顺丰、泗洪县与京东、兴化市与福中集团签订小龙虾物流业务战略合作框架协议；在互联网销售方面，江苏省海洋与渔业局全方位推动小龙虾产地与淘宝、京东、苏宁易购等电商平台合作，2015年阿里巴巴•淘宝网特色中国盱眙馆正式开馆，2016年中国盱眙小龙虾网上商城开通运行，苏宁易购江苏优渔买卖成功上线交易。

近年来，小龙虾市场交易活跃，江苏省大型水产品交易市场均有小龙虾专营门市，盱盱眙县、金湖县、兴化市、泗洪县等几个主要水产品集散地均建设了小龙虾专业交易批发市场，配套了小龙虾冷链物流系统。此外，各地积极创新"互联网＋小龙虾"经营模式，引导传统企业加快电子商务应用，成交量迅速放大。

四、品牌建设

（一）区域品牌

江苏省各地将打造品牌作为提升稻田综合产业发展竞争力的重要措施。多措并举，成功打造了盱眙小龙虾、金湖小龙虾、邵伯小龙虾、盱眙龙虾米、湖西虾稻米、七星谷大米、东海渔稻米等一批知名的区域公共品牌。江苏盱眙 2006 年起就制定并公布实施了小龙虾地方标准，盱眙小龙虾的养殖、加工、服务通过 ISO9001 国际质量管理体系认证，"盱眙龙虾"获批全国第一例动物类原产地证明商标，获农业部"中国名牌农产品"称号，盱眙县被中国烹饪学会授予"中国龙虾之都"称号，建立了以"盱眙龙虾"商标为核心的品牌体系。

（二）龙头企业

在政府的引导下，江苏省涌现出一批像盱眙龙虾产业集团、小河农业、湖西农业、七星现代农业等养殖面积 5 000 亩以上的龙头企业；江苏省宝龙集团、江苏泗州城工贸、睿阳食品等一批年加工小龙虾 5 000t 以上企业，年产值 3.2 亿元的全国甲壳素深加工龙头企业南通双林公司；朱大龙虾、於氏龙虾、太明龙虾、杨氏龙虾、红透龙虾、红胖胖龙虾、益松龙虾等年销售额 5 000 万元以上大型小龙虾特色餐饮连锁企业；金康达、嘉吉等一批年产小龙虾养殖饲料 5 万 t 级饲料企业；许记调料等年产小龙虾调料 5 000t 的企业；盱眙县山城市场、东方市场、金湖龙虾市场等年交易量超过 5 万 t、交易额 10 亿元的大型龙虾批发市场。

五、产业政策

（一）加强政策扶持

为推进全省稻渔综合种养，2016 年 3 月，江苏省海洋与渔业局与江苏省农业委员会在盱眙县联合召开全省稻渔综合种养现场观摩会。2018 年江苏省海洋与渔业局、江苏省农业委员会、江苏省国土资源厅在盱眙县召开了全省稻渔综合种养现场会，明确要求把发展稻渔综合种养作为农业结构调整的重要抓手，江苏省海洋与渔业局将稻渔综合种养作为现代渔业发展的重点内容之一，加强稻渔综合种养试点和示范基地建设，选择淮安、宿迁等地有积极性的 10 个县区开展试点，安排专项经费 1 000 万元给予重点支持。2017 年，会同省农委下发了《关于加快推进稻田综合种养工作的通知》，鼓励各地因地制宜发展稻渔综合种养，试点地区扩大到 20 个，安排专项经费 2 000 万元；结合现代渔业"四个一批"建设，把有基础、成规模的稻渔综合种养基地提升建设成为现代渔业精品园，给予重点支持。对家庭渔场牵头开展稻渔综合种养的，在省级示范家庭渔场认定中优先考虑，认定后即给予奖励；鼓励和支持相关科研或推广机构开展稻渔综合种养技术攻关和研究。

地方政府积极推动稻渔综合种养工作，把稻渔综合种养作为农业供给侧改革、农民增收的重要举措来抓，淮安市政府出台了稻渔综合种养具体的指导意见，盱眙县县委领导亲自抓稻渔综合种养工作，泗洪县政府成立了"稻（藕）虾产业发展办公室"，阜宁县成立了稻虾产业工作领导小组。

（二）加强技术推广

江苏省各级科研和推广部门的技术人员坚持传统继承与改革创新相结合、坚持学习借鉴与自我探索相结合、坚持科学研究与理论实践相结合，找准关键技术进行基础研究和攻关，突破发展瓶颈，努力尽快形成一批符合江苏实际的稻渔综合种养新模式、新技术、新品种，为江苏省稻渔综合种养大发展提供支撑保障。目前，成立了省级稻渔综合种养技术专家组，省渔业技术推广中心组织专家编制了《江苏省稻渔综合种养技术要点》。同时，各级渔业主管部门在主体培育、基地建设、技术培训、质量监管、品牌打造等方面积极做好服务工作。例如通过科技入户工程等加强培训和示范引导，组建专业科技服务团队，把培训班办到塘口、田头，帮助生产者掌握稻渔综合种养技术操作规程和先进技术，努力培养一批种稻、养鱼都在行的复合型人才；积极推进质量安全可追溯体系建设，强化质量安全的全程监管，制定和完善品牌发展战略。

（三）加强技术与模式创新

江苏省渔业技术推广中心2015—2017年连续三年牵头承担省水产科技项目——稻渔综合种养技术示范推广项目，联合省内外10多家大学、科技院所、推广单位，在全省建立了20个试验示范点，开展22个稻渔综合种养模式和在稻田综合种养的稻田耕作层变化、水环境变化监测、秸秆处理技术、小龙虾早繁技术等10多项关键技术试验研究，现已总结了6个较为成熟的模式，并形成技术操作规程。

六、存在问题

（一）种业体系有待进一步发展

稻田综合种养的主导品种小龙虾种业体系建设滞后于养殖发展的需求，苗种繁殖大部分依靠养殖者自繁自育，种质退化严重，苗种产量不稳定，成活率较低等问题突出，严重影响了产品品质和养殖效益的提高。与种业建设相关的种质资源调查、良种选育以及良种场、良种繁育场建设等工作有待进一步增强，规模化繁育技术有待进一步完善。另外，一些新兴的养殖品种，如澳洲龙虾、台湾泥鳅苗种繁殖技术尚不成熟，生产量无法满足产业发展需求。

（二）技术标准化普及率有待进一步提高

对稻田生态系统的研究不够，稻田综合种养技术耦合度不高，环境营造与水质调控技术精准化程度不够；养殖生产的标准化水平有待提高，各种养殖模式的相关技术参数需要进一步量化，与标准化、规模化、生态化养殖生产相匹配的工程建设标准和技术规范制定急需加快；小龙虾饲料营养学研究不够，专用颗粒饲料亟待研发。不少养殖户存在技术经验化、管理粗放化、设施简易化现象，影响了养殖效益；一些新进入行业的从业者缺乏基本生态养殖技术，盲目上马，养殖成功率低，综合种养技术水平亟待提高。

（三）产业引导有待进一步加强

各地小龙虾产品、餐饮、节庆等品牌众多，但多数市场影响力有限，品牌开发力度有待进一步加强。稻渔综合种养一、二、三产业融合度还不高，养殖（种植）、加工、物流、营销等一体化的产业发展机制构建、技术支撑体系和产业服务体系建设有待进一步加快。稻虾综合种养技术普及率不高、市场拓展速度减缓、效益下滑风险加大等问题逐步显现，相关发展规划、指导意见、技术标准亟待制定。

（四）加工产业规模亟待进一步提升

加工产业龙头企业少，产业规模小，二产产值占整个产业经济比例偏低，对一产发展支撑不够；小龙虾精深加工研发力度不够，产品少、档次低，副产品加工产品大多以原料出售，产品附加值低；小龙虾加工品质调控关键技术还未完全突破，小龙虾加工产品风味保持度不足，严重影响了即食产品生产与销售，制约小龙虾加工产品发展。渔稻米品牌建设严重滞后，质量控制意识不强，市场推荐力度不够，加工产品单一。加工产业规模与技术亟待进一步提高。

（五）组织化程度不高

近年来，江苏省稻渔综合种养组织化程度有了较大提升，组建了不少行业协会、养殖合作社，但还是以千家万户的小规模生产为主，总体而言产业组织化程度偏低，相关组织发挥作用还不高，存在养殖、种植新技术推进速度不快，新产品利用率不高，产品质量难以把控，养殖生产仍以粗放式养殖为主，产量和经济效益、质量控制有待进一步提升；品牌建设和市场营销能力不强，存在单个养殖户品牌运作和产品营销局限性等问题。因此，稻渔综合种养产业必须加强组织化建设，建立健全中介组织和购销服务体系，以提高进入市场的组织化程度，加快新技术、新模式推广，加强水产品和渔稻米的品牌建设，提高产品附加值。

七、发展建议

（一）产业发展，规划先行

建议省有关部门组织专家编制《江苏省稻渔综合种养产业发展规划》，省政府出台《江苏省稻渔综合种养产业发展纲要》。根据江苏省水产品养殖、加工、消费特点，明确江苏省稻渔综合种养产业定位、产业布局与发展思路，立足江苏稻渔综合种养产业的现状，着眼于自然水域生态禀赋，充分发挥江苏资源、经济、消费、人才大省等优势，加大财政资金扶持力度，加快技术研发，转变发展方式，强化一产特色，扩大三产优势，补齐二产短板，加速推动三产融合，使江苏稻渔综合种养在全国具有显著产业特色优势。

（二）加快良种选育与繁育体系建设

积极开展稻渔综合种养水产品主导品种的良种选育与繁育工作，特别是小龙虾良种选育工作，构建以企业为主体的商业化育种体系，联合科研院校培育具有江苏省自主知识产权的小龙虾优良品种，加快提升良种自主研发和供给能力。开展多种模式的规模化繁育技术研发，培育一批大型小龙虾苗种生产企业，加快良种繁育体系建设，科学布局，尽快建设由省级良种场、省级良种繁育场、良种繁育点的三级良种繁育体系，扩大良种繁育规模，不断提高良种覆盖率。积极选育和筛选适合不同种养模式的水稻品种，解决水产养殖与水稻种植茬口安排，最大限度发挥水稻和水产品相利共生效应，确保水产、水稻双丰收。

（三）大力推广精准化种养技术

目前江苏稻渔综合种养技术标准化程度不高，以粗放粗养为主，特别是稻虾共作、稻虾轮作模式，主要采用"一次放养，多年收获"的模式，小龙虾苗种数量难以把控，产量稳定性差，同时长期近亲繁殖也导致种质退化，出现小龙虾越养越小、效益越养越差的现象。因此，必须加快创新养殖技术和创建养殖模式，加快小龙虾养殖技术规范的制定，大力推广标准化养殖技术，推行"养繁分离，精准养殖"技术，提高小龙虾养殖产量和规格。

针对自然条件下，江苏小龙虾上市迟的问题，重点开展小龙虾提早繁育技术研究、棚池接力养殖技术研究；积极开展稻渔综合种养模式研究，形成5～10个适合江苏生产的稻渔综合种养模式，不断丰富和创新稻渔综合内涵，形成"一主多元、百花齐放"的发展格局，降低单一模式、单一品种市场风险；加强质量安全监管，建立小龙虾养殖可追溯体系，加强投入品管理，严禁使用违禁药品。加强疫病监测和防控，完善疫病应急方案，加快病害防控技术研究，重点开展小龙虾白斑综合征防控技术研究。

（四）加快发展精深加工产业

大力发展水产品和渔稻米加工业。加强小龙虾加工品质调控关键技术研究，大力开展即食风味小龙虾产品研发与销售；加快发展精深加工，加大副产物综合利用，不断向医药、化工、环保等领域拓展。指导企业推行HACCP等国际食品质量管理体系认证，支持龙头企业发展环境友好型加工，积极采用清洁能源进行生产，严格实施生产废水达标排放，提升出口产品质量安全水平。支持企业一、二、三产业融合发展。

（五）加强流通体系建设

加快产地小龙虾、渔稻米等专业批发市场建设，加强经纪人队伍培育，实现产地和销地市场有效对接。加强冷链物流建设，依托国内大型物流集团构建全程冷链配送体系；加强运输、保鲜、包装等技术研究，降低运输过程中损耗，保证产品品质，扩大销售半径。积极做好品牌打造、展会推介、产销对接、信息服务与贸易壁垒应对工作，引导企业开拓国内国际两个市场。大力发展电子商务，引导企业开展各种形式的网络营销促销。支持各类经营主体开设专卖店、电商配送点和餐饮连锁店。

（六）加大产业融合发展力度

整合各方资源，鼓励社会资本进入稻渔综合种养产业，通过政府搭台，企业唱戏，以企业为主体做大做强小龙虾节等特色推介活动，打造文化品牌和成体系的区域公用品牌、企业品牌和产品品牌。积极联合旅游、商务部门，加强项目规划和招商引资，建设一批集旅游、休闲、餐饮、文化功能于一体的度假村和风景区。鼓励龙头企业一、二、三产业融合发展，引导有条件的经营主体开展水产品、水稻繁育、养殖、加工现场体验、科普教育、休闲旅游等业务，拓展观光经济、休闲经济、文化经济。支持有基础、有条件的地区打造商贸推介、文化展示、品牌宣传于一体的小龙虾和稻米主题商业区。

江苏省渔业技术推广中心

陈焕根　张朝晖　黄春贵

第十章 2018 年浙江省稻渔综合种养产业发展分报告

　　浙江省稻田养鱼拥有悠久的历史，文化底蕴十分深厚。追溯青田县的稻田养鱼历史，最早可至唐睿宗景云二年（711 年）青田置县，至今已有 1 300 多年。明洪武二十四年（1392 年），《青田县志·土产类》中记载"田鱼有红黑驳数色，于稻田及圩池养之"，是有关青田稻田养鱼的最早文字记录。2005 年 4 月，青田县的稻鱼共生系统被联合国粮食及农业组织（FAO）列为全球首批五个、亚洲唯一的全球重要农业文化遗产保护试点；2013 年又被农业部列为中国重要农业文化遗产。

　　作为一种农渔结合的生态循环农业典范，稻渔综合种养是根据生态循环农业和生态经济学原理，将水稻种植与水产养殖技术、农机与农艺的有机结合，通过对稻田实施工程化改造，构建稻渔共生互促系统，在水稻稳产的前提下，大幅度提高稻田经济效益和农（渔）民收入，提升稻田产品质量安全水平，改善稻田的生态环境，具有稳粮增收、质量安全、生态环境安全、富裕百姓、美丽乡村等综合效应。浙江地处东南沿海，陆域面积约10 万平方公里，"七山一水二分田"，人均耕地不足半亩，是个农业资源小省。浙江年粮食总产量约为 750 万 t，自给率不到 40%。随着经济发展，耕地面积减少趋势不可逆转，稳定粮食生产，保障粮食安全，不断提高农民收入压力越来越大。为推进农业生态可持续发展，加快建设高质量、高水平现代农业强省，省委省政府提出了大力推进农作制度创新，促进产业互融和协调发展，统筹解决"米袋子""菜篮子"和"钱袋子"的战略决策。水稻作为浙江的主要粮食作物，占粮食总生产面积 66%。因而，加快发展稻田综合种养，在新时期推进农业供给侧改革、渔业绿色高质量发展的新形势下，在全面实施乡村振兴重大战略的大背景下，发展意义重大，发展前景广阔。

一、稻渔综合种养发展沿革

　　新中国成立以前，浙江省稻田养鱼主要集中在丽水地区。据统计，新中国成立前夕丽水地区稻田养鱼分布在 7 个县 24 个区，101 个乡，面积 3.3 万亩，约占全省养殖面积的75%，其中青田县就有 2 万亩。新中国成立初期青田县成立农业生产合作社，采取"水稻集体种，田鱼分户养"的办法，1958 年稻田养鱼发展到 3 万亩，产田鱼 10.5 万 kg。

　　改革开放以来，"三农"工作不断得到党和政府的重视，市场驱动发展的作用日益显现，有力地促进了农业产业结构调整优化。浙江省的稻渔综合种养也从以自给自足为主的小农经济快步向优质高效农业和绿色生态农业发展。主要经历了三个阶段：

阶段一：以"自给自足"为主要特征的传统稻田养鱼。大致在 20 世纪 80 年代初到 90 年代中期，其主要特点是：稻田养鱼均分布在青田、永嘉等传统区域，以单家独户养殖为主，种养模式主要是双季稻的平板式养鱼，亩均产量低（10kg 左右），相对效益不高。

阶段二：以"优质高效"为主要特征的新型稻田养殖。大致在 90 年代末期到 2010 年，其主要特点是：伴随着国家大力发展优质高效农业的大好形势，农业产业结构快速调整，由于政策效应和比较效益推动，沟坑式稻田养鱼（沟坑面积占稻田面积 20% 以上）和挖塘养鱼迅速发展，稻田养鱼区域也从丘陵山区迅速扩大到内陆平原，稻田养鱼的单位产量（100kg 以上）和经济效益显著提高。

阶段三：以"稳粮增收"为主要特征的绿色生态稻渔综合种养。大致自 2010 年起，实施养鱼稳粮增收工程被列入"十二五"期间全省发展现代渔业、促进稳粮增收的重要工作之一，其主要特点是：转变了发展理念，以绿色生态为导向，以稳粮增收、保生态保安全为主要目标，发挥稻田养鱼"四大效应"（大局效应、稳粮增收效应、生态安全效应、质量安全效应），实现稻田养鱼的绿色生态发展和可持续发展。进入"十三五"后渔业主管部门和技术推广部门，遵循"以粮为主、生态优化、产业化发展"的导向，依托中国稻田综合种养产业技术创新联盟的技术平台力量，结合浙江省稻渔综合种养发展实际，加强提升对稻渔综合种养产业化发展的服务与支撑能力，继续做精做强具有浙江特色的稻渔模式并推进其产业化进程，打造具有竞争力的浙江稻渔品牌。

二、推动稻渔综合种养发展的主要举措

"十二五"以来，省各级渔业主管部门和技术推广部门，围绕着"拓空间、优环境、增效益、惠民生"的目标任务，通过规划引领、部门协作、品牌打造、产业化运作等综合措施，大力推进稻渔综合种养产业的发展，为水产养殖绿色发展探索了新路径。

（一）以涉农部门通力协作为纽带，联手推广稻渔综合种养新局面

2010 年以来，按照省委省政府提出的稳定粮食播种面积，守住耕地保护底线的要求，全省渔业系统围绕中心、服务大局，在省委省政府高度重视和关心支持下，浙江省海洋与渔业局联合省农业厅印发了《关于开展养鱼稳粮增收工程，促进粮食增产农民增收的实施意见》，在省级层面把养鱼稳粮增收工程作为两厅局共同的部门行为，形成了政府重视、部门配合、农民参与、媒体宣传、公众关注的良好氛围。2012 年，两个厅局又印发了《关于开展养鱼稳粮增收工程，促进粮食增产农民增收的实施意见》，提出从保障全省粮食安全的高度，推进养鱼稳粮增收工程，在粮食生产功能区、现代农（渔）业园区和山区、欠发达地区粮食种植区域中，因地制宜，推广实施生态型稻田养鱼模式，推动粮食生产由政府补贴推动型向内生效益型方向发展。2013 年，省海洋与渔业局印发《全省"养鱼稳粮增收工程"实施方案》，要求以提高种粮综合效益、持续增加农民收入为出发点，以实现"百斤鱼、千斤粮、万元钱"为目标，深化实施"养鱼稳粮增收工程"，重点推进粮食主产区加快发展和传统养殖区创新提升，同时开启了全省"养鱼稳粮增收工程"示范县创

建工作（建成 26 个省级稻田养鱼示范县）。2014 年，借势省委省政府"五水共治"行动，稻鱼共生轮作被纳入"渔业转型促治水行动三大工程"之一。"十二五"期间，浙江省共安排省级专项财政资金 3 000 余万元。

进入"十三五"，根据农业部"国家级稻渔综合种养示范区"创建文件以及全国水产技术推广总站《全国水产技术推广工作"十三五"规划》的要求，浙江省积极发动主体为集体经济组织、农民专业合作社和企业等具有法人资格的单位或家庭农场等新型经营主体开展国家级稻渔综合种养示范区申报工作。2018 年 6 月，浙江省的农渔两个推广系统实现了 30 年来首次合作，浙江省水产技术推广总站、浙江省种植业管理局联合印发《浙江省水产技术推广总站　浙江省种植业管理局联合开展新型稻渔综合种养示范推广工作的实施方案》，全省农渔技术推广部门首次正式联手，通过开展模式与技术创新提升、示范基地创建与示范区培育、主体培育与技术培训、品牌打造，推进农渔深度融合，实现稳粮增效和生态循环发展，加快构建生态友好、质量安全、结构优化的绿色农（渔）业。2018 年全省指导建立首批省级新型稻渔综合种养示范基地 16 家，核心示范面积 6 000 余亩。

（二）以模式创新与技术优化为驱动，支撑稻渔综合种养产业化新发展

自 2008 年起，浙江省水产技术推广总站就将"稻田生态养殖"列入全省渔业主推模式与技术之一，组织开展全省性的联动推广。同时，省总站加强与浙江大学、中国水稻研究所合作，经省、市、县等三级水产技术推广系统十余年来的集成创新与示范推广，围绕稻鱼、稻鳖、稻虾、稻鳅和池塘种稻等稻渔综合种养主要模式，以省部级科研和推广项目为载体，对生态原理、病害防控、种养关键技术等开展了系列研究，不断深化节能减排机理，并开展模式配套技术的集成示范；目前已出台了《稻鳖共生轮作技术规程》（DB33/T 986—2015）、《水稻-青虾共作技术规范》（杭州市地方标准，2018 年），稻鳖、稻青虾的行业标准也由浙江省水产技术推广总站牵头制定中。在模式和技术的创新引领下，培育了一批稻田综合种养技术成熟、运作机制规范、产品品牌化销售的种粮大户和合作社，培养了一批集种稻、养鱼、经营为一体的复合型新型农民，初步形成了种稻养鱼、产品加工、品牌营销的稻田养鱼全产业链。

据统计，自 2016 年以来，由省总站举办的培训或现场观摩活动就有 11 期，参加人数 1 187 人；由各地市、县站举办与稻渔主题相关的各类培训活动 251 期（次），培训 1.12 万人次。其中，2018 年 6 月，首次联合省种植业管理局在嘉兴海宁召开全省稻渔综合种养现场推进会，来自全省 11 个市农业与渔业技术推广人员、稻田综合种养试点负责人、综合种养专业合作社和种粮大户等共计 180 余人参加此次会议。通过省、市、县三级组织的系统培训和现场会等形式，培养了一批既会养鱼、也会种稻、更会经营的复合型新型农民。

（三）以稻渔产品品牌建设为抓手，提升稻渔综合种养综合效益

优质大米品牌培育和营销宣传是实现稻渔综合种养业转型升级的重要手段，也是新一轮稻渔综合种养业能否持续快速发展的关键因素之一。近年来，浙江省积极培育优质大米

新品牌，引导扶持合作社和种粮大户着力打造品牌，把稻鱼共生的大米"绿色、生态、优质、安全"理念融合到品牌宣传、包装和设计中，结合全国稻渔联盟举办的"稻渔综合种养模式创新大赛和优质渔米评比推介活动"、省农业博览会等活动和展会，加以重点宣传推介，有效提升了产业品牌价值，扩大稻渔综合种养优质稻米、水产品的影响力和市场占有率。在近年的全国稻渔综合种养模式创新大赛和优质渔米评比推介活动中，浙江省稻渔综合种养企业累计获得模式技术创新特等奖 1 项、金奖 11 项，大米最佳口感奖、优质渔米金奖 10 项。2018 年浙江农业博览会上，又有 2 个品牌渔米荣获优质产品金奖，3 个渔米品牌荣获"2018 浙江好稻米"十大金奖产品。通过参加各类评比和展销活动，使得浙江省的企业和大户获得良好的学习交流机会和展示宣传平台，同时又可将获得奖项当做自身产品广告宣传资料，扩大产品的知名度，显著提升了稻渔综合种养的品牌效益。

（四）以县级养殖水域滩涂规划为引领，巩固引导稻渔综合种养可持续发展

2016 年 12 月，农业部印发了《养殖水域滩涂规划编制工作规范》和《养殖水域滩涂规划编制大纲》，要求用两年时间，全面完成县级水域滩涂规划编制发布工作。按照相关法律法规规定，养殖水域滩涂规划由县级人民政府发布。根据农业部《养殖水域滩涂规划编制大纲》，结合浙江水产养殖和稻渔综合种养发展趋势，在部署农业部有关水域滩涂规划编制发布工作中，将稻渔综合种养（三级）列为养殖区，标明 GIS 坐标。据不完全统计，规划为稻渔综合种养的区域面积约 300 万亩。

三、主要技术模式

目前，浙江省综合种养面积 25 万亩，遍布了除舟山市以外的全省 10 个地市。主要有以下三大类模式。

（一）稻鳖共生模式

稻鳖共生模式是指利用生态学原理，将中华鳖养殖和水稻种植有机结合在一起，实现养殖、种植相互促进，综合效益大幅提升的一种新型综合种养模式。养殖中华鳖主要为中华鳖日本品系、清溪乌鳖、浙新花鳖等中华鳖国家水产新品种。该模式是在田块中开挖沟坑（面积控制在稻田总面积的 10% 之内），开展水稻和中华鳖共作，使中华鳖的排泄物成为水稻的肥料，鳖还能捕捉部分稻田的害虫，种植的水稻又能吸肥改良底质，使水稻和鳖的病害明显减少，从而可以实现不使用农药和化肥，显著提高了稻田综合效益，实现稻鳖共赢，经济效益提高 30% 以上，真正实现"百斤鱼、千斤粮、万元钱"，被誉为"浙江模式"。2017 年全省推广稻鳖共生模式 1.37 万亩，亩均效益 8 950 元。浙江清溪鳖业股份有限公司是浙江省规模较大的实施稻鳖共生模式的企业，并入选了 2017 年首批全国稻田综合种养示范区建设。该企业有基地 3 000 余亩，拥有自主的"清溪五号"等稻米品种，采用"公司＋农户"模式，带动当地农民共同致富，以该公司开展的稻鳖共生模式为主体的技术已形成省级地方标准。2016 年浙江清溪鳖业股份有限公司在上海股交中心挂牌。近

几年清溪鳖业加紧了一、二、三产业全面融合的步伐，打造千亩生态观光园，实现农旅结合，并向新疆、江西等地输出了清溪鳖品种和种养模式。

（二）稻鱼共生模式

主要有丽水、温州等地的山区沟坑式和微流水式，以及嘉兴等粮食主产区稻鱼共生轮作模式等，全省推广稻鱼共生模式16.3万亩。稻田开挖鱼坑和鱼沟，面积控制在10%之内；养殖鱼类主要包括田鱼、鲫、草鱼、花白鲢等，有些套养一些夏花鱼种。以丽水青田县、景宁县等地为例，推广水稻以单季稻为主，部分为再生稻，放养鱼的品种为瓯江彩鲤等，单季稻4月下旬至5月上旬播种，9月下旬至10月上旬收割；田鱼则4月下旬至6月上旬放鱼苗，9月下旬至10月下旬捕大留小续养。单季稻水稻亩产可达550kg，产鱼75kg，亩净利润3 000余元。近年来，青田县不断深挖稻鱼文化内容，围绕标准化基地建设，加大稻鱼产业的标准化研究力度，建立稻鱼产业的标准体系，在生产和推广上大做文章，让传统稻田养鱼焕发出新的更大的光芒。目前，仅青田县就建立田鱼原种场13家，建成以稻田养鱼为主的粮食生产功能区2万亩、省级稻鱼共生精品园2个、稻鱼共生主导产业示范园1个、整建制推进现代农业生态循环示范区1个，逐步形成"一核多点"的产业格局。同时，通过每年举办"稻鱼之恋"文化节、音乐节、开犁节和开镰节，并通过鱼灯表演、尝新饭、农事体验等节目，有效提升"稻鱼共生系统"旅游品牌知名度，让游客享田园风光、品稻鱼美食，实现高效增收。

此外，稻田养鳅模式是在稻田养鱼模式下衍生发展的一种模式，主要分布在嘉兴、金华等地。有先鳅后稻模式，即春耕后3—4月提前放养鳅种；另有先稻后鳅模式，即5—6月放养鳅种。以嘉兴三羊现代农业科技有限公司的稻鳅混养立体稻田生态循环模式为代表，在稻田四周开环沟养殖泥鳅，环沟内种植南湖菱，沟岸上大量种植杜瓜，为泥鳅提供避暑遮阴的同时，还增加了亩均产值。该公司在发展模式上，通过招商返租农户生产，公司提供种苗并给予技术指导与培训，农户生产的产品出售给公司，由公司统一品牌销售或再加工后销售的"公司＋农户"模式，保障了农户的养殖收益，又为公司的加工和品牌打造提供了稳定的货源保障；依托自主研发的一系列农渔产品和线上线下结合的营销模式，产品拓展到全国各地，年销售额超2 000余万元。

（三）稻虾共作模式

浙江省目前发展的稻虾共作模式中的虾主要是指青虾，2017年全省面积1.45万亩，亩均效益4 000余元。主要有两种模式，一是"一季稻一季虾"轮作，即利用水稻种植的空闲期养殖青虾，并在6月份完成上市销售，再种植一季晚稻。由于水稻种植和虾类养殖在稻田中的能量和物质循环上实现了互补，从而提高了稻田利用效率，减少了农药和化肥的使用。由于该模式充分利用了平原粮食主产区的土地资源，减少了稻田冬春季弃耕抛荒现象，实现种养双赢。另一种模式是"一季早稻二茬青虾"共作模式，以绍兴、湖州等地区最为典型，可亩产水稻450kg、商品青虾50kg、小虾种15kg。该模式下，早稻于4月上旬育秧，5月中旬插秧，7月下旬至8月初收获；秋季虾在7月底至8月上中旬放养青虾虾苗，10月中旬开捕，分批上市至春节；春季虾的养殖利用秋季虾捕大留小，至翌年2

月放虾苗，5 月中旬捕毕。湖州德清县 2018 年出台《稳定发展粮食生产三年行动计划》，鼓励稻鳖（虾）共生、（虾）稻轮作等稳粮增收新型农作制度，对经改造后实施新型种养模式种粮面积在 50 亩以上的种粮经营主体，按实际种粮面积给予每亩 200 元奖励。目前全县已推广该模式 8 000 亩，亩产水稻均达到 400kg 以上，青虾亩产可达 75kg，实现利润每亩 8 000 元，既保粮食生产又保青虾品质，实现一水两用、一田多收的综合效益。

近两年来，在全国稻田小龙虾发展热潮的带动下，浙江省的嘉兴海宁、海盐、桐乡，湖州南浔、安吉等地也开始借鉴兄弟省份稻田小龙虾综合种养技术与经验，引进小龙虾在平原地区的稻田开展养殖，2018 年已发展 1.6 万余亩。如浙江誉海农业开发有限公司，一期实施面积 540 亩，采用较成熟的"369"模式（3 月放虾苗、6 月种稻、9 月补虾苗），每亩产水稻 550kg、小龙虾 150kg，亩均产值 1.08 万元，亩均利润 7 756 元，每亩减少使用化肥 55kg、农药 80g，生态效益和经济效益明显。湖州南浔区区政府制定《关于支持稻渔综合种养三年行动方案》，计划三年内发展 5 万亩，对于发展稻渔综合种养的主体，贫困户每年给予每亩 1 000 元的补助，对于普通户给予每亩 500 元的政府补助，实现"公司＋农户"的带动模式，全面推广稻田小龙虾养殖。湖州、嘉兴等粮食主产区有望发展成稻田小龙虾模式重点区域。

四、存在问题

近年来，浙江省的稻渔综合种养产业发展既有历史传承，又有创新发展，但也依然存在着一些问题，主要表现在三个"不高"和一个"不快"。

第一个"不高"指稻渔综合种养总体技术水平不高。稻渔综合种养基础研究还有待加强，与稻渔综合种养相配套、农机农艺研发、信息化技术应用、病虫害防控技术研究相对缓慢，适宜不同区域、不同稻田环境的水稻优良品种和水产品种筛选与研究还相对缺乏，从业者的生产水平、产业标准化程度普遍不高，核心竞争力不强；科研机构和技术推广部门的科技成果对全省稻渔发展的整体支撑度和贡献率依然有待提升。

第二个"不高"是稻渔综合种养规模化组织化程度不高。浙江省稻渔综合种养的主体依旧以小散为主，组织化程度不高，产业化运营的较少，能达到农业部"国家级稻渔综合种养示范区"创建面积要求的单位或家庭农场等经营主体更是凤毛麟角，2017 年全省仅有浙江清溪鳖业股份有限公司的稻鳖园区列入首批创建名单。

第三个"不高"是稻渔综合种养三产有机融合度不高。全省整体发展来看，养殖主体与二三产业融合程度较低，品牌知名度不高，流通渠道不宽，没有在产业大发展过程中合理分享成果，附加值增加幅度不大。

此外，还有一个"不快"指的是稻田综合种养数量与规模发展速度不快。据统计，全国约有 4.5 亿亩稻田，开展稻田养鱼面积已经突破 2 500 万亩，占 5.5%。但近年来浙江省的稻渔综合种养面积没有大的增加，传统山区稻渔模式占 60% 以上，新的模式发展较慢。如目前最热门的稻田小龙虾模式，2017 年全国已推广 850 万亩，但该模式在浙江省尚处在起步阶段。

五、发展对策

浙江省委省政府《全面实施乡村振兴战略　高水平推进农业农村现代化行动计划（2018—2022年）》已经颁布，"推进农林牧渔深度融合，推广'千斤粮万元钱'"被列入大力发展高效生态现代农业的重要内容。新时期，浙江省将紧紧遵循"两山"理论，以农业供给侧改革为主线，以绿色发展为导向，以稳粮增效为总目标，让稻渔综合种养在助力乡村振兴战略的实施中发出新的光芒，做出新的贡献。

一是加强政策扶持和引导。随着2018年浙江省政府机构改革的落地，全省渔业管理职责整合到省农业农村厅，省水产技术推广总站也同时转隶到省农业农村厅，渔农系统可以实现更好的协调合作。浙江省将引导各地结合实际，将稻渔综合种养统一纳入当地农业发展规划和养殖规划，并作为财政支农的重要内容，支持农技推广部门、农民专业合作社、农业龙头企业、种养大户试验示范和推广应用。充分利用现有的农业综合开发、农田水利标准化、现代农业、生态循环农业等项目资金，结合现代农业园区和粮食生产功能区建设，为稻渔综合种养的推广创造必要的基础设施条件和生产、加工、贮运等设备条件。进一步发挥财政资金的撬动作用，鼓励、引导社会各界加大对稻渔产业化发展的投入力度，提高资金利用率，优化发展环境。

二是加快新型稻渔种养模式创新与技术提升。以农业农村部《稻渔综合种养技术规范（通则）》为准则，充分借助全国产业联盟"产、学、研、推、用"五位一体的平台优势，国家农技、渔技推广体系的组织优势，通过试验示范，集成创新，进一步熟化稻鳖、稻鱼、稻青虾等模式的规范化、标准化操作，重点推进稻田小龙虾、稻鱼鳖、稻蟹以及稻渔农作物轮作等新型模式。加强稻渔综合种养生态机理研究，加强稻渔品种选择、茬口安排、绿色防控、饲养管理等各环节农机农艺与渔技的有机衔接；积极推进精准作业、智能控制、远程诊断等"物联网＋"技术在稻渔综合种养领域的应用。进一步加强多种形式相结合的培训，培养一批掌握水稻种植、水产养殖、市场营销等技能的复合型人才，建立以新型职业农民为主体的稻渔综合种养生力军。为实现"百斤鱼千斤粮"的社会效益、"百万亩增千元"的经济效益、"减化肥减农药"的生态效益的"双百双千双减"目标提供创新动能与人才支撑。

三是加强稻渔示范基地创建与示范区培育。各级技术推广部门加强联合与技术指导，创建一批模式新颖、稳产高效、标准规范、特色鲜明的省级稻渔综合种养示范基地，在示范基地集成、展示、应用稻渔综合种养先进技术模式，做到示范基地"有干头、有看头、有说头"，充分发挥标杆和引领作用。因地制宜推动稻渔综合种养区域化、特色化发展。以稻渔综合种养大县和粮食生产功能区为重点，以集体经济组织、农民专业合作社和企业等具有独立法人资格的单位或家庭农场等为主体，集中培育一批集研发、培训、示范、推广为一体的稻渔综合种养示范区；构建百亩示范点、千亩示范区集中连片发展新格局。

四是推动稻渔品牌打造与营销网络拓展。强化稻渔综合种养模式的源头控制、过程管控和质量追溯体系，探索建立稻渔综合种养产品安全与品质认证体系与制度。鼓励发展多样化水产品加工和稻米加工，提高产品附加值和经济效益。扶持一批特色明显、在省内外具有较大影响力的稻渔品牌和稻渔生产主体，积极引导经营主体参与渔米产品创优、推介、展销活动。发展一批稻渔文化和乡村旅游融合的休闲基地，推进稻渔生产、渔旅休闲、美丽乡村建设的有机衔接，促进三产融合发展。加快发展电子商务，拓展产品营销网络，实现精准化、个性化、定制化营销，不断拓展可持续发展新空间。

浙江省水产技术推广总站

周凡

第十一章　2018 年安徽省稻渔综合种养产业发展分报告

安徽省稻田养鱼始于 20 世纪 80 年代中期，至 80 年代末，全省稻田养鱼面积达 100 多万亩，之后逐年减少至 30 多万亩。2006 年，安徽省开始实施龙虾进稻田等渔业"三进工程"，稻渔综合种养稳步发展，各地因地制宜地走种养结合、立体生态之路，大力发展名特优水产品及优质稻米生产，已形成以稻虾轮作为主导，稻鳖、稻鳅、稻蟹、稻虾（青虾）等轮作与共作模式全面发展的局面，取得了显著的成效，稻渔综合种养效益稳步提高，农民收入持续增加。为加快推进稻渔综合种养发展，2016 年 9 月省农委在芜湖市召开了推进稻渔综合种养发展现场会，明确要求把发展稻渔综合种养作为农业结构调整的重要抓手；省农委印发了《安徽省稻渔综合种养双千工程实施意见》，提出到 2020 年发展稻渔综合种养面积 200 万亩以上，实现亩收千斤粮、亩增千元钱，年增收 20 亿元以上。

一、稻渔综合种养发展现状

（一）发展历程

稻田养鱼始于 20 世纪 80 年代中期，至 80 年代末，全省稻田养鱼面积达 100 多万亩，之后逐年减少至 30 多万亩。2006 年，我省开始实施龙虾进稻田等渔业"三进工程"，稻渔综合种养稳步发展，各地因地制宜地走种养结合、立体生态之路，大力发展名特优水产品及优质稻米生产，已形成稻虾轮作为主导，稻鳖、稻鳅、稻蟹、稻虾（青虾）等轮作与共作模式全面发展的局面，取得了显著的成效，稻渔综合种养效益稳步提高，农民收入持续增加。为加快推进稻渔综合种养发展，2016 年 9 月省农委在芜湖市召开了推进稻渔综合种养发展现场会，明确要求把发展稻渔综合种养作为农业结构调整的重要抓手；12 月省农委印发了《安徽省稻渔综合种养双千工程实施意见》，提出到 2020 年发展稻渔综合种养面积 200 万亩以上，实现亩收千斤粮、亩增千元钱，年增收 20 亿元以上。

市场需求推动小龙虾养殖产业的发展，2000 年开始全省各地兴起了小龙虾养殖热潮，但由于对小龙虾的认识不够，技术缺乏，大都以失败告终。1998 年长丰下塘镇赵本文开始试验池塘养殖小龙虾，直到近几年才形成稳定的产量和效益；2006 年全椒县赤镇农民王如峰利用 30 亩稻田试验养殖小龙虾，在滁州市水产技术推广站凌武海等指导下，当年实现亩产小龙虾 102kg 的好成绩，在全椒模式的辐射带动下，全省稻渔综合种养迅速发展。

（二）科技支撑

省水产技术推广总站 2012—2014 年连续三年承担农业部稻虾综合种养示范项目，在全省 10 个示范点，每个示范点不低于 500 亩，开展稻虾综合种养集成技术试点示范，总结提出了稻虾连作全椒模式。

安徽省稻渔综合种养产学研推联盟在小龙虾研究及推广应用方面，共申请《一种稻田养殖富硒小龙虾的方法》等小龙虾相关的国家发明专利 50 项（获授权 10 项）、制定《冬闲稻田养殖克氏原螯虾操作规程》等省市级地方标准 10 项、获得"稻田稳粮增渔环保综合种养研究与推广"等省级科技成果 10 项、编写《稻虾连作共作精准种养技术》等书籍 9 本，发表《安徽省全椒县水稻-龙虾生态种养技术模式分析》等论文 30 多篇。

同时加强与省内外各大院校合作，助力在理论和机理上提升。先后与浙江大学建立试验基地、与上海海洋大学设立博士后工作站、与安徽农业大学建立教学试验基地、与省农科院水产研究所建立试验基地等，在小龙虾养殖与稻田土壤肥力监测、小龙虾养殖水环境变化监测、小龙虾致病因子检测等方面进行了广泛合作，为小龙虾养殖技术研究提供了基础数据。

（三）总体情况（面积和区域分布）

2017 年，安徽省稻渔综合种养发展迅速。一是面积扩增迅速。全省稻渔综合种养面积 90 万亩，创建百亩示范点 1 038 处、千亩示范片 117 处、万亩示范区 13 处，年新增稻渔综合种养 20 万亩。二是产业发展迅速。稻渔综合种养产业链长，具有接二连三、产业融合发展的巨大潜能，联动了稻谷和水产品加工、休闲旅游和品牌建设。通过培育新型经营主体，利用龙头企业的发展来带动合作社和大户种养，形成利益紧密联结机制，把分散农户组织起来，使龙头企业、合作社和农民形成命运共同体，有效拉动当地经济发展，带动农民脱贫致富。目前，全省稻渔综合种养合作经济组织达 340 个、家庭农场 630 个、30 亩以上大户 5 500 户，带动脱贫农户数 7 000 多户；注册稻渔综合种养稻米商标 97 个、水产商标 60 个，获得市知名商标、省著名商标 6 个。也有一些地方，以稻渔为载体，带动了种养产品生产、加工销售和旅游业的发展。

1. 经济效益。安徽省单一种植水稻的平均亩纯收益 200 元左右，稻渔综合种养的经济效益明显提升。按照 2017 年安徽省稻渔综合种养测产表明，稻渔综合种养比单种水稻亩均效益增加 2 000 元以上，带动稻渔综合种养农民增收 18 亿元以上。

2. 生态效益。根据稻渔综合种养企业水产记录、示范点测产验收结果和有关市县农业部门监测结果，稻渔综合种养化肥使用量减少 30% 以上，农药用量减少 40% 以上。该项目的实施推动了水产品养殖业和水稻种植业有机融合，在稻田生态养殖系统实现了物质、能量的良性循环，改善和提高了农村生态环境，使环境资源、土地资源和水资源得到有效保护、合理开发、永续利用，光能利用率显著提高。提升了防洪抗旱能力。通过加高加固田埂，开挖沟凼，增加稻田蓄水能力，有利于防洪抗旱。

3. 社会效益。稳定了水稻生产，农民收入增加，为保障粮食安全发挥了巨大的作用。同时，促进种养大户、合作经济组织、龙头企业等经营主体的形成，加快稻田流转，提高农民组织化程度，提升水稻规模化生产和产业化经营水平。

（四）重点企业介绍

3个国家级示范区：全椒县赤镇龙虾经济专业合作社、芜湖盛典休闲生态园有限公司、庐江县放马滩龙虾养殖专业合作社。

22个省级示范区：全椒县赤镇龙虾经济专业合作社、芜湖盛典休闲生态园有限公司、庐江县放马滩龙虾养殖专业合作社、芜湖市香勤生态农业有限公司、宣城市念念虾稻轮作专业合作社、马鞍山农腾生态农业科技发展有限公司、全椒县银花家庭农场、东至县联丰稻渔综合种养专业合作社、定远县锦鸿种养殖专业合作社、叶集区金龙水产养殖专业合作社、六安市窑湖水产养殖有限责任公司、霍山县成凤生态农业农民专业合作社、怀宁县七彩水稻专业合作社、巢湖市高瑞农业科技发展有限公司、合肥市牛耕天农业科技有限公司、黄山区五丰源种养专业合作社、五河县德保种养殖专业合作社、凤台县鱼禾水产养殖专业合作社、寿县圣佐水产养殖有限公司、安徽省普济圩农场、颍上县腾飞生态农业水产专业合作社联合社、阜南县长丰农民合作社。

11个省级十佳创新盈利模式：全椒县赤镇龙虾经济专业合作社、芜湖盛典休闲生态园有限公司、巢湖市高瑞农业科技发展有限公司、芜湖将军湾生态农业有限公司、宣城市念念虾稻轮作专业合作社、淮南阅然生态农业有限责公司、马鞍山农腾生态农业科技发展有限公司、长丰县下塘龙虾养殖协会、安徽富甲半岛生态休闲农业有限公司、霍山县成凤生态农业农民专业合作社、望江县中润现代农业有限公司。

（五）稻虾种养面积和小龙虾产量10强县

2017年，全省小龙虾养殖产量142 966t，全椒县、霍邱县、宿松县、长丰县小龙虾产量突破万吨，前10位县产量占全省小龙虾产量的56.1%（表11-1、表11-2）。

表11-1 2017年安徽省稻虾综合种养面积十强县

排名	县名	2017年面积（万亩）
1	全椒县	13.0
2	霍邱县	8.0
3	长丰县	5.8
4	宣州区	5.2
5	郎溪县	5.1
6	宿松县	5.0
7	庐江县	3.8
8	巢湖市	3.6
9	定远县	3.5
10	和 县	3.4
合计		56.4

表 11-2　2017 年安徽省小龙虾养殖产量十强县

排名	县名	2017 年产量（t）
1	全椒县	12 800
2	霍邱县	12 271
3	宿松县	11 865
4	长丰县	11 150
5	天长市	7 800
6	庐江县	6 949
7	肥东县	6 935
8	明光市	3 756
9	和　县	3 562
10	郎溪县	3 110
合计		80 198

（六）安徽稻虾、稻鳅、稻鳖等模式测产验收等情况分析

1. 稻虾连作测产验收情况。根据滁州市部分示范基地测产结果：稻渔综合种养养殖水产品种主要为克氏原螯虾；种植水稻品种有桃优香占、南粳 5055、谷神 1 号、Y 两优 1998、隆两优华占、9 优 418、淮稻 5 号、两优 688、Y 两优 900。

稻虾连作模式亩均水稻产量 622.1kg，基本与水稻单作持平，亩均龙虾产量 135.6kg，亩均水稻收入 1 557.5 元，龙虾收入 4 023.6 元；亩均效益 3 296.5 元，较水稻单作增加 334.3%。

2. 稻鳖共作种养模式测产验收情况。根据芜湖南陵稻鳖示范基地测产结果：稻田中放养中华鳖，鳖既能摄食水稻害虫，其活动又可抑制杂草的生长，鳖的残饵和排泄物作为水稻的肥料，大幅度减少甚至完全不用除草剂、农药和化肥，改良了土壤，稳定了水稻产量，提高了稻米品质，养殖的成鳖品质优。这种模式一般可亩产水稻 513.82kg 左右，亩产商品鳖 58.40kg，亩效益 8 556.76 元以上。

3. 稻鳅共作种养模式测产验收情况。根据蚌埠市怀远县稻鳅共作种养模式测产验收结果：怀远县稻鳅共作生产面积较大，产生的效益比较显著。稻鳅共作平均亩产水稻 516kg，泥鳅 409kg，水稻亩均收入 1 341 元，泥鳅亩均收入 6 686 元，稻田综合亩均效益提高 448.7%，亩增效 6 389 元，同时水稻、泥鳅品质得到提升，效益十分明显。

（七）政策扶持

省委、省政府将发展稻渔综合种养列入 2017 年 1 号文件和省政府工作报告。省农委把发展稻渔综合种养作为推进农业供给侧结构性改革、促进农民增收的重要内容，组织实施稻渔综合种养双千工程，开展了稻渔综合种养示范区创建活动。并将稻渔综合种养列入省水产产业发展资金扶持范畴，重点支持稻渔综合种养基础设施建设和技术研发推广。淮南、宣城、滁州等市印发了《稻渔综合种养双千工程实施意见》，贯彻落实省农委关于稻

渔综合种养的相关部署。

合肥市出台了《2017年合肥市渔业捕捞和养殖业油价补贴政策调整实施方案》，支持稻渔综合种养示范点建设。安排资金60万元，扶持稻渔综合种养百亩示范点12个，每个扶持金额5万元。肥东县出台了《肥东县人民政府关于印发2017年肥东县扶持产业发展政策体系的通知》，安排资金120万元，稻田综合种养连片200亩以上，每个给予6万元一次性奖补。长丰县出台了《关于印发长丰县2017年支持水产养殖业发展项目实施细则的通知》，稻田龙虾综合种养兑现奖补资金194万元（100亩为起点，每亩一次性奖补300元）；《加快长丰县稻虾综合种养产业发展的实施意见》中，2018年财政预算资金300万元。庐江县出台了《庐江县促进国家级现代农业示范区建设的若干政策》，对于稻田综合种养连片200亩以上的，每亩给予200元补助；对新认定国家级、省级示范区的，分别给予10万元、5万元一次性补助。巢湖市出台了《2017年巢湖市促进现代农业发展政策》，对通过省农业委员会考核验收的稻渔综合种养双千工程万亩示范区、千亩示范片、百亩示范点分别奖补牵头企业5万元、3万元、2万元。

安庆市对当年认定为省稻渔综合种养双千工程示范基地千亩示范片，每个奖励20万元。

滁州市全椒县印发《全椒县2017年粮食生产发展专项资金项目实施方案》的通知（全农业〔2017〕60号），稻虾连作每户80亩以上每亩补贴75元，全年补助额88.6万元。

六安市霍邱县把稻渔综合种养纳入各乡镇年度目标考核的重要内容，建立奖励激励机制，对验收通过的百亩示范点奖补5万元，千亩示范片奖补20万元，万亩示范区奖补30万元。叶集区对验收通过的200～500亩奖补5万元，500～1 000亩奖补10万元，1 000亩以上奖补20万元。

二、稻渔综合种养主要技术模式

（一）种业技术

稻渔综合种养对水产养殖品种选择有一定的局限性，需要其对稻田生态系统有较强的适应性，对苗种投放的季节和规格都有特殊的要求。目前多数水产苗种场生产的品种、苗种规格及供应季节多为池塘养殖服务，对于适宜于稻渔综合种养的品种选择还有待进一步研究和实践。安徽省充分利用稻田资源开展水产养殖，主要品种包括克氏原螯虾（小龙虾）、中华鳖、泥鳅、河蟹、青虾、鲫等，其中稻虾和稻鳖模式的小龙虾和中华鳖苗种来源相对稳定，但也存在数量和规格不理想的情况。

1. 小龙虾（克氏原螯虾）。稻田、池塘小龙虾苗种繁育技术逐渐成熟，种虾主要为养殖户自留或外地选购，放养时间为7—9月，每亩放养规格20～35g的种虾25～40kg，通过亲本培育、冬季保肥保温管理、苗种培育、水质调控等技术措施，翌年3—4月，虾苗规格达100～200尾/kg，可销售或分塘养殖，100～150kg/亩。目前，在湖北、江苏、上海、安徽等地开始开展塑料温棚小龙虾育苗技术研究，但是该技术尚处于探索阶段。2016年，随着安徽积极推进实施"稻渔综合种养双千工程"，推动了安徽省稻虾综合种养规模迅速增加，小龙虾苗种供不应求，苗种价格节节攀升，虾苗主要依靠县域内养殖户间协调，就近选择野生苗种，从全椒县、长丰县，湖北省潜江市，江苏省盱眙等地购买。但是外购长距离运输的虾苗放养成活率低下，常导致养殖失败，在安徽省县域内建立小龙虾育苗基地，解决虾苗短缺问题势在必行。

2. 中华鳖。温室幼鳖培育技术较为成熟，主要采用每年 7—9 月孵化的稚鳖投放于温室培育，采用锅炉、地热源空调等加热设施，整个冬天保持温室气温 31～32℃，水温 30～31℃，实现冬季正常投喂，幼鳖正常生长，至翌年 5—7 月，每平方米可培育规格达 400～500g 幼鳖 20～30 只，再采取逐渐降低温室温度的方式，移至外塘或稻田养殖，安徽省温室鳖苗主产区在蚌埠市怀远县和芜湖市南陵县。但是目前中华鳖种质退化严重，需要加强中华鳖良种选育技术研究。

3. 泥鳅。泥鳅苗种培育：每年 5 月，将刚孵化的鳅苗水花投放于池塘中，每亩投放 50 万～80 万尾，采用豆浆、粉状配合饲料精心饲养，经 1 个月左右培育，鳅苗规格达 5cm 以上，每亩鳅苗产量达 500～1 000kg，可转入池塘或稻田养殖。

（二）主要养殖模式

目前省内主要以稻虾连作、稻虾共作和稻鳖共作模式为主，稻鳅、稻蟹、稻鱼等多种综合种养模式全面发展。

1. 稻虾连作模式。稻虾连作，指在稻田里种一季水稻后，接着养一季小龙虾的种养模式。稻田面积几亩至上百亩皆可，稻田改造，挖环形、U 形、L 形、单边侧沟等。每年的 8—9 月水稻收割前投放亲虾 20～30kg，已养过虾的稻田每亩 5～10kg；或水稻收割后投放 2～3cm 幼虾 1 万～1.5 万尾，翌年 4 月中旬至 6 月上旬收获成虾，或在 3 月初投放较大规格虾苗，6 月份水稻种植前轮捕上市，起捕后插秧，6—10 月以水稻生产为主，进入稻虾共作期，在稻田虾沟中保有 10～15kg 种虾，解决翌年小龙虾养殖的苗种来源问题。此种模式一般每亩可产小龙虾 75～100kg，水稻 500kg，亩利润 1 000～3 000 元。

2. 稻虾共作种养模式。稻虾共作，水稻与小龙虾在稻田中共同生长，每年可获得一稻两虾，延长了小龙虾在稻田的生长期，提高了小龙虾的产量和效益。每年的 8—9 月水稻收割前投放亲虾，或 9—10 月水稻收割后投放幼虾，第二年的 4 月中旬至 5 月下旬收获成虾，视剩余量补投放幼虾。5 月底、6 月初整田、插秧，8—9 月收获亲虾或商品虾，种一季稻，收两季虾，如此循环轮替。稻虾共作种养模式，4—6 月一般可收获小龙虾 150kg 左右，8—9 月可以再收获 50kg，亩产水稻 500kg，亩利润 2 000～4 000 元。

3. 稻鳖共作种养模式。稻鳖共作是在水稻种植期间放养中华鳖，中华鳖可有效利用稻田空间，鳖的活动可抑制杂草的生长，残饵和排泄物可被水稻用作肥料。该模式可减少水稻病虫害发生，大幅度减少甚至完全不用除草剂、农药和化肥，降低了农业生产面源污染，产出高品质的商品鳖，起到养鳖稳粮增收和生态环境保护的多重作用。于 6 月底温室与外塘水温基本一致时将幼鳖从温室转入稻田，幼鳖受到的应激较小，可快速适应稻田环境。投放幼鳖规格为每只 400～500g，放养量为每亩 80～100 只。至 11 月，鳖个体可达 0.8～1.2kg，亩增产 50kg，水稻产量每亩 500kg，亩利润 3 000～4 000 元。

　　4. 稻鳅共作模式。稻鳅共作一般在 6 月中旬放养鳅种，亩产泥鳅 100kg 左右，亩增利润 1 000 多元。

三、特色品牌

　　1. 区域品牌。已经取得商标注册证书的稻渔综合种养区域品牌有三个，分别是宣城市稻渔综合种养合作社联合社注册的"南漪湖龙虾""南漪湖大米"和长丰县下塘镇龙虾养殖协会注册的"下塘龙虾"。"南漪湖龙虾""南漪湖大米"经营面积 25 000 亩，年产小龙虾 2 650t、大米 12 500t，总产值 2.3 亿元。"下塘龙虾"经营面积 14 000 亩，年产小龙虾 2 650t，产值 1.7 亿元。霍邱县委、县政府决定打造"霍邱稻田龙虾"公用品牌，不断扩大龙虾品牌溢价力。山东天锐灵动营销策划有限公司以 76 万元中标"霍邱稻田龙虾"公用品牌战略规划编制服务，集中打造品牌，铸就有价值感、溢价力和影响力的"霍邱稻田龙虾"区域公用品牌。太湖县正在申请注册区域品牌商标，着力打造龙虾、稻米区域品牌。

　　主要稻米品牌如下：①全椒县赤镇龙虾经济专业合作社"虾禾牌"；②巢湖市高瑞农业科技发展有限公司"渔知稻"；③淮南市阒然生态农业有限公司"鳅玉香"；④芜湖将军湾生态农业有限公司"将军湾"；⑤芜湖盛典休闲生态园"平铺牌"；⑥安徽省富甲半岛农业生态开发有限公司和宣城市念念稻虾轮作专业合作社"南漪湖牌"；⑦定远县成海生态农场"初心牌"；⑧合肥大邵生态农业有限公司"龙英牌"；⑨全椒县银花家庭农场"百子银花"；⑩怀宁安徽农家宜生态养殖有限公司"农家宜"；⑪马鞍山农腾生态农业科技发展有限公司"野风港"；⑫巢湖市鸿鹏家庭农场"稻虾村"。

　　2. 企业品牌。稻渔综合种养经营主体注重稻米、优质水产品品牌打造，全省注册稻渔综合种养稻米商标 97 个，水产商标 65 个，其中市知名商标、省著名商标 11 个。品牌主体经营面积 12.2 万亩，年产水产品 9 900t，稻米 46 000t，实现产值 5.8 亿元。全椒县赤镇龙虾经济专业合作社"赤镇牌"龙虾，经营面积 13 500 亩，年产量 1 350t，产值 4 050 万元。巢湖市注册了"渔知稻""爬行名将""巽风湖""稻虾村"等品牌，经营面积 7 700 亩，年产龙虾 900t，优质大米 1 790t，实现产值 3 718 万元。

四、产业存在问题、展望与建议

（一）产业存在问题

　　1. 适合稻渔综合种养的种业体系有待进一步加强。小龙虾、泥鳅、中华鳖等适合稻田养殖水产品种种业体系建设滞后于稻渔综合种养发展的需求，苗种质量时好时坏，捕捞、运输、放养后的成活率难以保证，养殖方式有待优化，病害时常发生，影响了产品品质和养殖效益的提高。与稻渔综合种养水产种业建设相关的水产种质资源调查、良种培育以及规模化苗种生产技术的研发有待增强。

　　2. 稻渔综合种养技术有待进一步优化。稻渔综合种养技术性能的稳定性和养殖模式效益水平地区间差别较大。各类种养模式的相关技术参数需要进一步量化，养殖生产的标准化水平有待提高。相关配套饲料亟待研发，精细化、可控化的健康养殖管理有待进一步加强，与标准化、规模化、生态化养殖生产相匹配的稻田工程建设标准和技术规范制定急需加快。

3. 稻渔综合种养水产品疫病风险有待进一步关注。 随着稻田水产品单产的不断提升，小龙虾等水产品的养殖病害近年呈上升趋势，特别是小龙虾白斑综合征病毒病，给养殖户带来了较大损失，相关疫病预警预报、快速检测、病害防治等疫病防控体系建设有待进一步加强。渔用药物使用不规范引发的质量安全风险及小龙虾携带致病菌引发的负面新闻报道对产业发展的影响，应引起主管部门高度关注。

4. 针对稻田养殖的水产品加工流通有待进一步提升。 小龙虾加工业和流通业转型升级要求十分迫切。标准、保质、方便适合家庭消费的小龙虾加工产品开发有待进一步加快。小龙虾加工资源综合利用率低，精深加工处于起步阶段，产品附加值并未完全得到开发。另外，运输过程中小龙虾死亡率高，口感下降，相关冷链物流系统建设有待进一步加快。

（二）产业发展对策

1. 稻渔综合种养：生态安全健康。 加强稻渔综合种养标准化操作规程的制定、示范推广和应用，重点发展"稻虾共作"等生态养殖模式，合理推广虾蟹混养等技术，稳步扩大稻田小龙虾生产规模。在稻田养殖水产品的区域内推广安全高效的人工配合饲料。加强稻米和水产品质量安全监管，严禁使用高毒农药、重金属超标化肥以及禁用药品。支持并推进创办合作社、家庭农场等新型经营主体，加强规范管理，切实为农民提供产前、产中、产后全方位服务。

2. 稻渔综合种养水产种业：育繁推一体化。 构建以合作社、家庭农场和企业为主体的苗种繁育体系，联合科研院校加强良种推广应用，积极采取良种补贴、协议回收等方式，构建育种龙头企业与专业合作组织、养殖大户、农民长期的契约合作关系和利益共享机制，不断提高良种覆盖率。推广稻田生态自然繁育模式，加强种质资源保护。

3. 加工业：综合利用。 发展标准、保质、便于食用的小龙虾、泥鳅等稻田水产品加工业。加快发展精深加工，加大加工副产物综合利用，不断向医药、化工、环保等领域拓展。指导企业推行 HACCP 等国际食品质量管理体系认证，支持龙头企业发展环境友好型加工，积极采用清洁能源进行生产，严格实施生产废水达标排放。

4. 稻米和稻田水产品流通业：现代高效。 加快池边地头市场和产地批发市场建设，实现产地和销地市场有效对接。加强粮食烘干仓储设备、水产品冷链物流建设，依托国内大型物流集团构建水产品全程冷链配送体系。大力发展电子商务，引导稻渔综合种养企业开展各种形式的网络营销促销。支持各类经营主体在全国开设专卖店、电商配送点和餐饮连锁店。

5. 创新驱动稻渔综合种养产业转型升级。 用信息化手段改造稻田小龙虾、泥鳅和中华鳖等产业体系、生产体系、经营体系和管理体系，推动小龙虾、泥鳅和中华鳖产业链全面转型升级。健全产业化服务体系，创新服务机制，积极构建"政、产、学、研、推、用"六位一体的产业服务网络。加快科技研发和技术推广体系建设，建立成果研发转化、技术推广服务、疫病防治诊断于一体的科技服务机制。

安徽省水产技术推广总站

蒋　军　奚业文　董星宇

第十二章　2018 年福建省稻渔综合种养产业发展分报告

稻渔综合种养（integrated farming of rice and aquaculture animal）指通过对稻田实施工程化改造，构建稻渔共生轮作系统，通过规模化开发、产业化经营、标准化生产、品牌化运作，能实现水稻稳产、经济效益提高、农药化肥施用量显著减少，是一种生态循环农业发展模式。多年来，因为单一水稻种植综合效益低，农民生产的积极性不高；农药化肥的滥用也导致了严重的农业污染。而稻渔综合种养有助于解决这些问题：养殖动物在稻田中有疏松泥土、除草、除虫的作用；鱼类在稻田中的活动有保肥造肥作用，有利于稻株的有效分蘖和谷粒饱满，有效提高水稻产量，实现稻鱼双丰收的目标。目前，福建省稻渔综合种养呈现出百家争鸣的多样化局面，稻渔综合种养产业蓬勃发展，"一水两用、一地多收"不仅提高了土地和水资源的利用率，而且稳定了农民种粮积极性。对于确保基本粮田的稳定，确保粮食安全战略有重要意义。

一、产业发展历程

福建省稻田养鱼的历史十分悠久。据《建宁府志》记载，早在五代时期即开始稻田养鱼，到北宋初期，武夷山当地山民就已开始生产制作稻花鱼，历代县衙都选用本品为进献宫廷的贡品，并多次受到嘉奖和好评。进入 20 世纪 50 年代后，随着技术的不断革新，福建省稻渔综合种养产业稳步发展，大致分为以下几个阶段：

始发阶段：20 世纪 50 年代，福建省养鱼的稻田开始出现鱼沟和鱼溜，但比例不到 1%。养殖鱼种扩大为四大家鱼，且实行混养，由于水层加深，鱼苗的规格较大，放养量增多，亩产也提高到 10kg 以上，养殖面积最高达到 35 万亩，但在养殖技术上还是处于落后的状态。

徘徊阶段：20 世纪 60 年代至 70 年代末期，由于指导思想原因，以及化肥、农药使用与养鱼的矛盾，福建省稻田养鱼严重萎缩，面积不足 8 万亩，但养殖方式却有不少发展，主要表现在耕作制度的改革和鱼类新品种的引进。水稻多由单季改为双季，加上适合稻田养鱼的耐淹、抗倒伏水稻品种的育成与推广，出现了"两季连养法""两稻两鱼法"（夏季和冬季养鱼）、"稻田夏养法"（早稻收割后养至晚季插秧前）、"稻田冬养法"（冬季养鱼）等多样的养殖方法。鱼沟、鱼溜的面积也扩大到 3%～5%。在养殖的鱼类上也有突破，引进了耐低氧、耐混浊、食性杂、生长迅速、适于稻田生态环境的罗非鱼，但总体上稻田养鱼还是以培育小规格育苗为主，作为池塘养鱼的配套设施建设。

快速发展阶段：20 世纪 80 年代至 2010 年，是福建省稻田产业全面复苏并进入快速发展阶段。1981 年稻田养鱼面积仅为 7.5 万亩，1982 年面积为 17 万亩，1983 年面积为 24.5 万亩，仅 1981—1983 年稻田养殖面积扩大了 2 倍。至 2005 年，福建省稻田养鱼面积达到历史最高的 45 万亩。同时，稻田养鱼技术不断发展，特别是福建省农业科学院研发的稻萍鱼养殖技术，在三明、南平内陆山区大力推广，田间坑沟面积不断扩大，以及大规格草鱼、杂交鲤稻田培育技术的推广应用，稻田养鱼单产也由原来的 10kg 增加到 50kg 以上，甚至有的稻田养殖的鱼产量达到 250kg。但由于发展过速，盲目追求产量高、个体大的商品鱼，个别地方出现把稻田当池塘用，水稻减产的现象，对农田的生态环境也造成了一定的负面影响。

绿色协调发展阶段：2010 年以来，福建省水产技术推广总站大力实施新一轮稻渔综合种养技术推广，立足福建地域特点以及种养殖实际，建立稻渔综合种养示范区 2 万亩，全省稻田综合种养面积稳定在 30 万亩左右。示范区按照新一轮稻田综合种养的思路，产品更加优质，产品结构更加合理，种养技术更加成熟，经营个体趋向集中，产业链延伸，融合度强。相比传统稻田养鱼特征明显：一是突出了以粮为主，水稻成为发展的主角。二是稻渔综合种养突出了生态优化，绿色有机品牌建设，使品质得到保障。三是稻渔综合种养突出了产业化融合发展，采用一体化现代经营模式，与生态农业、休闲农业有机结合，是农村可持续发展的方向。

二、产业发展规模

据统计，2017 年，福建省稻田综合种养面积 18 368hm²，产量 15 411t（第三次全国农业普查前数据），与 2016 年养殖面积 18 685hm²，2015 年养殖面积 18 492hm²，2014 年养殖面积 18 623hm²，基本持平，亩产平均稳定在 50～60kg。预计综合水稻与水产品产值为 10.2 亿元。全省共建立新一轮稻田综合种养示范区 2 万亩，其中稻鱼模式 14 000 亩、稻虾模式 3 000 亩、稻螺模式 1 500 亩、稻鳅及其他模式 1 500 亩。

三、产业布局

2017 年福建省稻田综合种养面积 18 368hm²，占全省水稻种植面积的 2.1%，产区主要集中在福建内陆山区的南平、三明、龙岩以及泉州的安溪、永春、德化；在主要产区的南平，种养规模最大的是邵武、武夷山两地。南平市各县种养面积见图 12-1、图 12-2。

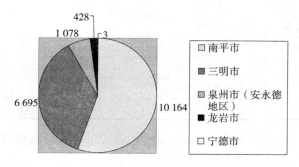

图 12-1　2017 年福建省稻田综合种养面积分布图（hm²）

图 12-2　2017 年南平市各县种养面积、产量分布

四、市场和品牌

1. 市场和效益。水稻方面，示范区合作社由于少施肥，不喷洒农药，大米品质显著提高。产品主要采用稻谷委托加工、自建品牌出售大米的方式，主要销售渠道为农产品市场、大米经销商、单位食堂以及农产品电商等，每千克大米售价基本都在 8～12 元。由于销售方式比较分散，许多业主还是以寄售的方式赊销给经销商，资金回流慢，也增加了投入成本的压力；示范区以外的业主还是以传统的方式将稻谷出售给粮站，2017 年籼稻的国家最低收购价为每担 130～150 元，效益相对较差。水产品方面，稻田养殖的鱼类除少量加工成稻花鱼干出售外，大部分都以鲜鱼上市，每千克售价为 20～60 元不等。武夷山、邵武等地当地百姓有食用稻花鱼的习惯，销路无忧，其他地方还是存在稻田鱼集中上市的压力，只能通过新建鱼种池或以冬闲田屯鱼，分批销售。

2017 年对 6 个稻鲤（山区型）综合种养示范点的劳动用工、物质投入及其他方面的 14 项成本类别进行统计分析，并逐项与水稻单种模式进行比对，计算出不用示范点的新增产值、新增成本和新增纯收益，结果见表 12-1。

表 12-1　示范点单位规模新增纯收益抽样表

示范点		每亩新增产值（元）	每亩新增成本（元）	每亩新增纯收益（元）
武夷山	横墩村	4 952	405	4 547
松溪	西坑底	6 265	3 372	2 893
松溪	西坑底	5 771	3 120	2 651
政和	镇前镇半源村	2 616	405	2 211
邵武	沿山镇里居村	3 804	302.5	3 501.5
邵武市	拿口镇界竹村肖厝组	3 619	562	3 057
平均		4 504.5	1 361.08	3 143.42

以上调查结果显示，6 个示范点的每亩新增纯收益在 2 211～4 547 元，平均纯收益每亩 3 143.42 元。

2. 品牌。稻田养殖的鲤蛋白质含量高，营养丰富，肉质细嫩。由于福建内陆山区地处高山，水质清澈，稻田水层最深不超过 30cm，溶氧量高，浮游藻类较池塘少，极少出现富营养化的状态，因此鱼体土腥异味主要标志物 MIB 和土臭味素（Geosmin）两种物质含量少，稻田鱼食用起来味道鲜美，没有土腥味，加上松软的鱼鳞也能食用，故有"鱼中人参"的美誉。2017 年，经公众投票以及福建省海洋与渔业厅组织专家评选，"闽北稻花鱼"入选福建省第三批渔业十大品牌。松溪县稻花鱼养殖专业合作社被列入农业部第一批"国家级稻渔综合种养示范区名单"。

福建稻作区地处山区，基本都是山垄田，水质好，昼夜温差大，水稻生长期长，具有独特的地缘优势，采用稻鱼共生模式后，由于稻田不喷洒农药，少施肥，也极大提升了稻米品质。自 2012 年以来，"稻花鱼""鲤鱼米""聚奎""山泉鱼润"4 个稻米品牌相继创立，在福建省具有良好的口碑。特别值得一提的是，2017 年，福建省水产技术推广总站组织示范区内的四家稻田综合种养合作社参加全国首届优质渔米大赛，来自全国 20 个省份的 79 家稻渔综合种养企业主体带来的近百个稻米品种进行了参展与参赛评比。经过送样检测、评委盲评和志愿者品尝，评选出 17 个优质渔米奖和 3 个最具人气奖，福建省参赛企业共获得 2 金 1 银和 1 个最具人气奖，其中武夷山市岚峰稻花鱼养殖农民专业合作社"鲤鱼米"，锅顶山家庭农场"山泉鱼润"获优质渔米评比金奖，邵武市凤冠天成生态农业有限公司"云峰大米"获优质渔米评比银奖，武夷山市岚峰稻花鱼养殖农民专业合作社"鲤鱼米"获最具人气奖。可以说福建省是此次全国首届优质渔米评介活动的最大赢家，也标志着福建"渔米"正式进入全国优质渔米行列，极大鼓舞了广大业主的信心，为福建"渔米"的推广积攒了巨大的品牌效应。

五、产业拓展

二产方面，以武夷山、邵武、浦城为代表的稻花鱼干加工历史悠久。武夷山吴屯鲤干骨头酥软、肉质鲜美、略带辣味，色香味形俱佳，若再煮炒加工，味道更佳，深得闽北群众青睐。2002 年，武夷山吴屯乡稻花鲤干注册了"止止"牌商标，并成立了后乾稻花鱼等多家稻花鱼干加工农民专业合作社，但由于缺乏专业的稻花鱼干加工厂家，目前大都是手工作坊式的粗加工形式，难以形成规模化生产。

三产方面，示范区的大部分基地都处在风景秀丽的山区，空气清新，绿水青山，旅游资源丰富。稻渔综合种养又是生态循环农业模式，稻渔共生，相得益彰，适合发展休闲渔业。2017 年，武夷山岚峰稻花鱼合作社、松溪稻花鱼合作社、邵武市拿口凤冠水稻种植农民合作社都举办了田间体验（下田摸鱼）、餐饮（农家乐）、观赏（冬闲田赏油菜花）等活动，来往游客络绎不绝。武夷山市吴屯乡政府还从 2014 年开始，每隔两年举办以"赏田园风光，观厨艺大赛，尝田鲤风味，品摆茶习俗"为主题的稻花鱼文化节，稻花鱼文化节还举行摄影大赛，展出 100 多幅吴屯梯田、稻花鱼、摆茶、生态等各类题材的摄影作品，令人耳目一新，许多游客驻足欣赏，流连忘返。邵武市拿口镇也于 2017 年举办第一届"凤冠稻花鱼文化旅游节"，通过举办系列活动，挖掘稻花鱼文化内涵，全面叫响"稻花鱼"品牌。这些政府主办的以稻花鱼为主题的旅游推介活动，对促进当地稻渔综合种养产业链延伸与价值链提升具有重要意义。

六、产业技术

近年来，逐步形成稻鱼、稻虾、稻螺、稻鳅等模式以及 20 多项配套关键技术。稻田养殖模式呈现出从单纯稻鱼共生向稻、鱼、虾等共生和轮作的多种模式发展的趋势。

（一）主要稻渔综合种养模式

1. 稻鱼共作模式

稻田改造：选择单块面积 0.5 亩以上，光照条件好、土质保水保肥、水源方便、排灌自如、交通便利，能相对连片 50 亩以上的田块。

工程特点：用土加高、加固、加宽田埂，开挖鱼沟、鱼溜。鱼沟、鱼溜在水稻插播前完工，并采用遮阳网护坡，防止鱼类放养后，因鱼类活动填埋鱼沟、鱼溜。

（1）鱼溜。占总田面积 5% 左右。根据田块情况，鱼溜多建在田中央或田埂边，开挖方形或圆形鱼溜，深 1～1.2m，与中心鱼沟相通，小田块不设鱼溜，只挖鱼沟。

（2）鱼沟。鱼沟的面积占总田面积的 3%～5%，沟宽 50cm，沟深 50cm。鱼沟的形状可根据稻田大小挖成"十"字、"日"字、"田"字或"井"字形，并与鱼溜连通。

（3）加高、加固田埂。用挖鱼凼取出的土，把田埂加高加宽。一般田埂加高到 40cm 左右，加宽 50cm 以上，并锤打结实，以防在大雨时垮埂或漫埂逃鱼。

（4）进排水工程。进排水口各开一个，另根据田块大小设溢洪缺口 1～3 个。进排水口一般开在稻田相对的两角，进排水口大小根据稻田排水量而定。进水口要比田面高 10cm 左右，排水口要与田面平行或略低一点。鱼溜排水口设在池底，便于鱼类捕捞。根据田块情况，上一块田的排水口可以是下一块田的进水口，实行串联；有条件的稻田，实行进排水分开，便于捕捞、田间日常管理。

（5）安装拦鱼栅。稻田进排水口应坚实、牢固，安装好拦鱼栅，防止鱼逃走和野杂鱼等敌害进入养鱼稻田。拦鱼栅一般可用竹子或铁丝编成网状，其间隔大小以鱼逃不出为准，拦鱼栅要比进排水口宽 30cm，拦鱼栅的上端要超过田埂 10～20cm，下端嵌入田埂下部硬泥土 30cm。

（6）引虫灯的安装。6 月底安装太阳能引虫灯 15 套。该灯的设立可以吸引并杀死蚊虫。同时也可以减少水稻病虫害的发生。

水稻种植：包括种植密度、种植方式、施肥和灌溉管理、病虫草害防控、机械配套等。

（1）品种选择。选择耐肥、抗病力强、茎秆粗壮、不易倒伏、品质优的品种，如中浙优 8 号、泰丰优 656、中浙优 1 号、天优 3301 等，全生育期 145d。松溪县 2014 年主种泰丰优 656（优质米金奖），配套种植金农 3 优 3 号（红米）、补血紫糯（黑米）、农香 4 号（常规稻）等。武夷山市岚谷乡亦种植红米、黑米等多样品种。通过多样化经营，提高稻田的经济效益。

（2）插秧。插秧时间视水稻种植模式而定，单季晚稻插秧时间为 6—7 月，以当地生产时间为准。政和县种植再生稻，在 4 月 20 日至 4 月底就完成水稻的插播工作。邵武县沿山乡则在一半的田块插早稻，待早稻差 10d 收成时，在另一半的田块插播晚稻。

水产养殖技术：放养密度、饲料等。

（1）鱼苗选择。选体质好，规格整齐，无病害的夏花或冬片，并因地制宜，按当地的消费习惯和市场需求选择鱼的品种。如武夷山选择福瑞鲤＋本地鲤为主要品种，松溪县以欧江彩鲤与福瑞鲤为主要品种。

（2）放养时间。一般为 6—7 月，待秧苗返青后投放。稻虾轮作模式宜在早稻收成后，加水放养。

（3）放养密度。放养密度视苗种规格而定。稻鱼模式的苗种每亩放养 360～860 尾，放苗规格包括夏花和冬片（表 12-2）。

表 12-2　投苗规格和密度

示范区	放养品种	投苗规格（尾/kg）	每亩投苗密度（尾）
武夷山	福瑞鲤＋本地鲤	120～140	360～400
松溪	瓯江彩鲤为主	100～120	400
邵武	建鲤	120～140	300～500
政和	建鲤、福瑞鲤	90	380
浦城	福瑞鲤	32～50（夏花）	540～860

（4）饲料投喂。原则上以田间天然饵料为主，饲料投喂为辅。松溪稻鱼模式、邵武稻虾轮作模式以及浦城稻鳅共作模式都不投饵，以稻田中的杂草、昆虫、底栖生物等天然饵料为水产动物的主要食物来源。

（5）施肥。以基肥为主，追肥为辅，施追肥前最好先把鱼赶至鱼沟、鱼坑中。

（6）用药。项目在实施过程中，将产品品质放在首位，所有模式均不施用农药和水产用药，以确保稻谷和水产品的品质。

（7）田间管理。坚持早、中、晚巡田，观察鱼和水稻的生长情况；检查田埂是否有漏洞，防逃设施是否牢固；及时驱赶蛇、白鹭等敌害生物；注意坑沟水质，常换水，疏通鱼沟，保持坑塘卫生，及时捞出坑塘污物、病死鱼以及残饵；雨天时要及时做好防洪、防逃工作。

（8）收获。水稻收割前放水，使鱼集中到鱼沟、鱼坑中，收割后进行捕捞操作。一般可采取捕大留小、分批上市的方法。稻谷收成后，可以提高水位，继续蓄养。由于小龙虾善于藏匿，捕捉时间持续半个月左右，先期采用在田间埋设地笼捕获，最后放水干塘后人工抓捕。

2. 稻虾连作、共作模式

（1）稻小龙虾连作。9 月下旬，在稻谷收割后，放水淹田，将小龙虾的种虾投放入稻田内，让其自行繁殖，小龙虾养殖至第二年的 5 月至 6 月上旬起捕上市。在水稻种植上，单独选择秧苗培育田块，5 月 10 日开始育秧苗，35 日秧龄；6 月 15 日至 6 月 20 日插秧。水稻到 9 月中下旬收割，进行下一轮稻虾连作。每年 7—9 月间，在稻田中投放抱卵亲虾，亩投放量为 20～25kg；在小龙虾捕捞后期（5 月底后），不将稻田小龙虾捕获干净，而是留下部分规格在每尾 25～30g 的小龙虾作为稻田次年的虾种，留种要求为前期捕大留小，后期捕小留大，留存量为 15～20kg；每年 3 月后，根据稻田幼虾密度，就近收集幼虾适当进行种苗补充。

（2）稻小龙虾共作。在虾稻连作后期（6 月上旬插秧前），将稻田中未达到商品规格的小龙虾继续留在田内，使其过渡到与栽插后的水稻一同生长。上一年 8—10 月在稻田中投放抱卵亲虾，当年 5 月不捕捞干净，留下小龙虾作为次年虾种；次年 3 月后再根据稻田幼虾密度适度补苗。配套采用免耕抛秧技术。3 月下旬投入小龙虾苗，8 月中旬捕获。

（二）关键配套技术

1. 配套施肥技术。传统稻作生产的施肥主要依赖于化肥，大量化肥的使用引发生态环境问题。稻渔按"基肥为主，追肥为辅"的思路，对稻田施肥技术进行了改造。应用了一批适用于稻田综合种养的配套施肥技术。①测土配方一次性施肥技术。对土壤取样、测试化验，根据土壤的实际肥力情况和种植作物的需求，计算最佳的施肥比例及施肥量。②基追结合分段施肥技术。该技术将施肥分为基肥和追肥两个阶段，主要采用了"以基肥为主、以追肥为辅、追肥少量多次"的技术。需要指出的是在稻渔综合种养模式中，基肥和追肥在不同模式中都应以有机肥为主，化肥为辅。

2. 配套病虫草害防控关键技术。稻田中病虫害有多种，如害虫有稻象甲、卷叶螟、二化螟、稻飞虱等；稻杂草有稗草、慈姑、眼子菜、水马齿、莎草科杂草等；其他如鸟、鼠、蛇害等。这些都直接影响养殖产品的产量和收益。传统稻作对稻田害虫和杂草的控制主要依靠化学药物控制，造成了农药残留、污染环境问题。稻渔综合种养采取了"生态防控为主、降低农药使用量"的防控技术思路。

（1）应用新型防灭虫设备。在稻渔综合种养中相继发明了新型诱虫灯以及防虫网并推广应用。新型防虫网可以实现害虫与水稻的阻隔，实现对水稻的保护。新型诱虫灯则利用不同的光源实现对害虫的诱捕和灭杀（表 12-3）。

（2）应用生物防治关键技术。根据不同病、虫、草害的生物特性，进行防虫性能的比较和研究，通过稻田中物种相互竞争来控制病虫草害（表 12-4）。

表 12-3　诱虫灯杀灭方式

杀虫方式	特　　点
电击式	交流电供电，可实现全自动控制，成本一般，有安全隐患 蓄电池供电，可实现半自动控制，成本较高 太阳能供电，可实现全自动控制，成本较高，环保效果好
水溺式	灯周围设置挡板或收集器，杀灭效果不如电击式，但如果与种养结合可避免此弊端，提供天然饵料
毒瓶式	使用化学农药，杀灭效果好，但毒杀的害虫无法作为饵料

表 12-4　稻田综合种养配套病虫草害防治方法

种类	防治方法
虫害	抗性品系培育、药物防治、天敌群落构建
草害	人工除草、微生物控制、水产生物

（续）

种类	防治方法
鸟害	人工驱赶、防鸟网、恐吓性驱逐
鼠害	人工捕捉、网围阻拦、药物防治
蛇害	人工捕捉、网围阻拦、药物防治

（三）技术规范

SC/T 1135.1—2017《稻渔综合种养技术规范 第1部分：通则》于2017年9月30日发布，2018年1月1日正式实施。《稻渔综合种养技术规范 第2部分：稻鲤》由福建省水产技术推广总站牵头，浙江、江西、四川等省参加起草，目前已完成初稿与编制说明。该标准的制定与实施将推动我国新时期丘陵山地地区稻鲤综合种养规范绿色发展。

七、产业扶持

稻渔综合种养作为生态循环农业的典型代表，是农渔业转方式调结构的重要抓手，值得大力扶持和推广发展。近年来，党中央、国务院、农业部以及福建省海洋与渔业厅发布系列政策文件，安排扶持资金，推动稻渔综合种养发展。

1. 政策扶持。 2015年，国务院印发了《国务院办公厅关于加快转变农业发展方式的意见》（国办发〔2015〕59号）提出"把稻田综合种养，作为发展生态循环农业的重要内容"。农业部等八部委印发《全国农业可持续发展规划（2015—2030年）》提出"发展稻鱼共生等生态循环农业发展模式"。农业部印发《农业部关于进一步调整优化农业结构的指导意见》（农发〔2015〕2号），提出"因地制宜推广稻田养鱼（虾、蟹）、鱼菜共生等技术"。2016年，福建省委一号文件提出"启动实施种养结合循环农业推动种养结合、农牧循环发展"。《农业部关于加快推进渔业转方式调结构的指导意见》（农渔发〔2016〕1号），提出"大力发展稻田综合种养和低洼盐碱地养殖"和"积极发展种养结合稻田养殖等健康养殖模式"，福建省海洋与渔业厅《关于加快我省淡水渔业转方式调结构的指导意见》（闽海渔〔2016〕219号）提出"推广池塘循环流水养殖，稻田综合种养"。

2017年中央一号文件《关于深入推进农业供给侧结构性改革 加快培育农业农村发展新动能的若干意见》提出"推进稻田综合种养"。2017年4月，福建省海洋与渔业厅编制的《福建省"十三五"渔业发展专项规划》提出"大力发展生态渔业，推广立体综合种养模式"，在全省范围启动福建省稻渔综合种养示范区创建工作。

2. 资金投入。 农业部规划了未来农业补贴的主要改革方向，建立以绿色生态为导向的农业补贴制度，国家级稻渔综合种养示范区项目列入2018年度农业补贴规划。2017年，福建省标准化稻（莲）鱼塘建设正式纳入现代渔业建设资金补助范围，相关设区市、县持续发力，积极筹备资金，推动稻渔综合种养发展。罗源县出台都市现代农业发展项目补助政策，县财政对实施稻田综合种养业主每亩补助1 000元，连续3年，贫困村含贫困户每亩补助1 100元，2018年福州市海洋渔业局也将对按规范标准建设的稻田综合种养业主，每亩拟补助 800 元。2017 年省海洋与渔业厅还从渔业结构调整项目资金中安排 50 万元，由福建省水产技术推广总站实施"稻渔综合种养产业化配套技术示范推广项目"，推动稻渔综合种养产业进一步完善升级。

八、产业问题

一是综合种养模式需进一步丰富和创新。目前稻渔综合种养模式的集成推广示范取得了初步成效，但综合种养模式还偏少，配套的共作、连作、轮作等模式的探索还不充分，要在更大的范围内推广稻田综合种养，需要探索更多的新模式。

二是产业规模小，效益偏低。福建丘陵山区囿于地貌限制，稻渔综合种养普遍规模小，田间工程、种养茬口衔接与大规模机械化配套性不强。稻渔综合种养基地大都是山垄田，对机械化操作造成麻烦，许多地方插秧和收割环节只能依靠手工来完成，难以形成规模化生产，也增加了生产成本。

三是开展稻田综合种养的标准急需制定。由于水产养殖比较效益通常高于水稻，受经济利益驱动，部分地区稻田开挖池塘面积过大，偏离了以渔促稻生态环保的发展方向。因此，急需建立主导模式的技术标准，明确各种模式在稳粮、生态、环保等方面的技术指标，规范稻渔综合种养的行为，确实做到稻渔互促，持续健康发展。

四是稻米品牌建设有待进一步加强。目前，全省真正叫得响的渔米品牌还没有建立起来，还需要联盟省市主管部门以及全省各地的种养企业共同努力，一起推动渔米品牌的建设。

九、发展建议

（一）加强稻渔综合种养模式和技术的集成创新

根据"稳粮增效、以渔促稻、质量安全、生态环保"的发展目标，不断集成适应于不同生态和地域条件的典型模式，并形成技术规范，对主导模式的配套水稻种植、水产养殖、茬口衔接、水肥管理、病虫草害防控、田间工程、捕捞加工、质量控制等关键技术进行集成创新。

（二）加快稻渔综合种养模式和技术的示范推广

扩大创建一批规模大、起点高、效益好的稻渔综合种养示范区，突出规模化、标准化、品牌化、产业化，发挥示范区的展示及辐射带动作用。组织编写统一培训教材，加大对推广体系技术骨干人员培训，提高技术能力水平。建立水稻产量年度监测机制，组织开展水稻年度测产工作与综合种养稻田和水稻常规单种稻田的综合效益对比分析。尽快建立示范推广的标准体系，组织研究制定稻渔综合种养模式的相关标准体系，加快编制行业标准《稻渔综合种养技术规范　第 2 部分：稻鲤》的进度，明确在稳粮、增效、质量、生态、经营等方面技术性能指标，明确技术性能维护要求和技术评价方法，逐步形成示范推广的标准体系，确保技术推广不走样。

（三）加强品牌与市场建设

要大力挖掘稻渔综合种养生态价值，结合"清新福建""武夷山水"等福建、南平等区域公共品牌，大力打造生态健康的稻渔产品品牌，积极推进各地按有机、绿色食品的要求组织稻田产品的生产，主打生态健康品牌，进行系列化开发。政府部门利用自身的优势，加大引导和宣传，讲好稻田水产故事，继续通过举办"稻花鱼节"文化旅游节，使得稻田种养产品的绿色生态特性广为人知。积极培育市场，推动大型高端超市、优质大米经销商与稻渔综合种养企业的合作对接，提升"渔米"的产品价格与市场定位。

（四）积极培育新型经营主体

强化产业化发展导向，积极推进以集约化、专业化、组织化、社会化为特征的新型稻渔综合种养发展，以创建国家级、省级稻渔综合种养示范基地为抓手，积极培育专业大户、家庭农场、龙头企业、专业合作社等新型经营主体。加强福建省稻渔综合种养产业化技术战略联盟建设，通过统一品种、统一管理、统一服务、统一销售、统一品牌，进一步提高稻渔综合种养组织化、标准化、产业化程度，完善产业化发展的体制机制，建成"科、种、养、加、销"一体化的产业链。

（五）加强产业融合

选择条件成熟的示范基地，创建一批产业融合新试点，结合休闲渔业发展的有利时期，引导示范基地积极创建"水乡渔村""台湾农民创业园区"，建成生态养殖、观赏、体验、餐饮于一体的稻渔综合种养发展新模式。开拓鱼产品加工产业等，延长产业链，提升价值链。

福建省水产技术推广总站
（福建省水生动物疫病预防控制中心）
游宇　许丽双　叶犟

第十三章 2018年江西省稻渔综合种养产业发展分报告

稻渔综合种养是一种将水稻种植与水产养殖有机结合的高效生态农业生产模式，具有稳产、提质、增效、生态四大功效，且有"不与人争粮，不与粮争地"的优势，是深入推进农渔业供给侧结构性改革，实现稳粮、优供、增效、扶贫的重要抓手。2016年以来，江西省充分依托资源优势，结合高标准农田建设，发挥涉农公益性资金的引领作用，创新稻渔综合种养模式，以年均30％的增长速度快速推进稻渔综合种养产业发展。

一、发展现状

江西省稻渔综合种养发展历史悠久，经历了三次大的发展阶段。第一阶段是20世纪80年代的平板式稻田养鱼和稻鱼轮作，主要解决了山区及水面少的地区农民吃鱼难的问题，养殖规模达到35.7万亩，产量达3 465t；第二阶段是90年代中期，以稻鱼工程技术为核心的稻田养殖高产高效新技术得到大力发展。全省有82个县（市、区）开展稻田养鱼，面积发展到53.43万亩，产量10 687.3t，使稻田养鱼单产提高到亩产50kg以上，亩均增效300元以上；第三阶段是2013年之后的生态化稻渔综合种养技术模式的推广应用。在农业部渔业局、全国水产技术推广总站的关心和支持下，全省开展了新一轮的稻渔综合种养模式试验示范与创新推广，取得了显著成效。因稻渔综合种养较单一种稻效益高，广大农渔民生产热情高涨，使全省稻渔综合种养迎来了新的发展机遇。据调查，2016年，全省稻渔综合种养面积50万亩，亩均新增优质水产品83.6kg，亩均新增纯收入1 000元以上，带动近2万农民增收，净增收入5亿元以上；2017年，全省稻渔综合种养面积65万亩，亩均新增优质水产品92.5kg，亩均新增纯收入1 406元以上，带动2.5万余农民增收，净增收入9.8亿元以上；截至目前，全省稻渔综合种养面积达100万亩，其中：稻（莲）虾53万亩、稻（莲）鱼39万亩、稻（莲、茭白）鳖2.2万亩、稻蛙3万亩、稻（莲）鳅2.5万亩、稻蟹0.3万亩，亩均新增纯收入1 600元以上，带动4万余农民增收，净增收入16亿元以上。

二、主要技术模式和经济效益

江西省在总结近年来稻渔综合种养的做法和经验的基础上，创新发展了稻（莲）虾、稻（莲）鱼、稻（莲、茭白）鳖、稻蛙、稻（莲）鳅和稻蟹六大主要技术模式。

1. 稻（莲）虾综合种养技术模式。2016 年以来，江西省稻（莲）虾综合种养技术模式发展非常迅速，全省稻虾连（共）作技术模式种养面积 53 万亩，主要分布在九江、上饶、南昌、吉安、宜春、赣州等地，养殖品种主要是克氏原螯虾（小龙虾），滨湖地区综合种养面积最大，如南昌市新建区的恒湖垦殖场已形成 1.5 万亩连片稻虾综合种养示范基地，九江市的都昌、彭泽、永修，上饶地区的鄱阳、余干、万年等县已形成了多个万亩连片稻虾综合种养示范基地。以恒湖垦殖场为例，2017 年该场稻虾种养面积 1.2 万亩，亩均产虾 93kg，亩均产稻 460kg，亩均纯利润为 2 600 元，效益是只种水稻的 4 倍。以江西鑫润农业开发有限公司为例，2018 年该企业稻渔综合种养面积 3 000 余亩，亩产小龙虾 98.9kg，亩产稻谷 379kg，亩均效益 3 399 元。

2. 稻（莲）鱼综合种养技术模式。全省稻（莲）鱼综合种养面积 39 万余亩，主要集中在有传统基础的丘陵山区，养殖品种为鲤、鲫等，如宜春市的万载县稻田养殖鲤、鲫和赣州地区的石城县莲田养鱼具有悠久的历史，种养出来的产品以当地销售为主，规模不大，但增效显著。稻鱼养殖模式，亩均产稻谷 578.8kg，亩产鲜鱼 103.8kg，亩产值 3 674 元（稻谷 2.76 元/kg，鲜鱼 20 元/kg），比不养鱼稻田亩增产稻谷 37kg，亩纯利润 1 924 元，较单种水稻亩均增收 2 178 元，同时减少农药、化肥的投入，增强土地肥力，改善农田生态环境；莲鱼养殖模式亩均产干莲 78kg，产鲜鱼 97.1kg，亩产值 6 431 元（干莲 62 元/kg，鲜鱼 17 元/kg），比莲田亩增产干莲 7.10kg，亩增收总额 2 041.8 元。

3. 稻（莲、茭白）鳖综合种养技术模式。全省稻（莲、茭白）鳖综合种养面积 2.2 万余亩，主要集中在丘陵山区地带，主要养殖品种有鄱阳湖鳖、清溪乌鳖、清溪花鳖、盱江鳖等，如余江区已形成千亩连片稻鳖（乌鳖）综合种养示范基地，南丰县已形成 500 亩订单式生产的稻鳖综合种养示范基地，永修云山垦殖场已形成稻鳖综合种养标准化示范区 500 余亩。以南丰县丰野现代农业发展有限公司为例，生产的"椿溪"牌大米、"正野"牌鳖供不应求，鳖每 500g 200 元以上，大米每千克 40 元，亩增产值 1.2 万元，产品远销上海、浙江、福建等地，取得了较好的经济效益。

4. 稻蛙综合种养技术模式。稻蛙综合种养面积 3 万亩，主要集中在丘陵山区，养殖品种为黑斑蛙，如贵溪市天宇绿野生态综合养殖专业合作社，稻蛙综合种养黑斑蛙 450 亩，每亩产商品蛙 1 000kg，按 40 元/kg 计算，亩收入 40 000 元，减去养殖成本 20 000 元（包括人工费、田租费、设施折旧费、苗种、饲料、调水等费用），净利润 20 000 元。稻谷亩产量 200kg，按 10 元/kg 计算，产值 2 000 元，扣除每亩田稻谷生产成本 1 000 元（包括种子、人工费等），稻谷纯收入可达 1 000 元，稻蛙综合种养亩纯收入可达 21 000 元。

5. 稻（莲）鳅综合种养技术模式。全省稻（莲）鳅 2.5 万亩，主要集中在丘陵地区，养殖品种有真泥鳅、台湾泥鳅等，如抚州市东乡区江西省鑫萱农业开发有限公司开展稻鳅综合种养面积 150 亩，亩产泥鳅 150kg，按 34 元/kg 计算，亩收入 5 100 元，减去养殖成本 2 300 元（包括苗种、饲料、人工和防鸟设施等），净利润 2 800 元。稻谷亩产量 350kg，剔除水分和脱谷，稻米计重 350×50％＝175kg，按有机大米 30 元/kg 计算，则水稻亩产值 5 250 元，扣除每亩稻谷生产成本 700 元（包括租金、种子、机械费、人工费等），稻谷纯收入可达 4 550 元，亩纯收入可达 7 350 元。

6. 稻蟹综合种养技术模式。全省稻蟹综合种养面积仅有 0.3 万亩，主要集中在余干、彭泽两县，其中九江凯瑞生态农业发展有限公司现有稻蟹综合种养 2 000 多亩，亩产河蟹 100kg，按 100 元/kg 计算，亩收入 10 000 元，减去养殖成本 4 500 元（包括苗种、饵料、人工、防逃设施和防鸟设施、水草），净利润 5 500 元。稻谷亩产量 400kg，按 4 元/kg 计算（因稻田不打药，稻谷价格提高），产值 1 600 元，扣除每亩稻谷生产成本 700 元（包括租金、种子、机械费、人工费等），稻谷纯收入可达 900 元，亩纯收入可达 6 400 元。

三、主要做法和经验

1. 政府重视，高位推动。为推动农渔供给侧结构性改革，实现农渔业绿色发展。近年来，江西省委、省政府高度重视稻渔综合种养发展工作，省领导专门作出批示，2017年 7 月，江西省政府印发了《江西省统筹整合资金推进高标准农田建设项目管理办法》等9 个文件（赣高标准农田组字〔2017〕1 号），明确了将稻渔综合种养纳入高标准农田建设范畴，并将高标准农田的改造项目建设资金由原来的每亩 1 500 元提高到 3 000 元，极大地推动了稻渔综合种养的快速发展。2017 年 12 月，江西省人民政府又出台了《关于加快农业结构调整的行动计划》（赣府字〔2017〕96 号），再次推动了稻渔综合种养工程的实施，2018 年省级财政资金拿出了 5 300 万元用于水产业发展工程建设（其中用于稻渔综合种养工程建设项目达 3 200 多万元，占整个水产业发展资金的 60%），并要求市、县两级财政分别按 1∶0.5∶1 的比例进行配套，确保了稻渔综合种养工程建设项目资金的全面到位。全省各设区市和滨湖重点县（市）区政府将稻渔综合种养写入政府工作报告，制定相应扶持措施。例如，九江市人民政府出台了《九江市做大做强都阳湖水产产业的实施意见》，明确了重点推行稻虾综合种养技术模式。随后，九江市都昌县政府出台了《都昌县小龙虾产业发展规划》和《关于发展小龙虾产业的实施意见》，鼓励发展小龙虾产业，并结合精准扶贫，对稻虾综合种养每亩给予 500 元财政资金补助，帮助农民和贫困户增收脱贫，计划用三年的时间推进稻虾综合种养面积达 10 万亩以上；彭泽县政府出台了《关于加快发展"一虾一蟹"产业的实施意见》，成立虾蟹产业发展的推进领导小组，并设立了办公室，高位推动稻虾（蟹）产业发展。吉安市委、市政府非常重视稻虾综合种养的发展，将发展稻虾综合种养写入了市政府 1 号文件，并计划将稻渔综合种养纳入全市高标准农田的建设内容予以扶持。同时，各地结合精准扶贫，建立了一批规模化的稻渔综合种养示范基地，引领农渔民脱贫增收，成效显著，如江西神龙氏生态农业开发有限公司，采取"党支部＋公司＋基地＋农户"的模式，通过租赁田地、投工投劳等方式，帮助该村 60 多户群众增加收入，无劳动能力的贫困户，每年可分红增收 3 500 元；有劳动能力的贫困户每年可增收 7 500 元，实现了变"输血"为"造血"，从根本上解决贫困问题。

2. 上下联动，全力推广。2017 年以来，全省各县（市、区）依托资源条件和稻渔综合种养的特点，按照省委、省政府高标准农田建设和农业结构调整的要求，对辖区内的农业结构调整进行了四年（2017—2020 年）发展规划，并对稻渔综合种养进行了全面布局，极大地推动了稻渔综合种养工程建设。此外，省农业厅围绕水产业发展工程，积极推进稻渔综合种养创建，计划每年创建 10 个整县推进稻渔综合种养示范县，建设 15 万亩规模化、标准化、生态化和品牌化的稻渔综合种养示范基地，以此引领全省稻渔综合种养基地实现规模化、标准化、生态化和品牌化。2016年以前，全省稻渔综合种养面积不到49万亩，截至目前，全省稻渔综合种养面积达100万亩，不到两年的时间，面积接近翻番。以稻虾为主，面积达53万亩，发展势头强劲。

3. 因地施技，创新模式。江西省适宜开展稻渔综合种养的稻田、莲田和低洼田众多，仅鄱阳湖区就有宜渔稻田400余万亩，山区、库区也有100多万亩的稻田适宜开展稻渔综合种养。各地结合资源禀赋，因地制宜，实践创新集成了一批可复制、可推广的种养模式，并在生产中得到广泛应用。比如，余干、鄱阳、都昌等环鄱阳湖地区通过改稻虾连作为稻虾共作、改一稻一虾为一稻两虾、改以虾为主为兼顾稻虾的"三改"，集成创新了"稻虾共作"种养模式，克服了养虾和种稻的矛盾。南丰、余江、永修等地创新集成了"稻鳖共生"模式，实行"三段养殖法"，即温室育苗、外塘驯化、稻田仿生态三个阶段，有效提升了鳖和稻米品质。南城、东乡、贵溪等地成功应用了"稻蛙共生"模式，规模和效益显著。乐平、余江、东乡等地集成了"稻鳅共生"立体生态种养模式，田里插稻、水中养鳅、岸上结瓜，立体生态农业初显。还有些地方探索了茭白鳖、莲田小龙虾、稻蟹共生模式等，或正在摸索莲鳖、稻虾鳅混养等模式。

4. 科技引领，强化服务。近年来，全省上下加强了与省内外高校、科研院所、推广部门等专家学者的联系，采取"请进来、走出去"的做法，增强了与湖北潜江、荆州、监利等地养殖和销售精英的交流，邀请了省外知名专家培训技术骨干、种养能手。2015年以来，赴省外学习交流不少于5次，开展技术培训10余次，培训900余人次。同时，大宗淡水鱼、特种水产、稻渔综合种养等产业技术体系加大了科技服务，强化了宣传引领，编写的《江西省稻渔综合种养主要技术模式及案例分析》技术手册，在2018年各县农业大讲堂上引起了很大的反响，为农渔民提供了操作性强的技术模式。省水产技术推广站与南昌大学联合新成立的"绿色高效稻渔综合种养技术协同推广"技术协作组，示范推广应用稻渔新技术，将进一步提升科学种养水平。

5. 精细运作，提升效益。各地通过集成水稻种植和水产养殖技术，建立核心示范区，示范带动全县发展稻渔综合种养，实现了"一水两用、一田双收、稳粮增渔、粮渔双赢"的良好效益。全省稻渔综合种养面积达100万亩，增加水产品产量4.6万t，亩均增效1 600元以上，带动农渔民增收16亿元，如新建区恒湖垦殖场实行"三对接"服务、"六统一"管理模式，养殖示范户基本实现"五个一"的示范效果，即一块田、一茬稻、一季虾、10万元（户均40亩面积、养虾收入10万元以上），一次性投入，年年有收益。彭泽县九江市凯瑞生态农业开发有限公司采取"龙头企业＋合作社＋农户"模式，实行"五个统一"管理方式，带动70户养殖户开展稻虾综合种养，亩均纯收入可达3 600元，基本实现了经济效益倍增。随着种养技术和管理水平的进一步提高，效益还有望继续增加。同时，稻渔综合种养还具有松土、增肥、减药等优点。据了解，稻渔综合种养每亩可减少化肥施用量30%以上、农药施用量40%以上，实现了资源节约、环境友好、循环高效的农业经济发展要求，并辐射带动餐饮业发展。据调查，目前仅南昌市就有小龙虾餐饮店280多家，4—6月，每天消费小龙虾达20t。

6. 培育龙头，打造品牌。稻渔综合种养产业的发展，离不开龙头企业的带动和品牌的实施，在大力推广稻渔综合种养过程中，江西省十分注重龙头企业的培植和公共区域性品牌的建设。例如，彭泽县现代农业示范园区"稻虾综合种养基地"位于该县浪溪镇，规划面积为 1.5 万亩，2017 年已完成种养面积 5 000 亩，核心企业即为九江市凯瑞生态农业开发有限公司。彭泽县政府十分重视龙头企业的培植，引导企业进行土地流转，由龙头企业统一进行稻虾综合种养基地的建设，形成后通过"龙头企业＋合作社＋农户"产业模式进行生产，带动养殖户 70 户开展稻虾综合种养。与此同时，该龙头企业通过实行"五个统一"，回收农户的大米和虾产品，开展"鄱阳湖"牌小龙虾和"鄱阳湖"虾稻米的营销，实现公司和农户双赢的目标。通过品牌营销和龙头带动，该示范基地产生了巨大经济效益和生态效益。经组织专家测产，每亩小龙虾产量达 100kg 以上，产值 4 000 元以上；每亩产有机稻产值 2 000 元以上。稻虾综合种养每亩综合产值达 6 000 元以上，纯收入可达 3 600 元，并带动周边 150 户农户脱贫致富。

四、存在的问题

江西省稻渔综合种养技术模式日趋成熟，效益稳步提高，与湖北、安徽、湖南等先进省份的发展速度相比，与自身稻田资源的优势潜力相比，与农渔民增收致富的期盼相比，既没有形成大的规模，也缺少影响大的品牌。总的来说，全省稻渔综合种养产业发展存在的问题，可以用"三个迅速，三个不够"来概括。

1. 面积扩增迅速，规模仍然不够。通过近几年来的政策引导、典型引路、技术引荐、宣传引势，全省稻渔综合种养发展迅猛，呈现"星火燎原"之势。截至目前，全省稻渔综合种养面积已达 100 万亩，其中主导模式稻虾共作面积达 53 万亩。彭泽、都昌、余干、万载、鄱阳等县面积已达 5 万亩以上，吉水、湘东、万年、进贤、余江等县面积已过万亩。但稻渔综合种养作为"稳粮增效、富民强农"的好模式，其现有规模与全省适宜发展的稻田资源仍不匹配，与农业大省的地位仍不相称。全省连片过千亩、高标准的稻渔综合种养基地仍屈指可数，分布星星点点，还没有达到应有的发展规模和发展高度。

2. 模式发展迅速，推广仍然不够。在稻渔综合种养发展进程中，各地结合实际、因地制宜，形成了很多模式，除主导模式"稻虾共作"外，还创造了稻鳅、稻鱼、稻鳖、稻蛙等行之有效的模式，探索创新了稻蟹、稻虾鳜模式，进一步丰富了稻渔综合种养的内涵。但由于各地的认识程度不同，好模式、好做法还没有得到很好的总结、提升和推广，基本上都是农民群众在自发探索交流、自发学习借鉴。模式总结推广不够，成为除稻田资源、水资源条件等客观因素外，导致各地发展不平衡的重要原因。

3. 农民增收迅速，增效仍然不够。通过近几年的发展，稻虾综合种养已成为江西省主导模式，技术已日益成熟，面积达 53 万亩，亩均纯收入达 1 406 元以上，增收迅速。但由于规模不大、品牌不响、加工未跟上、没有专业交易市场，增产增收的同时，增效仍然不够理想。与湖北、安徽等先进省份相比，在打造"有机稻""生态鱼"品牌方面，还有很多工作要做，急需培育龙头企业，组建种养专业合作社，建立健全市场运作和品牌保护机制，保障稻渔综合种养健康发展，实现稻渔产品优质优价。

五、下一步工作计划

下一步，江西省将加快构建现代渔业产业体系、生产体系、经营体系，持续深入推进稻渔综合种养，促进绿色兴渔、质量稳渔、品牌强渔，助力乡村振兴。重点在六个方面下功夫。

一是在夯实基础上下功夫。持续大力推进工程化稻渔综合种养建设，以高标准农田建设、农业结构调整九大产业发展工程为牵引，进一步整合资源，用好扶持政策，加大宣传、推广力度，争取各级党委政府的支持，结合产业扶贫，因地制宜，大力推进适宜当地发展的稻虾、稻鱼、稻鳖等综合种养模式，助推全省稻渔综合种养再上新台阶。

二是在示范推广上下功夫。创建稳产高效、生态循环、设施先进、标准规范、特色鲜明的稻渔综合种养示范区，构建"百亩示范点、千亩示范片、万亩示范区"的示范推广新格局。发挥示范基地引领作用，在全省范围内开展稻渔综合种养技术培训，推广普及稻渔实用新技术，带动适宜地区发展稻渔综合种养。

三是在提升科技水平上下功夫。加强稻渔综合种养生态机理、技术模式优化创新研究，进一步完善稻渔综合种养模式规范，加强品种选择、茬口安排、育插秧、水肥运筹、绿色防控、饲养管理等各环节的农机、农艺、农信融合，大力推动精准作业、智能控制、远程诊断、灾害预警服务等物联网技术在稻渔综合种养领域的应用，提高稻渔综合种养的标准化、信息化水平。

四是在强化品牌建设上下功夫。积极引导经营主体、行业协会、中介组织等参与稻渔品牌创建。开展"三品一标"认证，强化源头、过程管控和质量追溯，保障产品质量，着力打造一批具有江西特色的知名产品及品牌，提升效益。同时，利用电商平台拓展产品营销网络，扩大江西稻渔综合种养产品的影响力和市场占有率。

五是在培育经营主体上下功夫。用好确权登记颁证成果，加快土地经营权有序规范流转，发展多种形式的适度规模经营，重点培育、扶持龙头企业、专业合作社、家庭农场、种养大户等生产经营主体，通过新型农业经营主体构建企业＋基地＋农户等多种利益联结模式，调动小农户参与稻渔综合种养的积极性，分享产业增值收益。

六是在促进产业融合上下功夫。进一步整合稻渔综合种养生产资料供应、经营管理、产品加工、品牌营销等全产业链，通过产前、产中、产后有效链接和延伸，形成有机结合、相互促进、多元共赢的新机制，提高整体效益。加快推进一、二、三产业融合发展，开发休闲农业、稻渔文化和乡村旅游，拓展稻渔综合种养产业功能，推进生产、加工、流通、休闲与美丽乡村建设衔接融合。

江西省水产技术推广站

傅雪军

第十四章　2018 年山东省稻渔综合种养产业发展分报告

山东水稻属华北单季稻作物，是重要的高产高效作物和生态作物。科学合理地发展水稻产业，对山东经济和社会发展具有重要意义。近年来，为适应现代农业产业转型升级需要，经过不断技术创新、经营方式创新和模式探索，山东省的稻渔综合种养产业走出一条产业高效、产品安全、资源节约、环境友好的发展之路。

一、稻渔发展历史

山东稻作历史悠久，据龙山文化遗址的稻谷印痕考证，约有四千多年历史。稻渔综合种养发展历史悠久。

中华人民共和国成立初期，山东省水稻种植面积约有 $1.57 \times 10^4 hm^2$，稻渔综合种养处于一个相对初级的阶段，种养方式比较粗放，且受人工繁育鱼苗量短缺的限制，稻渔综合的水产苗种来源主要靠自然纳水进入或者天然采捕，稻渔综合种养处于自然发展的初始状态，布局零星分散，未能形成规模发展。1983 年，农牧渔业部在四川召开了全国第一次稻田养鱼经验交流现场会，推动稻田养鱼迅速恢复和进一步发展，稻田养鱼在山东省也随之得到了进一步的普及和推广。1985 年以后，推行联产承包责任制及推广水稻种植技术，调动了农民种植水稻的积极性，且随着淡水四大家鱼等水产品种的人工苗种繁育量的增加，稻渔综合种养具备了发展的技术条件。

2007 年"稻田生态养殖技术"被选入 2008—2010 年渔业科技入户主推技术。2011 年，农业部渔业局将发展稻田综合种养列入了《全国渔业发展第十二个五年规划（2011—2015年）》，作为渔业拓展的重点领域。近几年，为发展稻渔综合种养，山东省累计实施了省农业重大应用技术创新课题、省农业重大应用技术推广项目等各类稻渔生态种养项目 10 余个。2012 年，山东省结合基层推广体系改革与建设补助项目实施，多次将稻渔综合种养技术列入全省渔业主推技术之一，加强技术培训和示范推广，逐渐探索出了稻虾、稻蟹、稻鳅、稻鳖等适合山东本地的稻渔生态种养技术模式，取得了显著的经济、社会、生态效益。

二、产业现状

（一）产业分布

山东省水稻产区主要集中在鲁南、鲁西南和沿黄等低洼易涝或盐碱地区，按照水源和地域分布划分为三类稻区,包括济宁滨湖稻区、临沂库灌稻区和沿黄稻区。济宁和临沂占全省水稻的80%。

据初步统计,全省适宜开展稻渔综合种养的面积在100万亩左右,已开展稻渔综合种养的面积在10万亩左右,发展潜力较大。目前,山东在稻渔综合种养方面发展规模比较大的有济宁的任城区、鱼台县,枣庄的台儿庄区,淄博的高青县。滨州的高新区、沾化区,东营的垦利区、河口区也在积极的谋划发展稻渔综合种养。稻渔综合种养正在发展成为山东生态渔业重要组成部分。

(二)产业效益

1. 经济效益。 高青县"大芦湖"稻田蟹、蟹田米等品牌,通过三产融合发展模式,实现大米亩产值7 000元,龙虾亩产值4 500元,稻田蟹亩产值3 500元,综合亩产值达到11 000元,每亩增收6 000余元。

以济宁市任城区稻渔综合种养模式测产为例,稻蟹养殖模式平均亩产河蟹30kg,平均规格114g/只,亩产有机水稻500kg,每亩产值在4 800元左右;稻鳖养殖模式平均亩产中华鳖24.1kg,平均规格1 210g/只,亩产有机水稻500kg,每亩产值在7 200元左右;稻鳅养殖模式平均亩产泥鳅120kg,平均规格23g/尾,亩产有机水稻500kg,每亩产值在5 700元左右;稻虾养殖模式平均亩产小龙虾105kg,平均规格40g/只,亩产有机水稻500kg,每亩产值在6 700元左右。

以枣庄市台儿庄区实施的财政支持推广项目"稻渔综合种养技术"测产验收为例,该项目实施示范面积2 200余亩。每亩放养扣蟹400只,回捕率80%,平均规格100g,亩产达到32kg,测产时同规格的商品蟹(雌雄)平均为每千克40元,亩增收1 280元,利润670元;放养草鱼夏花200尾/亩,亩产草鱼鱼种37.6kg,产值564元,利润400元;扣除苗种、饲料、防逃等费用400元,每亩纯增利润1 070元,经测产养蟹的水稻每亩可达582.4kg,比不养蟹稻田增收20~30kg,稻蟹合计亩效益达1 914元,比不养蟹稻田增加50%以上。2 200亩稻田总产值697.7万元,增加纯效益230.3万元。同时带动了苗种、饲料、水产贸易、运输等相关产业的发展,促进了台儿庄区渔业产业结构的调整,取得了显著的经济效益、社会效益和生态效益。

2. 生态效益。 稻田中虾蟹、鳖等水产动物的活动和摄食,减少了水稻的病虫害,生物防虫害作用明显。通过对淄博市高青县,济宁市任城区、鱼台县,滨州市沾化区和枣庄市台儿庄区的实地测产,查阅生产记录档案,山东省稻渔综合种养化肥减少用量30%~75%,农药用量减少30%~80%。

滨州市高新区沿黄稻区以稻蟹生产方式为主,水稻亩产达到550kg,与同等条件下水稻常规单作相比,农药用量减少33%,化肥使用量减少31.5%,稻、蟹品质双双提升,助推了滨州"黄河五道口"大米的无公害、绿色认证,提升了大米价值和水产品品质。

滨州市澍稻廪实农业开发有限公司在荒洼盐碱地流转土地10万亩,建设三座水库,占地面积3 000余亩,通过以水压碱的方式,进行盐碱地开发,水库暂养培育豆蟹,利用稻田浮萍和螺蛳养殖河蟹,进行稻蟹综合种养,为荒洼盐碱地治理开发开创了新模式、新方式,生态效益显著。

3. 社会效益。 该种养模式拓宽了致富途径，促进了农民增收致富，进一步验证了稻渔产业是名副其实的资源节约型、环境友好型和食品安全型产业，对促进农村经济发展、食品质量安全及生态环境保护均具有特别重要的意义，该种养模式具有重要的推广应用价值、广阔的市场需求及产业化前景。同时，通过项目实施，培训了大批稻渔共生综合种养技术人员，提高了群众认识，普及了稻渔种养技术，为今后产业化发展打下了良好基础。

高青大芦湖农庄成立于 2014 年 4 月，集科研、生产、加工、销售于一体。基地处于北纬 37°至 38°之间，被公认为世界水稻黄金纬度线，与常家镇樊家村签订了 3 000 余亩的土地流转合同，作为"大芦湖"牌优质水稻基地，带动周边 2 500 余亩稻田，共 5 500 余亩土地。并与农户对接，采取"龙头＋基地＋农户"的组织形式，全力实施标准化良种水稻建设工程和大米加工标准化工程，实现了基地种植、加工产业化、标准化，形成了旅游与现代农业生态、休闲观光农业示范区。在公司工作的村民达到 150 余人，人均收入超过 2 万余元。休闲渔业、观光旅游、度假养生已经成为村民的主要经济收入，成为发展壮大村集体经济的主要产业。该村年接待游客 20 余万人次以上，文化旅游的收入突破 2 000 万元。

鱼台县被中国渔业协会授予"中国生态龙虾之乡"称号，成功举办了为期 15d 的第二届中国鱼台龙虾节，吸引各地游客 40 余万人次现场参与，增加餐饮、旅游等消费收入 1.2 亿元，成功实现了稻虾综合种养产业的链条延伸。鱼台县丰谷米业有限公司借助稻渔综合种养发展之机，流转土地，并积极参与扶贫工作，为 260 余名当地的农民提供工作岗位，帮助脱贫致富，取得了良好的社会效益。

（三）政策扶持

一是高度重视，不断加大政策支持力度。发展稻渔综合种养对于转变农业发展方式、推进农业供给侧改革意义重大。2016 年山东省组织申报了农业部综合开发项目"济宁市任城区稻渔综合种养基地建设"，项目总投资 856.00 万元。其中，中央财政补助资金 300.00 万元，地方财政配套（省、市、县）资金 120.00 万元，建设单位自筹资金 436.00 万元。2017 年度申报并获批两家国家级稻渔综合种养示范区、山东省高青县大芦湖国家级稻渔综合种养示范区、山东省滨州市湖稻廪实国家级稻渔综合种养示范区。2018 年继续组织山东省稻渔综合种养企业、合作组织等进行申报国家级稻渔综合种养示范区 2 个。2017 年，举办了全省稻渔综合种养现场会，大力推广以鱼台丰谷米业为代表的传统稻渔综合种养模式、以淄博高青为代表的三产融合稻渔综合种养模式、以滨州湖稻廪实为代表的以稻渔综合种养开发利用盐碱地模式。省里印发文件将稻渔综合种养列为燃油补贴政策，调整一般性转移支付资金重点扶持内容，补助上限每处 1 000 万元。

高青县委、县政府高度重视发展稻渔综合种养，将其纳入了岗位目标责任制考核指标，出台了《高青县淡水特色渔业考核奖励办法》《高青县水产标准化基地考核奖励办法》，设立了 100 万元的高青县生态小龙虾扶持奖励基金，极大地调动了农户发展稻渔综合种养的积极性。

二是科学规划，强力推进。各地积极组织外出学习，组织专家等进行专题研讨，出台了一系列稻渔综合种养发展规划和扶持政策。济宁市把稻渔综合种养列入全市渔业"十三五"发展规划,在《济宁市加快现代高效生态渔业发展的意见》中,将稻渔综合种养作为重点项目予以扶持,对发展稻渔综合种养面积在 300 亩以上的,每亩给予 1 000 元奖励。鱼台县委、县政府制定出台的《关于推进乡村振兴战略重点工作的实施意见》把做大做活龙虾产业列为农业发展的重点之一,并成立品牌兴农战略推进指挥部,实施"稻虾共作综合种养建设项目",全力打造"鱼台生态龙虾"品牌,有力地推进了当地稻渔综合种养模式推广。淄博市高青县相继制定了《高青县淡水渔业"十二五"规划》《高青县稻田蟹、稻田虾现代渔业园区规划》,目前高青县稻田蟹、稻田虾养殖基地已粗具规模、成效显著。

三、主要技术模式

稻渔综合种养技术根据稻养蟹(鱼)、蟹(鱼)养稻,稻蟹(鱼)共生的理论,把原有的种植业和养殖业结合起来,把两种不同的生产场所合并在一起,将原有的稻田生态系统向更加有利的方向转化,充分利用新建的人工生态系统,使其发挥各自的功能。利用生物方法进行水质调控,通过生态防病方法进行病害防治,改善了稻田生态环境,优化了稻田养殖环境,提高了水资源的有效利用,实现了一水两用、一地双收、一季双赢。

(一)主要技术

田间工程技术:根据不同种养模式,对传统稻田进行工程化改造,改造过程中,不能破坏稻田的耕作层,开沟不得超过总面积的 10%。通过合理优化田沟、深度,利用宽窄行、边际加密的插秧技术,保证水稻产量不减,同时工程设计上,充分考虑机械化操作的要求。济宁市市中区利民渔业专业合作社现有水稻田等基础条件,选取其中的 845 亩水稻田的土地平整、深耕与土壤改良、修筑田埂,建设约 20 亩一方规格的"稻田方",形成稻鳖种养区 256.73 亩、稻蟹种养区 248.77 亩、稻鳅种养区 176.00 亩、稻虾种养区163.50 亩。

水稻品种的选择及插秧技术:选用米质优良,抗倒伏,抗病且适合当地气候特点的品种。根据山东省气候特点,在条件允许的情况下将水稻插秧的时间尽量提前,以便尽早地把蟹苗放入稻田。

盐碱地以水压碱技术:排灌结合,以水治碱。开沟排水,排水沟深度在 1.5m 以上,有利于土壤脱盐脱碱,并能防止返盐碱。修筑蓄水设施,确保有充足的水源。

除草和施肥技术:翻土耙地时采取水封的方法灭草,以后可通过中华绒螯蟹、龙虾等清除田间杂草,适时采取人工除草的方式,不得使用化学制剂药品,确保水稻和水产动物的正常生长。有机稻田养蟹种稻应施有机肥和生物肥,提高蟹、米质量,追肥应避开蟹蜕壳期,采用少量多次追肥法。

虾蟹投饵技术:根据其生活习性及不同季节进行科学投饵。要注重饲料营养的全价性。总的原则是"两头精,中间青"。早期多投动物性饵料,生长的旺季,动、植性食物并重,后期多投含淀粉量高的精饲料。动物性饲料主要是螺蛳、小鱼、小虾等,植物性饲料以豆饼、马铃薯、南瓜等为主。将一些投喂的饲料煮熟,既起到一定的灭菌作用,又有利于消化和吸收。坚持每天"定质、定量、定时、定位,看季节、看水质、看天气、看吃食情况"的"四定、四看"的投饵原则。

捕捞技术：稻田龙虾养殖技术模式，采用轮捕轮放的模式，捕大留小，主要采用地笼诱捕的方式。

（二）主要种养模式

山东省结合地域特色，重点开发了稻虾、稻蟹、稻鳅、稻鳖四种种养模式。

稻虾模式：该种养模式操作简单，且近年来龙虾价格较好，养殖效益高，深受养殖户欢迎。主要集中在济宁、淄博、枣庄等地区。

稻蟹模式：山东省微山湖大闸蟹、黄河大闸蟹品牌效益明显，结合稻渔综合种养模式，产品质量有保障。该模式主要在济宁、淄博、枣庄、滨州和东营地区。

稻鳅模式：主要集中在枣庄、济宁等地区。

稻鳖模式：主要集中在济宁地区，如以鱼台甲鱼等地理标志产品为代表的养殖模式等。

四、特色品牌

丰谷米业有限公司拥有九大系列上百个品种。"丰谷"大米成为备受消费者青睐的上品，开创了粮食系统优质大米开发的新纪元。公司在 2004 年通过中国绿色食品发展中心绿色食品认证，允许使用"绿色食品商标"同时还荣获"中国放心粮油工程放心米""技术进步先进企业""农副产品营销大户""济宁市龙头企业""金融系统 3A 企业"等荣誉称号。

高青县全力打造了"大芦湖"大米系列产品名牌，高青大芦湖水产品品牌，目前高青"大芦湖"稻田蟹、蟹田米知名度已初步打响，受到了消费者的普遍认可。

五、存在问题

（一）稻渔综合种养总体技术水平不高

目前山东省发展稻渔综合种养的热情较高，农渔民们也看到了稻渔综合种养的巨大经济效益，除大型企业、合作组织等，多数个体户停留在传统低水平的稻田养鱼阶段，缺乏有效的技术指导和培训。尚没有开发出与稻渔综合种养相配套的农机农艺。这些情况表明，稻渔综合种养目前仍处在较低水平，制约了稻渔综合种养的发展和竞争力的提高。

（二）稻渔综合种养规模化组织化程度不高

目前稻渔综合种养总体来看，经营相对分散，组织化程度不高。组织化和规模化程度低，意味着养殖所需资源分散、集中度不够，难以在生产和销售等方面形成合力，对稻田养殖区域化布局、标准化生产、产业化运营、社会化服务等均构成制约。

（三）稻渔综合种养前期基础设施建设一次性投入大

由于稻渔综合种养前期需要开挖环沟、配套进排水渠道、修建道路、建设防逃设施等，前期投入大，一些资金相对较弱的种养殖户接受有一定难度，给该模式的推广带来了困难。

六、发展对策建议

一是加强政策扶持，推动传统水稻种植业的转型升级。进一步加强调研，指导水稻种植主产区的行业主管部门，积极争取地方政府的支持，充分利用当地资源优势，统筹规划，切实把稻渔综合种养作为渔业转方式调结构和绿色发展的重要内容来推进。以财政资金扶持方式，加大重大农业科技创新性项目、财政支持农业科技示范推广项目等的扶持力度，加强科技示范推广，引导产业科学化、规范化和标准化发展。积极引导、多方推动稻渔综合种养产业的发展，使其成为水产主产区的地方政府扶贫、农民增产增收的重要抓手。

二是加大科研力度，探索山东稻渔综合种养新模式。针对山东省稻渔综合种养方面科研与生产结合不够紧密的实际，鼓励、引导水产行业的科研人员多与生产企业、农户联系，在生产实践中总结经验、发现规律，总结出能够提升山东稻渔综合种养整体水平的关键技术；引导渔业科研机构加强与水稻研究部门的合作，在水稻和水产品种选择、品系培养方面深入研究，为养殖户提供适宜山东的套养品种、品系，种养模式等。

三是科学引导，不断提高稻渔综合种养组织化程度。针对目前稻渔综合种养经营分散、组织化程度不高的现状，采取切实措施培育稻渔综合种养专业大户、家庭农场、农民合作社、农业企业等新型经营主体，做大产业规模，强化品牌建设，提升标准化生产和经营管理水平。充分调动有关企业、合作社、种粮大户的积极性，给予政策和资金支持，引导社会资金参与现代农业开发，鼓励"龙头企业＋基地＋农户"的发展模式，科学引导个体种植户以土地流转等多种方式参与到稻渔综合种养产业组织，并通过以点带面，共同推动稻渔综合种养的规模化发展。

四是加大品牌创建和宣传，为稻渔综合种养发展创造良好氛围。打造品牌，是实现产品产值的重要途径。采取多种形式、多种渠道向生产者宣传注册商标、创建品牌的作用；积极协调市场监督管理部门帮助指导企业做好商标注册，简化办事程序。积极鼓励企业加大品牌的宣传和投入，扩大市场知名度和影响力，增强养殖企业的品牌意识和创品牌能力。稻渔综合种养是一种绿色生态养殖模式，能够实现一水两用、一田多收，对提升农民收入、提高农产品品质、提升农产品质量安全水平都具有很大的促进作用。为此，我们要进一步做好宣传引导工作，大力宣传以国家级稻渔综合种养示范区为代表的好模式、好典型、好经验和好做法，营造良好的社会舆论氛围，引导更多的具有资源优势的水稻产区发展稻渔综合种养。

山东省渔业技术推广站

景福涛

第十五章　2018年河南省稻渔综合种养产业发展分报告

为全面贯彻落实党的十九大精神，按照《中共中央国务院关于实施乡村振兴战略的意见》和农业农村部《关于大力实施乡村振兴战略加快推进农业转型升级的意见》等文件的要求，农业发展必须走生态、绿色、健康可持续发展的道路。稻渔综合种养可以"一水两用，一田双收"，能有效保障粮食生产、提高种粮效益、改善生态环境、拓展养殖空间，是渔业转方式、调结构的重要抓手，是农业绿色生态可持续发展的创新模式，是农业产业精准扶贫的有效措施。近年来河南省农业厅实施了稻渔综合种养"百、千、万"工程（百斤水产品、千斤稻米、万元亩产值），重点推广了稻虾、稻鳅、稻蟹、稻鳖、稻鱼等综合种养模式。据河南省农业厅水产局2018年8月统计的上半年数据，截至2018年7月底，全省稻渔综合种养面积44.97万亩，比2017年底全省稻渔综合种养面积22.70万亩增加一倍。稻渔综合种养区域主要集中在沿长江、淮河流域的信阳市的9个县区和沿黄河流域的新乡市、南阳市、濮阳市、开封市的部分县区及固始县、邓州市等地。养殖的水产品品种以小龙虾、泥鳅为主，部分地区养殖有河蟹、草鱼、鲤及观赏鱼等。

一、产业发展沿革

河南是农业大省、粮食生产大省，全省耕地面积1.23亿亩，其中水稻种植面积1 010万亩，宜渔水稻种植面积500多万亩。

河南省推广稻田养鱼历史上曾有过两次。第一次是1984年前后，第二次是2001年前后。1984年开展的稻田养鱼技术推广是由当时的农牧渔业部组织推动的。1983年9月，中国科学院水生生物研究所倪达书研究员正式提出了稻田养鱼的三大生态功能：一是增产10%以上，二是提高了鱼质量，三是节约劳力，除草灭蚊，并制订了稻田养鱼的技术操作规程。倪达书先生的工作引起了中央领导重视，于是就有了全国第一次大规模的稻田养鱼推广活动。当时全国有17个省、自治区、直辖市参加稻田养鱼推广活动，河南是其中之一，主要集中在信阳市和新乡市。2001年开展过大规模的稻田养蟹，规模也有数万亩。两次大面积的推广稻田养鱼最后都无疾而终。失败的原因主要有：

稻田工程做得不好，沟小、沟窄，导致养殖效果不好；群众没有真正掌握稻田养鱼、养蟹技术，人放天养、粗放粗养，收获量和生产效益不佳，农民没有积极性。

2016年开始新的稻渔综合种养模式的推广。2015年河南省只有7个省辖市和2个直管县进行了稻渔综合种养，稻田养殖面积只有2万亩左右。2016年信阳市潢川县县委县政府出台扶持政策，率先开始稻虾共作，全县当年就有近 1 万亩稻田建设了稻渔工程，进行小龙虾养殖。到 2017 年底，信阳市的光山县、罗山县等县区及固始县相继出台了扶持政策，驻马店市的正阳县、确山县，南阳市的桐柏县及邓州市，洛阳市的孟津县、新安县，新乡市的原阳县、武陟县，开封市的祥符区及中牟县，濮阳市的范县等地，稻渔综合种养示范区（点）遍地开花，全省稻渔综合种养面积 22.70 万亩。

二、产业现状

水产是农业农村经济重要的支柱产业之一，是保障农产品有效供给，丰富人民群众"菜篮子"的重要产品。党的十九大提出了实施乡村振兴战略，构建现代农业产业体系、生产体系、经营体系，推进绿色发展的重要任务，为大力发展稻渔综合种养指明了方向。河南省的稻渔综合种养主要在信阳市。稻渔综合种养模式主要是稻虾轮作和共作。

（一）规模、布局

据河南省农业厅水产局 2018 年 8 月统计的上半年数据，2018 年河南省共有 10 个省辖市的部分县区和 2 个直管县共 28 个县（市）区开展了稻渔综合种养生产模式（表 15-1、表 15-2）。

表 15-1　2018 年河南省 20 个稻渔综合种养示范县（区）统计

序号	县区	2017 年面积（亩）	2018 年上半年统计面积（亩）	增减面积（亩）
1	潢川县	75 280.8	140 000	增 64 719.2
2	光山县	12 881.7	60 000	增 47 118.3
3	固始县	50 000	56 000	增 6 000
4	淮滨县	17 800	45 000	增 27 200
5	罗山县	12 550	35 000	增 22 450
6	息　县	2 900	17 000	增 14 100
7	正阳县	7 500	15 000	增 7 500
8	商城县	5 000	14 000	增 9 000
9	桐柏县	1 500	9 000	增 7 500
10	邓州市	11 000	5 200	减 5 800
11	祥符区	5 000	4 500	减 500
12	平桥区	800	4 300	增 3 500
13	范　县	13 000	4 000	减 9 000
14	原阳县	3 200	4 000	增 800
15	民权县	0	3 000	增 3 000
16	浉河区	220	2 000	增 1 780
17	新　县	80	1 000	增 920
18	孟津县	2 300	1 000	减 1 300

（续）

序号	县区	2017 年面积（亩）	2018 年上半年统计面积（亩）	增减面积（亩）
19	中牟县	3 000	600	减 2 400
20	武陟县	3 000	400	减 2 600
	累计	227 012.5	42 100	增 193 987.5

表 15-2　2018 年河南省新增的 8 个稻渔综合种养县区及排名

县区	面积（亩）	排名
淅川县	8 600	1
唐河县	1 000	2
封丘县	400	3
平原新区	200	4
辉县市	200	5
确山县	150	6
沁阳县	300	7
南召县	100	8
累计	25 350	

表 15-1 和表 15-2 总计面积为 449 650 亩。

河南省稻渔综合种养地区主要在南部的信阳市及周边。根据信阳市 2018 年 11 月 15 日统计，信阳市稻渔综合种养面积比上半年统计数据增加 15 万亩以上（表 15-3）。

表 15-3　信阳市稻渔综合种养统计表

县区	稻渔种养面积（亩）		稻渔种养总户数（户）	培训情况		
	全县合计	其中稻鳅、茭白虾、莲虾等面积单独备注		培训场次（场）	人数（人）	发放资料〔份（册）〕
固始县	60 000	10 000（莲虾）	5 054	42	6 000	8 000
光山县	60 000	0	500	38	5 000	20 000
息　县	6 027	0	51	10	700	2 000
浉河区	850	0	45	6	920	2 300
潢川县	254 263	2 000（茭白虾），1 260（莲虾）	19 039	189	16 718	100 000
商城县	16 260	0	280	15	1 200	3 000
淮滨县	55 000	15 000（稻鳅）	1 136	4	620	2 500
平桥区	6 992	150（莲虾）	320	25	850	3 500
罗山县	16 715	2 000（茭白虾），2 500（莲虾）	208	7	610	1 200
新　县	3 000	0	80	2	100	500

（续）

县区	稻渔种养面积（亩）		稻渔种养总户数（户）	培训情况		
	全县合计	其中稻鳅、茭白虾、莲虾等面积单独备注		培训场次（场）	人数（人）	发放资料〔份（册）〕
全市合计	479 107		26 713	338	32 718	143 000

注：1. 全市稻渔种养总面积中包括：茭白虾面积4 000亩，莲虾面积13 910亩。

2. 全市及固始县截至2018年11月初稻渔综合种养面积461 197亩。

3. 统计日期：2018年11月15日。

（二）产量、效益

根据全国水产技术推广总站安排的测产结果和有关各省辖市上报的数据，河南省稻渔综合种养每亩平均生产优质稻米450kg左右，养殖水产品平均亩产小龙虾（鳅）50kg左右、鱼类100kg左右、蟹（鳝）30kg左右。每亩增收1 000～2 000元，减少化肥使用量30%，减少农药使用量32%，取得了良好经济、生态和社会效益。

全省稻渔综合种养面积至10月底已经超过50万亩，养殖水产品总产量可达2.5万t以上。经品牌打造，目前其稻米价格可达每500g 10元以上，粮食产值大幅提升。

河南省把发展稻渔综合种养作为稻区贫困县产业扶贫特色项目，省、市、县上下三级联动，重点推进。在稻区贫困县形成了富民增收扶贫的主要产业。初步统计全省稻渔综合种养覆盖带动贫困农（渔）民12 000户，36 000多人。

（三）扶持政策

河南省渔业发展"十三五"规划中专项制定了稻渔综合种养发展规划，为促进全省稻渔综合种养的快速发展提供了强大动力。

省农业厅水产局联合计划处、科教处、种植业处成立了省级稻渔综合种养领导小组，建立定期联络机制，共同推进稻田综合种养和产业扶贫工作；还将制定全省稻渔综合种养实施方案和延伸绩效考核细则，对全省稻渔综合种养发展工作进行指导和绩效考核。

河南省农业厅水产局根据《全省水产技术推广体系改革与建设补助项目》的要求，向全省9个稻渔综合种养示范县进行倾斜，每个示范县每年增加5万元经费，对稻渔综合种养大户和主体进行经费补贴。省农业厅2017年度支持全省稻渔综合种养发展资金600万元，2018年省财政专项资金用于稻渔综合种养资金1 000万元。

省农业厅水产局组织建立省级稻渔综合种养咨询机构和技术专家队伍，依托示范区（点），引导专家组成员深入生产一线，发现和解决稻渔综合种养发展面临的实际问题，提高技术服务的针对性。

为扶持和推动稻渔综合种养产业发展，河南省农业厅2017年和2018年均印发了《关于组织开展省级稻渔综合种养示范区创建工作的通知》，河南省农业厅、河南省扶贫开发办公室联合印发了《关于大力发展稻渔综合种养加快产业精准扶贫的意见》。

各省辖市及省直管县（市）也相应出台了对稻渔综合种养的扶持政策，如信阳市出台了《关于印发信阳市稻渔综合种养实施方案（2017—2022）的通知》信政办〔2017〕152

号。全市有 8 个县区已经出台了扶持稻渔综合种养和小龙虾产业扶贫政策。

罗山县人民政府出台了《关于印发罗山县稻渔综合种养实施方案（2018—2022）的通知》，对开展稻渔综合种养的每亩给予 150～200 元的补贴。对大户帮扶贫困户的每亩另加 200 元补贴。对 8 000 万尾产量的苗种基地给予每亩 500 元补贴。

潢川县先后出台了《潢川县推广"虾稻共作"模式发展小龙虾产业扶持奖励办法》（潢办〔2016〕25 号），中共潢川县委《潢川县人民政府关于加快潢川县小龙虾产业发展的实施意见》（潢发〔2016〕9 号），《潢川县人民政府关于支持小龙虾综合种养产业发展的意见》（潢政〔2017〕44 号），《潢川县脱贫攻坚指挥部关于实施小龙虾产业扶贫的意见》（潢脱贫指〔2018〕10 号）等文件。明确了小龙虾产业扶贫模式及补助标准：对贫困户自养的，县财政给予每亩 400 元一次性补助；企业（合作社）帮扶贫困户养殖的，由县信和担保有限公司担保每亩 1 000 元的小龙虾贷款，期限一年，县财政分别给予企业和贫困户每亩各 100 元的一次性补助；对 100 亩以上的，每亩一次性补助 100 元；500 亩以上的，每亩一次性补助 200 元。100 亩以下的，每亩补助 40～60 元。目前，全县 19 个乡镇已经有 9 个兑现了上述补助资金。

固始县出台了《固始县人民政府办公室关于印发固始县稻渔综合种养实施方案（2018—2022）的通知》（固政办〔2018〕18 号）和《固始县小龙虾综合种养产业扶贫实施方案》（固脱贫指〔2018〕11 号），对贫困户开展稻田小龙虾养殖，给予 200～800 元补贴。对养殖大户及农业经济合作组织开展稻田养殖小龙虾，每带一个建档立卡贫困户（同贫困户签订带贫协议、设立工资台账等）使其年收入在 10 000 元以上（收入包括土地流转收入、务工收入、参与分红收入等）的奖励给大户或农业经济合作组织 1 000 元。对加工销售企业与种养企业，当年吸纳 30 个以上贫困户务工，年加工销售产值在 2 000 万元以上的，给予 10 万～20 万元奖励。

淮滨县出台了《淮滨县关于产业扶贫"多彩田园"示范工程的奖补意见（试行）》（淮脱指〔2017〕14 号），对建档立卡贫困户发展稻（莲）渔种养，达标验收后，每年每亩奖补 300 元，连续奖补 3 年；新型农业经营主体发展稻（莲）渔种养，带动 5 户以上建档立卡贫困户发展稻（莲）渔种养并取得较好收益的，或者吸纳贫困人口就业 10 人以上，月工资不低于 1 200 元，年工资收入不低于 1.2 万元，签订 3 年以上就业劳动合同，达标验收后，每年每亩奖补 300 元，连续奖补 3 年。

光山县出台了《光山县人民政府关于 2018 年稻虾共作生产发展实施意见》（光政〔2017〕82 号）。对规模 30 亩以上的稻虾共作，每亩扶持资金 200 元。对有劳动力的建档立卡贫困户，稻田水资源条件具备，愿自力更生发展稻虾共作生产，新发展面积 3～10 亩，每亩奖补扶持资金 400 元。对建设规范、连片成规模的新型农业经营主体实行奖励。连片 300～500 亩奖励 10 万元，500～1 000 亩奖励 15 万元。1 000 亩以上奖励 20 万元。对积极支持稻虾共作生产的乡镇实行奖励：完成生产面积任务且连片示范面积 500 亩以上奖励 10 万元，连片示范面积 1 000 亩以上奖励 20 万元。对培育一个"稻虾米""虾田米"等绿色大米品牌奖励 10 万元，有机大米品牌奖励 20 万元。

罗山县、商城县、平桥区也都出台了鼓励发展稻渔综合种养和稻虾产业扶贫带贫的财政补贴扶持政策，针对种养户、贫困户、带贫企业，制订了不同的扶持措施。

三、技术模式

河南省稻渔综合种养的主要模式是稻田养殖小龙虾，占稻渔综合种养的 95％左右。另外还有稻鳅、稻鳖、稻鱼等。

稻虾综合种养模式包括共作和连作两个阶段。主要是学习和采用的湖北潜江稻虾共作模式：即春季 3、4 月投放小龙虾苗，5 月底前后捕捞，6 月上旬插秧并补放虾苗至 9 月底为稻虾共作，其间多次捕捞。9 月底收稻后，10 月蓄水养小龙虾直到翌年 5、6 月捕捞。或夏、秋季投放种虾，9 月底收稻后蓄水养虾至第二年 5、6 月份捕捞，循环往复。

各地通过开展稻渔综合种养实践集成了一批可复制、可推广的技术模式，并在生产中广泛应用。如潢川县、光山县等通过改稻虾连作为稻虾共作和轮作，改"一稻一虾"为"一稻两虾"等种养模式，克服了养虾和种稻的矛盾，提高了种养效益。

四、品牌建设

通过龙头企业带动、产品品牌建设和利用现代信息化管理等手段，可以有效提升价值空间，增加稻田种植和养殖效益。为鼓励稻渔综合种养产业品牌建设，河南省利用各种措施进行了广泛宣传和引导，取得了许多成果，如主产区信阳市在品牌建设方面做了许多工作。

2018 年，信阳市政府出台了《关于加快信阳市虾稻米产业发展的意见》（信政办［2018］88 号），到 2022 年，全市虾稻米产业发展到 110 万亩，虾稻米产值达到 35 亿元以上。虾稻米通过地理标志产品认证，创建"信阳虾稻米"区域公用品牌；打造种养面积 300 亩以上的"信阳虾稻米"标准化生产基地 27 个。每个县区培育信誉度高、带动能力强、技术装备先进、市场营销好的"信阳虾稻米"加工企业 3～5 家。明确对成功创建绿色、有机"信阳虾稻米"的新型农业经营主体分别给予一定的奖励。要求各县区财政拿出专项资金，并纳入预算，支持虾稻米产业发展，支持建设"信阳虾稻米"生产可追溯系统和水稻病虫害绿色防控系统，并达到全覆盖，确保"信阳虾稻米"品质优、效益高。

全市稻虾、虾稻品牌已经初步取得成效，如潢川县黄国粮业有限公司注册了"绅诚禾渔""糯渔稻农"，澳嘉食品注册了"澳嘉"等品牌；河南宝树水产有限公司注册了"虾九妹"商标，生产清真、麻辣、红烧、香辣等系列小龙虾速食产品。这些品牌先后与百胜饮食集团、饿了么等平台合作，让小龙虾搭上电商快车，打开了新的销路。潢川县华莱时代有限公司积极打造"稻虾共作有机米"品牌，在北京 13 个大型超市设立潢川"虾田大米""虾耕米""红螯郎虾"等销售专柜。光山县青龙河农业机械化农民专业合作社投资 1 000 多万元，搞基地建设、数字农业、订单生产、精深加工、农超对接、电子商务，走水稻和小龙虾产业化经营、品牌化运作之路，着力打造"正礼"虾田米、"青龙禾虾"品牌，"正礼"大米已成为河南省著名商标。近年来，围绕品牌建设，合作社先后组织参加了农民日报社在湖北天门举办的中国好米品鉴会，农业部在北京举办的第十五届中国国际农产品交易会，上海海洋大学在上海举办的首届全国稻渔综合种养产业发展大会，并获得稻渔种养模式全国银奖，360 网站在杭州举办的 2017 年中国数字农业与农业机械化发展峰会，江苏省在盱眙县举办的中国国际龙虾节。"正礼"虾田米、"青龙禾虾"产品在省内外受到了广大消费者的青睐，"正礼"大米正通过西亚超市、电子商务走进千家万户。淮滨县采取了专种、专收、专储和专用，把优质稻加工成优质大米，注册了"淮源香""楚相故里""陆稻米"等优质大米品牌，提升了附加值。

目前，河南省稻渔综合种养其他地区也有许多稻米和稻渔产品品牌，如"原阳大米""水牛稻""鳅米香""蟹田米""虾九妹""黄金鳅""生态鳖"等。

五、存在问题

根据信阳市水产局通过实践和调研的结果，当前河南省稻渔综合种养还存在一些技术问题。

1. 稻田工程不符合规程要求。有些示范基地或农户没有按照技术规程要求挖沟。要么过大，要么过小。

2. 苗种问题。数量不足投放，投放成活率低。如信阳稻虾发展规模过快，虾苗需要大量从湖北运输造成成活率普遍较低。

3. 水草问题。没有种水草或种得不好。有的基地或农户没有种草，或者因为饲料喂得不足，放虾以后把沟里的水草给吃光了。水草不仅仅包括伊乐藻，田面收稻后种伊乐藻，环沟可以种油草、水花生、水葫芦。多种混种效果更好。

4. 配合饲料没有得到广泛应用。很多种养户没有投喂配合饲料，而是投喂小麦、麸皮、米糠、菜饼等。养殖小龙虾虾苗阶段投开口料还没有得到广泛应用。

六、发展对策

（一）田块要大，以稳粮增效

按照农业部的要求，平原地区优质无公害水稻亩产不低于 500kg；丘陵山区优质无公害水稻亩产不低于 400kg。通过有机产品认证的区域，亩产可适当降低 30％左右，并明确沟坑占比不得超过总面积的 10％。显然稳粮是第一位的。单个田块就要保持在 40～50 亩，才能保证在 4m 沟宽的情况下，沟坑面积不超过稻田面积的 10％。这样既能保障稳粮的要求，又能保障鱼、虾、蟹的栖息需要，达到正常生长，从而达到增效目的。

（二）要创新模式提高效益

如稻田养殖的小龙虾季节性差价非常大，一年中价格从几元到几十元，市场波动很大。只有创新养殖模式才能赚钱。

1. 稻虾与小龙虾精养塘要协调发展。按照潜江小龙虾协会副会长陈居茂观点，精养池与稻虾面积比例应为 3：7。稻虾保障早、中期市场供应，同时为精养育苗；精养为中后期市场主打产品。

2. 提早稻虾投种时间实现第二年错峰上市。即在 8 月左右放养亲虾，做好秋冬春期间培育工作，一是可以在 3 月底、4 月初即可开始起捕繁殖后的亲虾上市，提前销售，错开龙虾集中上市高峰，从而提高经济效益；二是下一年养殖所需虾苗也得以解决，甚至可以对外出售一部分虾苗，进一步增加养殖效益。

3. 改"多养虾"为"养大虾""养生态虾"。建议参考盱眙的技术规程，投喂优质配合饲料。

4. 一季稻三季虾温棚模式。每年 10 月初开始将大棚顶盖上薄膜，这样一直持续到次年 5 月初，这个阶段可以养殖 2 批虾（10 月至春节前一批，春节后至 4 月份一批）。第 3 批虾养殖时间从 6 月至 8 月间，大棚顶盖上遮阳网，降低水环境温度，减少小龙虾夏季打洞避暑的数量和缩短避暑时间，从而延长小龙虾生长时间和提高生长速度，7 月中旬虾可以卖到高价。期间栽种与收割水稻与往常时间基本同步。

（三）提高加工业和冷藏冷冻能力

大规模发展稻虾共作必须要有相应的加工业和冷藏冷冻能力。按照五年后 100 万亩稻渔发展计划，稻虾及精养塘产量将达到 12 万 t 左右。比照潜江目前的养殖与加工比例状况，加工能力应至少扩大到 20 万 t 以上。否则稻虾养殖产业发展就会产生问题。其他产业链条也要协调发展，要形成集科研示范、良种选育、苗种繁殖、精深加工、餐饮文化、冷链物流、节庆文化等完整的产业链条。

（四）协调发展问题

1. 稻渔综合种养要多品种多模式进行。如稻虾蟹、稻鱼、稻鳖等。

2. 建设稻渔综合种养水产苗种繁育场（基地）。河南省将在示范县建设 3 家规模水产苗种繁育场，逐步解决苗种供给不足的问题。

3. 开展标准化生产。注重发挥产、学、研、推等机构的各方优势，建立省级稻渔综合种养专家技术队伍。

4. 推广稻渔综合种养实用技术。要经常组织水产专家深入到田间地头现场指导；采取"请进来、走出去"的办法，通过培训让渔农民及贫困户掌握稻渔综合种养的实用技术。

5. 坚持产业链整体发展。围绕转方式、调结构、创品牌、拓市场，进一步完善产业发展链条，在生态、优质、安全、高效上努力实现升级。加快发展水产品加工业，以加工业带动生态养殖业和第三产业，实现一、二、三产业融合健康发展。

河南省水产技术推广站　信阳市水产局

李同国　李红岗　田随成

第十六章　2018 年湖北省稻渔综合种养产业发展分报告

一、产业发展沿革

湖北省稻田养鱼起步于 20 世纪 50 年代，主要利用稻田水体和天然饵料饲养少量食用鱼，由于缺乏技术指导，产量不高，作用也不大。

1981 年，中国科学院水生生物研究所倪达书研究员提出"稻鱼共生"理论后，由于稻田养鱼技术全面推广，湖北省稻田养鱼取得了很大进展。据统计，1984 年全省稻田养鱼 20 万亩，1985 年已达 42.15 万亩，一年翻了一番。黄冈地区 1984 年为 1.13 万亩，1985 年增加到 9.2 万亩。红安县由 1982 年的 2.1 亩，发展到 1985 年的 1 056 亩，增长 500 倍。监利县余埠区易杨村由 1984 年的 50 亩发展到 780 亩，养鱼户已占全村农户的 40%。至 20 世纪 80 年代末，全省稻田养鱼面积达到 100 多万亩，全省平均单产水平达到水稻每亩 500kg 左右、水产品接近每亩 20kg。

20 世纪 90 年代，农业部进一步加大扶持力度，促进了湖北省稻田养鱼的快速发展。由于养殖技术不断创新，单产水平提高，全省很多地区的稻田养鱼达到了"千斤稻百斤鱼"的水平。进入 21 世纪后，随着我国经济快速发展和人民生活水平的提高，生产者对单位面积土地产出以及食品优质化的要求不断提高。传统的稻田养鱼技术，由于品种单一、经营分散、规模较小、效益较低，越来越难以适应新时期农业农村发展的要求，发展一度处于减缓，甚至停滞倒退的状态。湖北省的稻田养鱼面积由近 200 万亩逐渐减少至 40 多万亩。

2002 年，潜江市的农民刘主权尝试在稻田里投放小龙虾并取得了很好的经济效益，引起附近的农民纷纷效仿。2005 年，湖北省水产部门在全面总结潜江市利用冬闲稻田养殖小龙虾技术的基础上，推出了"虾稻连作"模式。从 2006 年开始，该模式作为湖北渔业主推技术连续五年在全省进行示范推广。2011 年，全省"虾稻连作"种养面积达到 300 多万亩，湖北稻田种养面积和小龙虾产量均跃居全国第一，成就了"世界小龙虾看中国、中国小龙虾看湖北"的美誉。但虾稻连作技术模式自身存在的无法实现苗种的规模化生产，商品虾规格小、效益差等不足在推广过程中逐渐显现出来，其根本原因在于虾稻连作技术模式为粗放养殖，即人放天养。虽然种养可以取得一定的经济效益，但连续效益不稳，严重影响了农民的种养积极性和湖北省小龙虾产业的持续健康发展，湖北省虾稻连作的面积因此从最高峰的 381 万亩逐渐减少至 230 万亩。

针对虾稻连作模式的不足，湖北省的水产科研、推广部门提出了"通过延长生长期提高小龙虾的上市规格以及通过科学留种、保种实现小龙虾苗种批量供应"的技术思路，并在鄂州、潜江两地针对虾种放养技术、田间工程优化技术等进行了积极的探索。2012年，湖北省提出了"虾稻生态种养技术"（俗称"虾稻共作"）概念，其主要内容就是实现稻田内小龙虾的全年生产，即春季生产幼虾、夏季生产成虾、秋季培育亲虾、冬季繁育苗种，实现稻田小龙虾自繁、自育、自产的良性循环。由于"虾稻生态种养技术"不仅破解了小龙虾苗种批量供应的难题，而且大幅提升了稻田的经济效益，因此很快在全省、全国各地掀起了新一轮稻田种养大发展的热潮，涌现出一大批以小龙虾为主导，以标准化生产、规模化开发、产业化经营为特征的百公顷甚至千公顷连片的稻渔综合种养典型，取得了显著的经济、社会、生态效益，得到了各地政府的高度重视和农民的积极响应。2017年，湖北省虾稻生态种养面积达到497万亩，面积10万亩以上的县市有14个，其中监利、洪湖、潜江分别达到64万亩、61万亩、46万亩；百亩以上基地1.12万个，千亩以上基地50个，万亩以上基地13个；稻田种养专业合作社共计1 556家。

二、产业现状

（一）产业布局

10多年来，湖北省稻渔产业稳步发展，各地因地制宜地走种养结合、立体生态之路，大力发展名特优水产品及优质稻米生产，形成了以虾稻生态种养为主导，稻鳖、稻鳅、鳖虾鱼稻、稻蟹、稻蛙等模式全面发展的格局，取得了显著的成效，稻渔综合种养效益稳步提升，农民收入持续增加。

2017年全省"稻渔"四大模式养殖分布情况：虾稻生态种养模式面积达到497万亩，主要集中在武汉、荆州、黄冈、孝感、荆门、潜江、鄂州、黄石、天门9个市，9个主产市产量占全省产量的95%左右。荆州市养殖规模最大，小龙虾产量28.89万t，超过全国小龙虾产量的四分之一，占湖北省产量的45.9%。

稻鳖（含鳖虾鱼稻、香稻嘉鱼）模式面积达到8万亩左右，主要集中在荆门、荆州、襄阳、孝感、咸宁、宜昌、仙桃等市，7个主产市产量占全省产量的95%左右。荆门市养殖规模最大，占湖北省产量的60%以上。

稻鳅模式面积达到5万亩左右，主要集中在天门、荆州、仙桃、潜江、黄冈、黄石、孝感等市，7个主产市产量占全省产量的90%以上。天门市养殖规模最大，占湖北省产量的80%以上。

稻蟹模式面积达到2 000亩左右，主要集中在荆州、荆门、潜江等市，3个市面积占全省面积的90%以上。荆州市养殖规模最大，占湖北省产量的70%以上。

（二）效益

湖北省稻渔综合种养产业的经济效益和生态效益均十分显著。

1. 虾稻生态种养模式。 与稻虾连作模式相比，虾稻生态种养模式可使稻田综合效益提高80%以上。2017年全省虾稻生态种养模式小龙虾平均亩产量约100kg；与同等条件下水稻单作对比，单位面积化肥、农药施用量平均减少 30％以上；亩均效益约 3 000 元，比水稻单作提高 2 500 元左右。

2. 稻鳅模式。2017 年全省稻鳅共作模式泥鳅平均亩产量约 120kg；与同等条件下水稻单作对比，单位面积化肥、农药施用量平均减少 40％以上；亩均效益约 2 500 元，比水稻单作提高 2 000 元左右。

3. 稻鳖模式。2017 年全省该模式中华鳖平均亩产量约 85kg；与同等条件下水稻单作对比，单位面积化肥、农药施用量平均减少 40％以上；亩均效益 5 000 元以上，比水稻单作提高 4 500 元以上。

4. 稻蟹模式。2017 年全省该模式河蟹平均亩产量约 30kg；与同等条件下水稻单作对比，单位面积化肥、农药施用量平均减少 30％以上；亩均效益 1 500 元以上，比水稻单作提高 1 000 元以上。

（三）主要技术模式测产结果

湖北省对部分稻渔综合种养模式进行了测产，结果表明稻渔综合种养模式的经济效益和生态效益均十分显著。

1. 虾稻生态种养模式。测产验收地点位于鄂州市泽林镇万亩湖小龙虾养殖合作社，平均亩产稻谷 650kg，高于全省水稻平均产量；小龙虾平均亩产 150kg；与同等条件下水稻单作对比，单位面积农药和化肥使用量分别下降 68％、30％；亩均销售收入 5 590 元，纯利润 4 080 元，比水稻单作提高 3 500 元左右。

2. 稻鳅共作模式。测产验收地点位于天门市四海水产品养殖专业合作社，平均亩产稻谷 560kg，高于全省水稻平均产量；泥鳅平均亩产 150kg；与同等条件下水稻单作对比，单位面积化肥、农药施用量平均减少 40％以上；亩均效益约 3 045 元，比水稻单作提高 2 500 元左右。

3. 稻鳖共作模式（香稻嘉鱼）。测产验收地点位于湖北省钟祥市祥隆水产专业合作联社，平均亩产稻谷 570kg，高于全省水稻平均产量；中华鳖平均亩产量约 120kg，小龙虾平均亩产 50kg；与同等条件下水稻单作对比，单位面积化肥、农药施用量平均减少 40％以上；亩均效益 7 000 元以上，比水稻单作提高 10 倍以上。

（四）政策支撑

近年来，省领导高度重视稻渔综合种养产业的发展，多次作出重要批示，省委、省政府、农业厅相继发布了系列政策文件，推动稻渔综合种养发展。

1. 相关政策。2009 年 12 月 11 日，湖北省召开全省小龙虾产业发展工作会议，副省长赵斌宣布建立小龙虾产业发展基金，重点解决小龙虾产业发展中面临的技术瓶颈问题。

2010 年 1 月，湖北省政府批准了《湖北省小龙虾产业发展规划（2010—2015 年）》，省委、省政府决定从 2010 年起，连续 3 年，每年投入 6 000 万元用于支持稻虾产业发展，将用六年时间在全省建设一个小龙虾遗传育种中心，156 个规模化苗种繁育基地，在全省 50 个小龙虾主产县分别建立一个小龙虾加工出口原料养殖基地。

2010 年 1 月 27 日省政府发布了《湖北省人民政府关于实施小龙虾禁捕期的通告》，决定在湖北境内天然捕捞水域实施小龙虾禁捕期制度。实施小龙虾禁捕期的目的是为了加强小龙虾野生资源保护，加快种质资源修复，保障小龙虾产业持续健康发展。

2014 年湖北省委副书记张昌尔批示：各级党委、政府要充分认识推进稻田综合种养的重要意义，将其作为发挥优势抓"三农"的有力之举，因地制宜、突出重点，加大总结推广力度。

2015 年省委一号文件提出"加快发展特色种养，大力推广稻田综合种养、立体养殖等高效生态种养模式，提高农业经营效益"。

2016 年湖北省副省长任振鹤批示："稻虾共作"的综合种养方式，为全省确立了现代农业发展的新标杆，提供了农业供给侧结构性改革的新样板。

2016 年 11 月，湖北省发布了《湖北省农业发展"十三五"规划纲要》，提出要在全省打造小龙虾优势产业链。

2016 年 12 月，湖北省政府批准了《湖北省小龙虾产业发展规划（2016—2020 年）》，提出未来五年，小龙虾产业致力拓展"六条产业链"，建设成为全国"六大中心"。

2016 年 12 月湖北省农业厅发布了《湖北省渔业发展第十三个五年规划》，把"稻田综合种养推进工程"作为湖北省渔业发展的重要工程。

2017 年，湖北省出台了《湖北省小龙虾"十三五"发展规划》，明确了小龙虾"十三五"产业发展思路、方向和重点，凸显了政府在促进小龙虾产业发展过程中的指导作用。

2017 年，湖北省政协召开了"大力发展小龙虾产业，探索优质高效农业发展新模式"月度协商座谈会，会后整理形成了《关于大力发展小龙虾产业，探索优质高效农业发展新模式的建议》，有效促进湖北省各有关部门协调推进湖北小龙虾产业健康发展。

2017 年，湖北省农业厅专门出台了《关于推进小龙虾产业健康发展的通知》。

2018 年，湖北省委一号文件多次提到"发展稻田综合种养"，先后 3 次召开虾稻连作、稻渔综合种养以及小龙虾产业发展推进会，出台了《湖北省推广"虾稻共作稻渔种养"模式三年行动方案（2018—2020 年）》，省财政拿出 2.5 亿元专项资金支持虾稻共作、稻渔种养示范区和品牌建设。行动方案提出，到 2020 年，全省稻渔种养模式发展到700 万亩；实现亩产千斤稻，亩增收两千元；全省稻渔种养综合产值达到 1 500 亿元，电子商务年销售额超过 10 亿元。

2018 年，省政府在政府工作报告中提出支持潜江龙虾打造区域公用品牌。

2. 资金投入。 截至 2017 年底，湖北省有 40 多个市县成立了稻田综合种养推进工作领导小组，20 多个市县出台了发展规划，30 多个市县出台"以奖代补"扶持政策，积极推进适宜区域发展稻田综合种养。

2018 年，省财政拿出 2.5 亿元专项资金支持虾稻共作、稻渔种养示范区和品牌建设。湖北省政府将稻渔综合种养列入发展规划，每年拿出 3 000 万元用于支持稻渔综合种养，每年投入 1 亿元支持小龙虾良种基地建设。湖北省水产局编制了《湖北省稻田综合种养绩效考核管理暂行办法》，组建考核领导小组，推动省财政 1 000 万元"以奖代补"专项资金合理下达落实，还在省现代农业（水产）发展专项、渔业成品油价格改革财政补贴中安排资金，大力支持稻田综合种养苗种和生产示范基地建设。湖北省有 30 多个县（市、区）

发文明确稻田综合种养支持政策，积极推进适宜区域稻田综合种养模式的发展。例如，武汉市级财政出资 800 万元用于奖补全市稻田综合种养示范区建设，对验收合格的稻田综合种养示范区按照每亩 600 元给予补贴。洪湖市级财政出资 600 万元精准扶持新增稻田综合种养，其中连片面积 40～500 亩的，每亩奖补 200 元；连片面积 500 亩以上且有流转合同的，每亩奖补 300 元。孝昌县统筹资金 289.64 万元，对稻田综合种养连片基地和分散式养殖农户给予政策补贴，对稻田综合种养连片基地给予每亩 900 元的建设补贴，对贫困户和普通农户分别给予每亩 1 000 元和每亩 100 元的补贴。通城县把发展小龙虾稻田综合种养作为精准扶贫的一个重要产业措施来抓，采取以奖代补的形式，对虾稻综合种养面积达到 100 亩的，每亩奖补 1 000 元。

三、主要技术模式和经营模式

（一）技术模式

湖北省的稻渔综合种养模式中，虾稻生态种养是主导模式，其面积占全省稻田综合种养面积的 90％以上；其次是稻鳖和稻鳅模式，其他如稻蟹、稻龟、稻蛙等模式目前规模较小。

1. 虾稻生态种养模式。 选择地势低、保水性好的稻田，面积 10～50 亩，田埂加宽加高加固，开挖稻田环沟，移栽水草，水草栽植面积占环沟面积 30％左右。8 月下旬，亩放养规格 30g/只左右的亲虾 15～25kg，雌雄比例为 2∶1；或者 3 月下旬至 4 月上旬，每亩投放规格 250～500 只/kg 的幼虾 1 万～1.5 万只。3 月下旬至 5 月中旬加大投喂，如菜饼、豆渣、大豆、螺肉、蚌肉、莴苣叶、黑麦草等。实行轮捕轮放，实现稻虾连作、稻虾共作与小龙虾生态繁育的良性循环。该模式实现了稻田小龙虾全年生产以及自繁、自育、自产的良性循环，经济效益显著，可亩产小龙虾 150kg 以上（包括虾种、成虾、亲虾），亩产稻谷 650kg，产值可达 5 500 元以上，纯利润 4 000 元左右。

2. 稻鳖模式。 选择交通方便、地势平坦、保水性好的稻田，面积 10～50 亩，要求水源充足、水质良好。田埂加宽加高加固；开挖稻田环沟，环沟面积占稻田面积的 8％～10％；沟深 1.0～1.2m。在沟内种植水草。水草品种为轮叶黑藻、伊乐藻、水花生等，种植面积控制在环沟面积的 1/3 左右。清明前每亩投放活螺蛳 100～200kg。鳖种选择规格 500g/只左右的中华鳖，土池鳖种应在 5 月中下旬的晴天投放，温室鳖种应在秧苗栽插后的 6 月中旬投放，放养密度在每亩 100 只左右。虾为小龙虾，在 3 月至 4 月投放规格为 200～400 只/kg 的幼虾每亩 40～50kg 或在 8 月至 10 月投放抱卵虾每亩 20～30kg。6 月份在环沟内少量放养鲫、鲢、鳙夏花。水稻选择抗病虫害、抗倒伏、耐肥性强、米质优、可深灌、株型适中的中稻品种。栽插时采取宽窄行交替栽插的方法，宽行行距为 40cm，窄行行距为 20cm，株距均为 18cm。鳖的饵料为低价的野杂鱼或加工厂、屠宰场下脚料；虾以稻田内的天然饵料为主，适当补充投喂鱼糜、绞碎的螺蚌肉、屠宰场的下脚料等动物性饲料以及玉米、小麦、饼粕、麸皮、豆渣等植物性饲料；鱼以稻田内的天然饵料为食，不必专门投喂。投喂量根据天气、水质、水生动物的生长阶段以及摄食情况灵活掌握。该模式可达到亩产中华鳖 100kg 以上，大规格小龙虾 50kg 以上，水稻 500kg 以上。产值每亩

13 000元以上，利润每亩6 000元以上。

3. 稻鳅模式。 养鳅稻田应选择水量充足、排灌方便、保水、保肥性好，便于管理的稻田。面积不宜过大，一般1～5亩为宜。在稻田四周开挖宽0.5～1m、深0.3～0.5m的环形沟，再在稻田中央开挖"十"字形或"井"字形的田间沟，田间沟宽、深一般为0.3～0.4m，并与环沟相通。鱼凼深0.4～5m，每个面积3～5m²，形状可为方形、圆形及其他形状。稻田精养泥鳅一般沟凼面积约占稻田面积的5%～10%。加高加固田埂，建立防鸟防逃设施。插秧后放养鳅种，单季稻在第一次除草后放养（7月上中旬左右），亩放养量为：体长3～4cm鳅种2万～2.5万尾，体长5～8cm鳅种1.5万～2万尾。稻田泥鳅的饲料来源主要有两个方面，一方面是稻田自身或人为培育的天然饵料，另一方面是为补充天然饵料的不足而人工按时投喂的商品饲料。该模式可达到亩产泥鳅120kg以上，水稻500kg以上。产值每亩3 000元以上，利润每亩1 000元以上。

（二）经营模式——华山模式

华山模式在中国被认为是推进"四化同步"发展的成功样板，是现代农业的有益探索，得到了农业部、湖北省领导及专家的充分肯定和高度评价。农业部副部长于康震这样评价华山模式：促进了粮食生产、农民增收，经济效益成效显著；减少了农药化肥的使用，有利于生态安全、粮食安全和食品安全，生态效益明显提高；对土地流转、新农村建设等农村改革热点、难点问题做出了可喜探索，有利于促进"四化同步"和农村改革，社会效益突出。

可谁能想到，华山模式的载体居然是一只小龙虾。让虾稻产业唱主角，大手笔、大气魄做好"四化同步"发展和现代农业建设这篇大文章，是华山模式的独特创举和鲜明特色。

潜江华山水产食品有限公司，是著名的小龙虾水产品大型加工出口企业和国内唯一的甲壳素生产企业，坐落于潜江市熊口镇。2013年，熊口镇被列为湖北省"四化同步"发展试点镇，华山公司以此为契机，在"政府主导、企业主体、市场运作、农民自愿"的原则指导下，在熊口赵脑村开展迁村腾地、土地流转，一方面集中建设华山社区，安置进城农民；一方面投入巨资建设规模化、标准化的"虾稻共作"板块基地，然后再按每个养殖单元等价倒包给村里种养能手，并签订五年农田承包合同，养成的小龙虾由公司收购，种养收入全部归农民所有。公司通过农业合作社组织对基地建设、生产、管理实行"六统一"，即统一机械施工、统一养殖标准、统一农资供应、统一服务管理、统一产品收购、统一产品品牌。

在华山模式创建的短短三年里，赵脑村基础设施建设突飞猛进，村容村貌发生了翻天覆地的变化。现在已实现了粮渔增产、农民增收、企业增效和一、二、三产业齐头并进、融合发展的可喜局面。

华山模式就这样依靠虾稻产业，不仅为实现农民就地城镇化创造了条件，而且实现了工业化的龙头企业与以高效生态种养模式为支撑的农业现代化的完美结合，并插上信息化的翅膀，助推工业、农业腾飞，使困扰"四化同步"发展的诸多难题得到圆满解决。

华山模式告诉我们，渔业的发展不仅仅是渔业本身的发展，立足渔业又跳出渔业，着眼农民又放眼全局，使渔业大有可为。

四、特色品牌

湖北省在品牌建设方面的宣传颇见成效。首先，严格把控产品质量，支持开展"三品一标"认证，严格投入品使用，强化源头、过程管控和质量追溯，提升稻渔综合种养产品质量安全水平；其次，深入实施品牌培育计划，鼓励引导经营主体、行业协会、中介组织等参与稻渔品牌创建，通过参加农产品交易会、举办节庆活动，积极宣传推介稻渔品牌，打造一批具有地方特色、优质安全、在省内外具有较大影响力的知名稻渔品牌，提升稻渔综合种养效益。目前，湖北省依托稻田综合种养的优良品质，已为稻、虾产品打造了系列知名品牌，如荆门"香稻嘉鱼"、潜江"虾乡稻"、鄂州"洋泽"大米等稻米品牌；"楚江红""潜江龙虾""良仁"等小龙虾品牌；"虾小弟""虾滋味""楚江红"等电子商务品牌；"虾皇""五七""小李子""利荣红透天""潜憨直""聚一虾"等餐饮品牌，优质稻米、小龙虾等通过电子商务销往全国，年网络交易额超过 6.5亿元。

五、存在的问题

（一）种养技术示范推广力度不够

近年来，全省各地发展稻渔综合种养的热情高涨，例如武汉、荆州、咸宁等地都出台了相应的鼓励政策，农渔民们也看到了稻渔综合种养的较好经济效益，大量民间资本也纷纷进入或跃跃欲试正要进入。但多数缺乏有效的技术指导和培训，对可能存在的风险认识不足，最后出现"理想很丰满，现实很骨感"的结局。以湖北占主导地位的虾稻生态种养模式为例：尽管 2017 年小龙虾价格创历史新高，但是专家对 2 000 多名第一次养虾农户的调查结果表明，亏本、利润很薄（0 元到 2 000 元）、利润可观（超过 2 000 元），各占三分之一。三分之二的第一次养虾农户经济效益不理想，其根本原因在于没有真正掌握种养技术，技术普及率不高。

（二）规模化组织化程度不高

目前，湖北省稻渔综合种养仍以散户经营为主，养殖区域分散，规模偏小，100亩以下的农户占绝大多数，在很大程度上阻碍现代渔业的发展，不利于渔业基础设施和水产健康养殖标准化建设，不利于现代渔业科学技术特别是渔业信息化、智能化技术的推广应用，不利于水产品质量安全监管，不利于整合水产品流通市场、提高应对市场风险的能力，不利于打造渔业品牌。如稻渔综合种养模式生产的大米，由于化肥、农药使用量大幅降低，质量明显优于普通大米。但因为规模化、组织化程度不高，没有能力打造品牌，导致产品优质优价无从体现，从而严重影响农渔民的经济效益。

（三）种业体系亟待建立

在湖北省稻渔综合种养产业发展中，种业体系建设相对滞后，制约了稻渔综合种养产业的发展和竞争力的提高，具体表现：一是缺乏适合不同地域、不同种养模式的专门的水稻品种，导致水稻种植和水生动物养殖的生产茬口无法衔接；二是部分水产品苗种短缺或品种退化。以小龙虾为例，在"虾稻连作"阶段，苗种短缺成了制约产业发展的瓶颈问题。"虾稻生态种养"模式的出现虽然解决了苗种批量供应的难题，但由于养殖者掌握小龙虾自然繁殖的技术水平的差异，导致出苗有早有晚，养成的商品虾规格偏小。加之质量不稳定，苗种捕捞、运输、放养后的成活率较低，病害时常发生，影响了产品品质和养殖效益。因此，进行与小龙虾种业建设相关的种质资源调查、良种培育以及规模化苗种生产技术的研发工作亟待加强，完善的小龙虾种业体系亟待建立。

（四）疫病防控能力有待加强

由于农渔民普遍追求高产量以获取更好的经济效益，导致稻田内水生动物投放密度过高，再加上大量投饵，造成水体承载量超出了稻田生态环境的自净能力，最终病害问题日趋严重。在湖北的具体表现就是小龙虾白斑综合征病毒病（WSSV）呈上升趋势，给养殖户带来较大损失，且没有有效的治疗方法，制约了稻虾产业的健康发展。亟待建立小龙虾病害绿色防控体系，养殖用药规模化管理有待加强。

（五）"稻渔"产品精深加工滞后

我国水产品消费方式主要还是鲜活消费，影响水产品消费范围和消费群体的扩大，产品集中上市导致价格波动，方便家庭消费的水产加工品较少。以湖北省的稻虾产业为例：湖北省小龙虾养殖 85％以上是稻虾模式，5—6 月集中出货导致"虾贱伤农"，其他季节又集中缺货，导致消费旺季供不应求和断货；小龙虾可食用部分的比例仅占 16％～20％，综合利用率低，精深加工发展还有很大潜力，产品附加值并未完全得到开发，加工业有待大发展。

（六）产业引导有待加强

当前，湖北省稻渔产业的服务能力跟不上稻渔产业的发展，技术培训、生产指导还不能覆盖所有的经营主体，特别是新进来的种养户，往往无所适从，最后导致失败。不同地区、不同专家对稻渔的种养技术解释不一，甚至有的人不懂装懂、有的渔用饲药企业销售人员为推销产品充当技术员误导养殖者，给稻渔种养户带来困惑，有的甚至造成巨大损失，产业的正确引领有待加强。

六、发展对策

（一）加大示范推广的力度

相当一部分农渔民缺乏稻渔种养专业知识，不能满足生产需要，所以要定期对农渔民开展知识培训，政府职能部门应向农渔民免费赠送稻渔种养技术资料，提高其专业知识水平。在病害频发的季节、高温持久的盛夏，渔业主管部门要加强与专家和农渔业推广部门的联系，对农渔民进行稻渔种养关键技术重点培训，从而普及农渔民的稻渔种养专业知识，保障其经济利益。通过典型示范引导发展，是多年来在稻渔综合种养方面行之有效的措施。应坚持科技下乡，积极扶持科技示范户，发挥其带动作用和辐射作用，提高产业的规范化程度，实现产业化发展。

（二）加快培育新型主体

加快培育和提升现代渔业生产经营主体，是提高农渔民组织化程度，发展现代渔业的关键所在。"标准化生产、品牌化经营"是农业供给侧结构性改革的重要内容，是渔业转方式调结构的重点方向，必须通过培育新型经营主体，提高组织化程度来实现稻渔综合种养产业的标准化、品牌化。针对目前稻渔综合种养经营分散、组织化程度不高的现状，要坚持以农渔业生产规模化、标准化、产业化、生态化为基本方向，围绕提高农渔业效益、增加农渔民收入目标，坚持政府引导、农渔民主体、分类指导、稳步推进，加快形成以承包农渔民为基础、专业大户、家庭农渔场、农渔民专业合作社、农渔业企业为骨干，其他组织形式为补充的新型农渔业生产经营主体，不断提高稻渔种养生产组织化程度，不断完善农渔业生产经营体制机制。

（三）加速构建稻渔种养种业体系

加快适合不同地域、不同稻渔种养模式的水稻品种选育以及水生动物苗种规模化繁育技术研究，构建以企业为主体的商业化育种体系，解决种质优良的苗种规模化供应问题。支持企业联合科研院校，培育具有自主知识产权的优良品种，加快提升良种自主研发和供给能力。鼓励和支持良种场建设和相关科研工作。

（四）加强疫病测报和防控研究

稻渔综合种养，应当走"清洁养殖""绿色种养"的发展之路，而不能"穿新鞋，走老路"，盲目追求产量和效益而不顾产品品质和生态环境。要加强健康养殖标准化操作规程制定，逐步推行稻渔种养的标准化、规范化、规模化。对于病害，一方面要大力宣传以"预防为主"的理念，另一方面，我们要加强疫病防控研究，早日解决小龙虾白斑综合征等疾病的有效治疗方法，建立病害绿色防控体系。

（五）加快发展水产品加工业

水产品的加工与深加工潜力巨大，应加快发展方便、保质、利民的水产加工产品。例如小龙虾，餐饮业的虾壳量几乎是小龙虾产量的 50% 左右，应加快发展小龙虾副产物的综合利用和精深加工，生产出甲壳素、虾青素、壳聚糖等高附加值产品，不断向医药保健、化工与环保等领域拓展。

（六）加强复合型技术人才建设

目前，湖北省虾稻产业中普遍存在"种稻的不会养虾、养虾的不会种稻"的局面，各地渔农民掌握小龙虾养殖技术的水平参差不齐，有的甚至是一无所知，制约着虾稻产业的发展。因此，要加大虾稻综合种养复合型技术人才培养力度，培养造就一大批既懂种稻又懂养虾的职业农民，促进虾稻综合种养技术进步，促进农业科技成果转化。

湖北省水产技术推广总站

汤亚斌

第十七章　2018 年湖南省稻渔综合种养产业发展分报告

湖南俗称"鱼米之乡"，全省耕地面积 379 万 hm²，其中水田 290 万 hm²，占 78.8%，拥有宜渔稻田 86.7 万 hm²，约占水田面积的 30%，仅次于四川，位居全国第二。2017 年，全省稻渔综合种养面积 22.15 万 hm²，水产品产量 19.02 万 t，占全省水产品养殖产量 232.04 万 t 的 8.2%。

一、稻田养鱼的发展历程

湖南省稻田养鱼历史悠久，湘西、湘南是我国稻田养鱼的发源地之一。地处湘南的临武县、宜章县一带，稻田养鱼历史可追溯到两千多年前的汉朝。南北朝时，永兴一带也兴起了稻田养鱼。明清时，湘西靖州、乾城（今吉首）等地也有了稻田养鱼。那时大都以鲤为养殖对象，靖州等地还选育了优良地方品种呆鲤，且能孵化鱼苗和培育鱼种。晚清至民国，稻田养鱼在全省更加普遍，湘西、湘南等地都广泛利用稻田养成鱼或培育鱼种。湘东、湘北等部分地区如平江、临湘、安化等地也开始进行此项生产。总体来看，新中国成立前湖南省稻田养鱼生产上以自发分散为主，技术上以平板式稻鱼共生为主，饲养方式简单粗放、品种单一。

新中国成立后，湖南省稻田养鱼迅速推广普及，稻田养鱼技术不断改进，养殖品种逐渐增加，养殖区域由山区发展到丘陵和洞庭湖区，养殖面积和产量一度居全国二、三位，特别是近年来环洞庭湖区稻虾种养产业异军突起，推动了全省稻渔综合种养迈向新的历史阶段。纵观湖南稻田养鱼的发展历程，可分为五个发展时期。

（一）传统稻田养鱼的恢复和发展时期（20 世纪 50 年代至 60 年代初）

20 世纪 50 年代经历了第一次发展高潮，稻田养鱼得到迅速恢复和发展。1952 年湘西、湘南稻田养鱼面积达 3.3 万 hm² 以上，产鱼 4 500t。1957 年稻田养鱼产量 5 366t，占全国稻田养鱼产量的 77.63%。到 1958 年稻田养殖面积发展到 23.2 万 hm²，创湖南省历史记录。生产方式以传统的平板式稻田养鱼模式为主，一般不进行投喂和管理，单产和效益均较低。由于家鱼人工繁殖技术还没有推广普及，稻田养鱼苗种来源困难，成为限制稻田养鱼发展的第一大瓶颈。

（二）萎缩期（20世纪60年代初至70年代末）

随后的1960年代初至1970年代中期，农药在水稻生产上大量推广使用，稻田养鱼模式没有与迅速发展的双季稻匹配，稻鱼共生相冲突，稻田养鱼萎缩，1978年全省稻田养鱼面积仅0.53万 hm^2，为湖南省历史最低点。

（三）模式创新期（20世纪80年代初至90年代初期）

20世纪80年代初至90年代初期经历第二次发展高潮。经过探索，形成了丰产技术模式。由平板式稻田粗放养鱼的单一模式，逐步发展成各具特色的多种模式，适合小丘块的沟凼模式，适合丘陵区的沟塘模式，适合平湖区的宽厢深沟模式，适合山区的窄垄深沟（半旱式稻田养鱼或垄稻沟鱼）模式。稻田养鱼品种由原来的鲤、鲫、草鱼，增加了鲢、鳊、罗非鱼、革胡子鲇、青虾、田螺、泥鳅等种类。稻田养鱼由依靠稻田中天然饲料，发展到结合人工投喂饲料，单产水平大幅提高，"千斤稻百斤鱼"已由典型示范到形成一定规模。稻田养鱼结构由稻鱼双元复合发展为稻、莲、萍、茭白、菜（瓜果）、禽、食用菌、鱼等多元复合结构，生物多样性增强，稻田蓄水能力增强，生产功能大幅提升，生态功能增强。1980年稻田养鱼面积2.67万 hm^2，1985年发展到19.13万 hm^2，1994年达到22.67万 hm^2，接近历史最高水平，总产4.1万 t，单产180kg/ hm^2，在当时均为历史最高时期。

（四）稳步发展期（20世纪90年代中期至21世纪初）

这一时期的特点是，伴随新型城镇化战略的实施，大批农民工进城就业，农村出现空心化，加之农资价格上涨较快，种田比较效益低，不少地方出现农田抛荒现象，客观上为土地流转和发展模式化养鱼提供了有利条件。稻田养鱼作为稳粮增收的重要措施在各地推行。1995年省水产局将涟源、祁东等8个县作为第一批稻田养鱼基地县，推广基地模式化稻田养鱼新技术，当年全省稻田养鱼面积25.11万 hm^2，产鱼5.76万 t。1999年省委、省政府将13.3万 hm^2 模式化稻田养鱼扶贫增收工程入12大农业工程，在全省68个县市实施，大力推广稻鱼工程技术和稻田养殖名特优品种新技术。到2000年全省发展稻田养鱼面积35.5万 hm^2，产成鱼9.41万 t，培育鱼种4.4万 t，其中扶贫增收工程实施面积9.35万 hm^2，产鱼7.59万 t。通过十多年的持续发展，稻田养鱼成为湘南、湘西地区发展农村经济的重要产业。

（五）转型发展期（十八大后至今）

以免除农业税、实施乡村振兴战略为标志，国家陆续出台鼓励支持农业发展相关政策，省委、省政府将稻渔综合种养作为农业结构调整、产业扶贫致富农民、治理农业面源污染的重要抓手。新型农民合作组织大量涌现，农田流转政策逐步理顺，稻渔综合种养模式不断创新，特别是湘北地区稻虾产业异军突起，带动全省稻渔综合种养呈现井喷式发展。2013年发展种养面积18.59万 hm^2，水产品产量8.38万 t；2017年，全省稻田养鱼面积22.15万 hm^2，水产品产量19.02万 t，占当年水产品养殖产量的8.2%。其中稻虾面积6.7万 hm^2，产小龙虾10.57万 t，分别占全省稻渔面积、产量的31.6%、55.57%。

二、产业现状

(一) 面积产量

2017 年，全省稻渔综合种养面积 22.15 万 hm²，水产品产量 19.02 万 t，分别比 2016 年增加 39 590hm²、92 009t，增长 21.76% 和 93.68%。其中稻虾面积约 6.7 万 hm²，约占全省稻渔种养面积的 31.6%，稻田养虾产量 10.57 万 t，55.57%。

2013—2017 年稻渔综合种养面积、产量见表 17-1、图 17-1、图 17-2。

表 17-1　湖南省 2013—2017 年稻渔综合种养养殖面积、产量情况

项目	2013	2014	2015	2016	2017
面积（hm²）	185 866	165 616	171 369	181 934	221 524
产量（t）	83 760	69 498	81 388	98 209	190 218

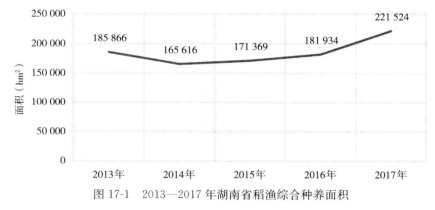

图 17-1　2013—2017 年湖南省稻渔综合种养面积

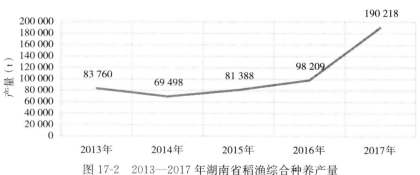

图 17-2　2013—2017 年湖南省稻渔综合种养产量

稻渔综合种养在 14 个市州均有分布，除湘西、湘南地区等传统稻田养殖区稳步发展外，环洞庭湖区益阳、岳阳、常德三市近年来快速发展，并逐渐成为湖南省稻渔综合种养新的增长点。2017 年三市稻渔种养面积 58 913hm²、水产品产量 115 198t，平均单产 1 955kg/hm²，高出全省平均单产 996kg/hm²，分别占全省面积、产量的 26.03% 和 60.56%（表 17-2、图 17-3、图 17-4）。

表 17-2 2017 年各市州稻渔综合种养面积、产量及单产水平

地区	市、州	面积（hm²）	占全省面积比重（%）	产量（t）	占全省产量比重（%）	单产（kg/hm²）
湘东、湘中	长沙市	2 830	1.28	2 054	1.08	726
	株洲市	1 747	0.79	747	0.39	428
	湘潭市	530	0.24	1 543	0.81	2 911
	娄底市	16 293	7.35	11 663	6.13	716
	邵阳市	19 822	8.95	5 868	3.08	296
湘南	衡阳市	15 885	7.17	10 925	5.74	688
	郴州市	15 016	6.78	6 358	3.34	423
	永州市	49 381	22.29	24 103	12.67	488
湘北	常德市	10 038	4.53	11 367	5.98	1 132
	岳阳市	16 204	7.31	29 308	15.41	1 809
	益阳市	32 671	14.75	74 523	39.18	2 281
湘西	怀化市	21 484	9.70	7 509	3.95	350
	张家界市	450	0.20	285	0.15	633
	湘西自治州	19 173	8.66	3 965	2.08	207
全省		221 524	100.00	190 218	100.00	859

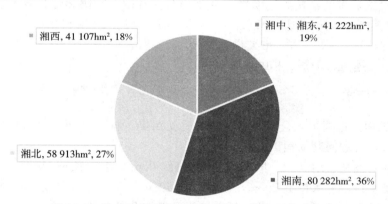

图 17-3 湖南省各区稻渔综合种养 2017 年面积及占比

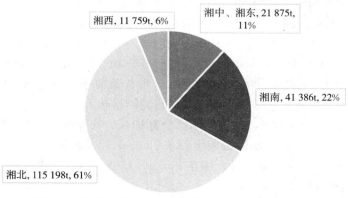

图 17-4 湖南省各区稻渔综合种养 2017 年产量及占比

（二）产业布局与主要模式

从产业规模来看，目前全省稻渔综合种养基本形成了以"郴州高山禾花鱼"为标示品牌的湘南稻鱼、稻鳅模式，以"辰溪稻花鱼"为标识品牌的湘西稻鱼模式和以"南县小龙虾"为标志品牌的环洞庭湖区稻虾模式的分布格局。从种养模式上看，全省稻渔综合种养主要有四种模式：

1. 稻鱼模式。全省范围都有，以丘陵山区为主，养殖的品种主要有鲤、鲫、草鱼、鲢、鳙、乌鳢等，主要采用沟式、沟凼式和宽沟式田间工程养殖。稻鱼结合上主要有一季稻＋鱼，双季稻＋鱼和再生稻＋鱼等模式。一般亩产稻谷 500kg 左右，鱼 50～100kg，亩纯收益 1 500 元左右。

2. 稻虾模式。主要集中在洞庭湖区域，利用水源充足、水质条件较好、地势低洼的一季稻田养虾。采用稻虾共生和稻虾连作两种模式。一般在 3—4 月投放苗种或 8—9 月投放亲虾，水稻在 4 月底 6 月初移栽。亩产稻谷 600kg 左右，小龙虾 100kg 左右，亩纯收益 3 000 元左右。

3. 稻鳅模式。主要养殖品种为大鳞副鳅和台湾泥鳅，集中在祁东县、绥宁县、零陵区、郴州市等地。一般亩产稻谷 500kg 左右，泥鳅 120kg 左右，亩纯收益 3 000 元左右。

4. 稻鳖模式。多为稻鳖共生模式，主要分布在益阳、常德和怀化等地。水稻间距采用宽窄行稀疏种植，宽行可达普通水稻的 3 倍。稻、鳖均采用有机生产标准。一般亩产稻谷 500kg 左右，鳖 80kg 左右，亩纯收益 4 000 元左右。

此外，还有莲鱼、稻蟹、稻蛙等种养模式。

（三）关键技术

1. 田间工程。选择阳光、水源充足，水质无污染，排灌方便，旱涝保收，蓄水能力强，土地肥沃，管理便利的稻田，尽可能成片。

养鱼田埂要加宽、增高，一般要求高出田面 50cm 以上，顶宽 40cm。在田埂对角线上开好进、排水口，进水口宽 30cm，排水口宽 40cm，并设置两层以上拦鱼栅和尼龙网，防止鱼逃逸。稻＋小龙虾、稻＋鳖、稻＋蟹要沿田埂设置围栏。

在田边或田中挖鱼凼，凼深 80～150cm。凼依田大小而定，一般开成正方形，边长 4m 以上，一般不用水泥砌护。田中开鱼沟，沟宽 50cm，沟深 30cm，沟呈"十"字形、"井"字形或"目"字形等形状，并与鱼凼相通。一田一凼，凼沟面积占稻田面积的 8%～10%。如果不开挖鱼凼，可沿田埂内侧开挖深 1m，宽 1m 以上的围沟，不用水泥砌护。在鱼凼或围沟上立棚架，种植藤本植物如丝瓜、葡萄等遮阴防鸟；田埂上种植玉米、高粱或菜用大豆，增加产出。养殖青蛙还需用尼龙网搭建天网。

2. 清田消毒。已养鱼稻田，如果冬季已全部捕获，春季要清田消毒。消毒药物用生石灰、茶枯、漂白粉等。石灰水消毒用生石灰 750～1 500kg/hm²，加水搅拌后，均匀泼洒。茶枯清田消毒，水深 10cm 时，用茶枯 75～150kg/hm²。漂白粉清田消毒，水深 10cm 时，用漂白粉 60～75kg/hm²。

如是新建的水泥沟凼，首先要脱碱。每立方米用总酸度≥3.5g/100mL 的食醋 500mL

稀释100倍液泼洒沟凼四周和底板，每天泼洒3次，连续泼洒3d后，测pH＜8.0，并刷净水泥沟凼后注上新水即可。

3. 水稻品种及鱼种选择

（1）水稻品种选择及栽培。选择茎秆粗壮、抗倒伏、抗病虫能力强的优质杂交稻组合或常规稻。采用平板式栽培，可酌情在田中间开一条沟；采用起垄栽培，机械插秧的可按两幅插秧宽度设计沟厢的宽度，沟深20～30cm，作业往返一次无需跨沟。一季稻抛秧或手栽的按140cm开厢起垄，垄厢宽100cm，垄沟宽40cm，垄沟深30cm。垄上种4行水稻，行株距30cm×16.5cm，每公顷插足15万穴，每穴插2粒谷秧，每公顷插足75万～90万基本苗。水肥病虫管理要兼顾鱼。

（2）鱼种选择及放养。小龙虾品种选择克氏原螯虾（俗称小龙虾），以自繁苗为主，也可在有资质的苗场购买；泥鳅苗种可选择泥鳅（俗称本地泥鳅）或大鳞副泥鳅（俗称台湾泥鳅）；鳖种选择中华鳖；蛙种选择黑斑蛙或虎纹蛙。山区稻田养鱼以鲤为主，选择地方优势品种建鲤，适当配养芙蓉鲤鲫、草鱼；鲤：鲫：草鱼配养比例为8：1.5：0.5。水稻移栽后10～15d放养鱼苗。放养前试放鱼苗100～200尾。放养10cm以上的冬片鱼苗，一般每公顷放养4 500尾。

4. 鱼稻管理

（1）适量投饵。在充分利用稻田中的杂草、昆虫基础上，可人工投饵。按照"四定"原则进行投饵，定时、定点、定种类、定量。晴天投饵，阴天、雨天酌情不投或少投。

（2）日常巡查。坚持每天早晨、傍晚巡查，查看有无漏水，鱼栅、田埂有无损坏；查看有无蛇、鼠、鸟危害，做好天敌防范，发现有问题及时处理。暴雨天气要注意防涝防逃。

（3）调节水位。前期稻田水深保持10～16cm，随着水稻生长，鱼体长大，适当增高水位。当苗数达到预期穗数的80%左右时，可灌深水控制禾苗的无效分蘖代替晒田。

（4）稻田施肥。稻田施肥以有机肥为主，化肥为辅。施足基肥，施优质厩肥10 000～15 000kg/hm²，45%缓控释肥300kg/hm²；移栽后5～7d及时施分蘖肥，施充分发酵后的农家肥2 250～3 000kg/hm²，全田撒施，施尿素75kg/hm²、氯化钾75kg/hm²；幼穗分化始期施穗肥，施充分发酵后的农家肥1 500～2 250kg/hm²，全田撒施。

（5）稻鱼病虫防治。水稻病虫害主要防治稻纵卷叶螟、稻飞虱、二化螟、稻曲病、稻瘟病、纹枯病等。坚持"预防为主，绿色防控"的防治策略。选用抗病品种、种子消毒、控肥控水、深水灭蛹等技术，推广灯光诱杀和性引诱剂诱杀技术，实施综合防治，减少农药使用次数和使用量。选用安全、高效、低毒的对口农药开展药剂防治。防治二化螟、稻纵卷叶螟使用20%氯虫苯甲酰胺150mL/hm²；防治稻飞虱使用50%吡蚜酮180～270 g/hm²；防治稻瘟病每公顷使用75%三环唑375～450g；防治纹枯病每次用5%井冈霉素可溶性粉剂1 500～2 250g/hm²，对水1 000～1 500kg/hm²喷施。鱼病防治坚持"以防为主，以治为辅"的原则。选用优质亲本、加强苗源的病源管控，加强生长环境的管控，防止出现过密、高温、低温等逆境。主要鱼病有赤皮病、烂鳃病、细菌性肠炎、寄生虫性鳃病等。选用无病无伤，体质健壮的鱼苗。有条件的可以先对鱼种进行疫苗注射。入田前用2%～3%的食盐水（小龙虾慎用）浸泡10～15min消毒。在高温季节用1mg/L漂白粉沿鱼沟、鱼凼食场周围挂袋，预防细菌性和寄生虫性鱼病。用大蒜、鱼腥草拌料投喂，对鱼的主要病害都有一定预防效果。

三、主要做法

（一）加大政策扶持，助推产业发展

近年来，省委、省政府高度重视稻渔综合种养，将其作为农业结构调整、产业扶贫致富农民、治理农业面源污染的重要抓手。2015 年，省畜牧水产局与扶贫办联合发文《关于大力发展稻田综合种养加快贫困农民脱贫致富的指导意见》；并将"发展稻渔综合种养"的内容写进了《湖南省"十三五"农业现代化发展规划》（规划已经省人民政府批准发布），明确要求"要因地制宜发展稻渔综合种养，到'十三五'末全省稻渔综合种养面积达到 33.3 万 hm²"。2017 年 4 月在益阳南县召开全省稻田综合种养工作推进现场会，明确要求把稻渔综合种养纳入当地农业发展规划和现代农业发展的重点支持领域，引导金融信贷资金和社会资本投向稻渔综合种养。2018 年省畜牧水产局启动"稻渔综合种养示范县"创建工作，每年投入资金 4 000 万元，支持 10 个稻渔种养大县，每个县给予 400 万元的专项支持，连续支持 2 年，要求每县每年新增稻渔综合种养 1 300hm² 以上。与此同时，湖区各县市相继出台扶持政策，在基地建设、种苗繁育、品牌培育推广、养殖保险等方面给予资金支持。近 3 年来，全区各县整合涉农资金 3 亿元以上，支持稻虾产业发展，仅南县累计投入各类扶持资金 1.2 亿元。

（二）加强技术研发，创建示范基地

近年来，为助推稻渔产业有序发展，各县市主动与涉农科研院所合作，实施产学研推一体化战略，加强技术研发与模式集成，通过办点示范、技术培训、现场指导等方式，为稻渔产业健康发展提供技术支撑。根据全省稻渔产业发展现状，在品种选择上以禾花鲤和小龙虾为重点，提纯复壮湘西呆鲤，在湘南湘西地区推广稻田宜养的建鲤、芙蓉鲤、芙蓉鲤鲫、湘云鲫（鲤）等鲤鲫新品种，在湘北地区推广小稻田繁育一体化技术，实现苗种自繁自育；在养殖模式上，重点推广资源节约、环境友好型稻渔生态种养新技术，有效减缓农业面源污染，实现一地双业、一水双用、一田双收，促进稻渔产业向绿色、高效、生态发展。2015 年在祁东、衡东、衡山、新化、安化、临湘等 6 个县市开展稻田综合种养示范，每县安排推广专项经费 100 万元，示范面积 200 多 hm²；2016 年又在望城区、衡山县办了两个稻田种养综合示范点，同时切实抓好国家两个稻田综合种养农业综合开发项目的实施；2017—2018 年分别指导南县君富稻虾种养专业合作社、华容天星洲龙虾种养合作社创建了全国稻渔综合种养示范基地；2018 年结合稻田重金属污染治理种植结构调整项目试点，开展了以稻渔综合种养模式改种稻为种草养虾、养蟹，仅长沙市望城区就完成了 1 300 多 hm²。

（三）培育新型经营主体，提升产业集中度

近年来，各县市通过规范农村土地管理制度，制定农村土地经营权流转奖励办法等举

措，引导农民以土地承包经营权入股稻渔种养合作社，提升产业集中度。按照"政府引导、民间组织、市场运作"的方式，大力培育新型经营主体。据统计，2018年环洞庭湖区从事稻虾种养的公司108家、专业合作社（协会）826家，家庭农场773家，经营稻虾种养面积近6万hm²以上，占全区稻虾面积70%以上，从业人员达5.6万人，小龙虾经纪人6 000人，带动就业机会1.6万个，入社农民人均年增收3 000元以上。在"高山禾花鱼"地理标志农产品的品牌带动下，郴州市近年来发展了5家禾花鱼养殖企业，23家禾花鱼养殖合作社。2017年该市禾花鱼养殖面积2 333hm²，年鲜活禾花鱼产量700多t，养殖产值4 000多万元，实现禾花鱼米增值4 000万元，带动实现二、三产业产值2亿元。特别是该市北湖区、苏仙区、桂东县通过连续举办禾花鱼美食文化节等活动，已成为当地乡村旅游的一大亮点。2018年该市禾花鱼养殖面积增加到了0.37万hm²。

（四）加强品牌建设，促进三产融合

在品牌建设上湖南省稻渔综合种养基本形成了以湘南"郴州高山禾花鱼"、湘西"辰溪稻花鱼"、湘北"南县小龙虾"为代表的农产品地理标志品牌。"南县小龙虾"2017年获评中国农产品地理标志保护产品，南县2018年荣获"中国虾稻之乡"称号，全县拥有稻虾米无公害产品认证2个、绿色食品认证10个，拥有小龙虾绿色食品认证3个。环洞庭湖区从事小龙虾加工企业20家，年加工能力17.3万t，2018年加工小龙虾原料7.1万t，出口创汇2 800万美元；岳阳、常德、益阳等地通过全域旅游观光平台，举办休闲农业观光节、美食文化节等活动，有力拉动了小龙虾消费，提升了小龙虾的社会知名度，推动了稻虾产业种养加有机融合发展。在"辰溪稻花鱼"品牌的带动下，辰溪县发展稻花鱼养殖专业合作社、养殖专业户300多家，养殖面积0.73万hm²，原始产品产值上亿元，形成了完整的鱼苗繁育、鱼病防治、养殖，以及产品加工、网络销售等一系列完整产业体系，优质稻花鱼畅销全国各地。

（五）发挥产业优势，助推精准扶贫

稻渔产业具有投资少、管理简便、见效快、便于推广的特点，近年来，各地结合实际，将稻渔综合种养纳入精准扶贫重点产业项目，通过发展稻渔综合种养，助推精准扶贫。2015年湘西土家族苗族自治州明确要求各县市整合资金支持稻渔综合种养，并将其纳入全州"十三五"扶贫规划，予以重点支持，2018年全州稻渔综合种养面积达到了0.5万hm²；娄底市新化县近3年来每年争取稻渔综合种养扶贫资金1 000万元，对稻田采取标准化建设，按贫困户1 800元/亩，示范户1 200元/亩进行补贴。同时利用小额信贷金融杠杆，为稻渔产业服务，全力打造全县稻渔综合种养支柱产业，2018年该县稻渔综合种养面积达到了1万hm²；郴州市在2015年出台了《稻田养鱼项目扶贫实施方案》，统一全市禾花鱼资源，打造郴州高山禾花鱼品牌，该品牌在2016年12月通过了农产品地理标志认证。南县县委、县政府将稻虾模式列入重点扶贫产业，2018年全县贫困户发展稻虾综合种养近1 300hm²，有效带动15 000名贫困人口脱贫，基本达到了一亩稻虾助推一人脱贫的效果。

四、存在的主要问题

当前，湖南省稻渔综合种养发展势头较好，但也存在一些急需解决的问题。一是基础研究不深入。存在基础理论研究碎片化和不系统、不深入的问题，如共生系统良性发展的临界条件、物质能量的利用效率和转化规律、稻田长期淹水可能导致土壤潜育化等研究有待深化。二是技术不配套。湖南省生态类型多样，不同地区品种搭配、水稻栽插方式、水产品放养方式以及稻渔田间生产农机配套等还不够完善。目前稻虾种养是湖南省环洞庭湖区稻渔综合种养的主要模式，小龙虾苗种的培育、选育及病害防控体系还未建立。三是综合开发有待加强。稻渔综合种养具有绿色、生态、安全的特点，但不少地方在优质稻、生态米、优质水产品的开发力度不大，地理标志产品的开发和品牌创建才刚刚起步，特别是水产品深度加工转化还有待加强。

五、发展思路

稻渔综合种养投入少、风险小、见效快、效益好，是贫困地区脱贫致富的好帮手。湖南省有发展稻渔综合种养的基础与优势。全省中稻与一季晚稻种植面积约 110 多万 hm^2，其中适宜开展稻田综合种养的在 67 万 hm^2 以上，湖南省"十三五"农业现代化发展规划要求"发展稻田综合种养 33.3 万 hm^2"，发展空间和潜力还很大。因此，加强对稻渔综合种养工作引导，统筹处理好稳粮与增收、生态与生产、种植与养殖之间的关系，加快发展稻渔综合种养前景广阔。下一步将重点做好以下三个方面的工作。

1. 强化组织领导，形成发展合力。在各级政府的统一领导下，争取多部门联动。积极争取发改、科技、国土、商务、金融、扶贫等部门在稻渔综合种养发展规划编制和项目立项、稻渔综合种养核心技术及新品种和新模式的研发、稻渔综合种养保险等方面给予大力支持。

2. 着力协作攻关，搞好技术配套。加强与种植业主管部门紧密联合，共同开展区域协作攻关，着力破解技术瓶颈，深化机理研究。引进筛选一批主导品种和主推技术，丰富现有稻渔综合种养技术模式。通过制定操作规程和加快农机农艺融合，推进稻渔综合种养规模化、标准化、集约化，引导优势区域做好产业化、品牌化，做到上下联动，合力推进。

3. 搞好配套服务，促进产业快速发展。鼓励农（渔）民进行土地流转，推动稻渔综合种养向大户、专业合作社和龙头企业集中；选择有基础、有优势、有积极性的地区，建立一批示范区；鼓励发展多样化水产品加工和稻米加工，引导建设地方性水产品和稻米交易市场，发展"互联网＋"等农村电商；开展绿色、有机水产品和稻米产地认定和产品认证，打造绿色、有机水产品和稻米品牌；探索建立实施种养基地可追溯体系，确保产品质量和安全；进一步提高稻渔综合种养从业者素质。

湖南省水产科学研究所　湖南省水产学会

王冬武　王湘华

第十八章　2018年广东省稻渔综合种养产业发展分报告

为全面贯彻党的十九大精神，牢固树立绿色发展理念，在农业农村部的大力支持下，在全国水产技术推广总站的指导下，广东省积极发展稻渔综合种养，保障老百姓的餐桌安全，提高土地产出率，增加农民的收益，对于广东省实施乡村振兴战略和推进内陆山区精准扶贫提供了很好的方式。现就将有关情况总结如下：

一、基本情况

广东省历来有稻田养鱼的传统。早在唐代，广东省就曾有利用稻田养殖鲩（草鱼）的记载。新中国成立后全省的稻田养鱼起伏较大，20世纪50年代稻田养鱼面积曾高达50万亩，其后的30多年逐渐减少，最少的1978年只有1.38万亩，而1988年则上升至近40万亩。20世纪90年代，全省有50个县（市）实行了稻田养鱼，养殖面积较大的主要分布在山区的乐昌、怀集、梅县、五华、信宜、罗定、郁南、连山、连州等县（市），在平原区则主要分布在番禺、高要等市。后又逐渐萎缩。近年来，伴随着生态农业的兴起，稻渔综合种养也作为一种传统中赋予新兴元素的种养模式逐步在省内部分山区市发展起来。广东省北部山区发展稻田养鱼好处很多，因地制宜地整合了土地、水面、生物和非生物资源，提高了土地综合效益，在不额外占用耕地的情况下，既能稳定粮食生产，又能提供优质水产品，有效增加农民收入，因此很快成为粤东北内陆山区开展精准扶贫的一个重要的产业模式。

目前广东省稻渔综合种养产业主要集中在粤东北地区，这些地区气候温润，溪水丰足，独特的气候地理条件和不用或少用农药、化肥的耕种习惯，使稻田养鱼作为一种传统的种养方式在当地保留和传承下来。随着人们饮食观念的改变而呈现出良好的市场前景和发展空间。2017年全省发展稻渔综合种养面积约5万亩，产量达900t，产值5 000多万元，主要养殖品种有禾花鲤、克氏原螯虾、澳大利亚淡水龙虾及四大家鱼等，种养模式主要以稻鱼共作、稻虾共作为主。已建成国家级稻渔综合种养示范基地1个，打造国家级示范性渔业文化节庆1个，注册稻鱼品牌4个，其中获得有机产品认证1个，无公害产品认证1个。

（一）韶关市

韶关市山清水秀，气候宜人，水稻种植面积有185万亩，按15%的标准测算，适合发展稻田综合种养的面积有 27 万亩。同时，该市具有悠久的稻田养鱼历史，1983 年曾召开过现场会进行推广，高峰期养殖面积达到 6 万多亩。因此，利用山区水质优良的优势，发展稻渔综合种养潜力巨大，前景广阔。该市稻渔综合种养面积超过 2.5 万亩，水产品年产量 388t，主要分布在乐昌市和乳源县。其中乐昌市养殖面积 12 975 亩，平均水产品产量为每亩 20kg，市场价格平均 100 元/kg，产品多销往乐昌、韶关和深圳等地。2017 年全市稻鱼种养面积达到 2.5 万余亩，比 2016 年增加 5 000 多亩；优质禾花鱼产量 625t，比 2016 年增加 190t。

韶关乳源瑶族自治县大桥镇中冲富民蔬菜专业合作社是广东省首家入选国家级稻渔综合种养示范基地。该基地采用"合作社＋农户"的经营模式，稻渔综合种养下的稻谷（干谷）平均亩产达 500kg，产量比单纯种稻提高了 15%，稻谷加工后米粒大，饱满度高，色泽油亮；禾花鱼平均亩产达 25kg，味道鲜嫩，无泥味。按普通干谷 4 元/kg 的市场价计算，稻谷亩产值为 2 000 元，禾花鱼售价为 100 元/kg，亩产值为 2 500 元，稻鱼合计亩均产值达 4 500 元，除去鱼种、谷种和人工费用等每亩 400 元的投入，亩均利润约为 4 100 元，比水稻单作亩均利润提高了 3 倍。合作社稻渔综合种养示范基地种植的优质油黏米，亩产干谷可达 500kg，去壳后的稻米约为 300kg，经合作社统一包装和网络销售，售价为 16 元/kg，稻谷亩产值达到了 4 800 元，加上禾花鱼亩产值 2 500 元，稻鱼亩产值为 7 300 元，亩均利润达 6 000 元以上，种养效益非常可观。合作社为出产的稻米和禾花鱼注册了"韶京古道"和"品乡土"商标，对稻米进行统一包装，并利用现代电子商务渠道进行网络销售，销量和售价得到大大提升，油黏米的价格卖到了 16 元/kg，是普通大米的 2～3 倍，禾花鱼卖到了 100 元/kg，产品供不应求。2017 年，合作社的禾花鱼并入韶关市水产技术推广站和韶关市水产协会创建的预订销售平台进行产后销售服务。

（二）清远市

清远市稻渔综合种养面积达到 2 万亩，水产品产量 500t，产值 2 850 万元，平均每亩稻田比单纯种植稻谷增加产值 1 500 元。种养区域主要分布在连山县、连南县、连州市等。目前，稻田养出的商品鱼（以放养本地鲤为主），市场价格为 60 元/kg 以上，是普通鲤价格的 4～5 倍。连南县共有稻田 4.55 万多亩，其中宜渔稻田 1.5 万多亩。目前，已经推广发展稻田鱼养殖的有 0.63 万亩，其中已经建设稻鱼模式化工程的有 0.3 万亩。至 2017 年年底，稻田鱼产量达 195t，产值 1 560 万元；另外有机稻产量 2 215t，产值 1 108 万元，每亩稻田综合种养比单纯种植稻谷增加产值 2 200 元。模式化工程参与农户数达到 3 300 多户，辐射带动农户近 2 万户。

（三）河源市

河源市和平县发展稻田养殖小龙虾，实行公司化经营模式。种植水稻选择优质高产什交稻广 8 优金占品种，按当地气候约 4 月进行第一季水稻插秧种植，第二季 7 月插秧。水稻田采用有机肥和低氮复合肥，不打农药，采用杀虫灯等设备杀虫。当年 3 月从湖北潜江引入克氏原螯虾品种（小龙虾）投苗，6 月开始陆续捕捞上市，采取捕大留小的方法。全年养殖可陆续捕捞和繁殖。以一亩水田一造产虾 100kg 计，一年可生产小龙虾两造，全年产量可达200kg，以回收价格40元/kg来计，每亩水田产虾年销售收入8 000元，除去虾苗及其他费用5 000元，每亩水田养虾年可创收3 000元。米产量平均一季约200kg，全年400kg，按6元/kg回收，全年水稻产值2 400元，除去谷种及肥料1 400元，水稻收入约1 000元。公司项目发展的是高产值的小龙虾，通过加大资金及科技的投入，变粗放型为集约型，使农业综合效益成倍增长，公司示范基地的规模化建成还可以带动其他服务行业的发展；并为休闲农庄、休闲渔业及生态旅游创造了很好的基础环境。基地水源、水质保护较好，农户养殖的农田使用农家肥料，不使用农药，因此不会对虾和环境造成污染，符合绿色环保产品的要求，并且小龙虾能吃掉虫害，保田丰收。

二、主要经验与做法

（一）组织宣传推广，加强技术研发

一是成立专业合作社，带动周边农户发展，其中乐昌市成立了5个稻田养鱼专业合作社，逐步实现了由传统粗放型养殖向集约化规模化转变。清远市共成立稻田养鱼专业合作社4家，有机稻种植专业合作社3家，以生产有机稻和稻田鱼为主的家庭农场6家，经营面积达到800亩，参与农户150户，辐射带动附近农户1 000多户，带动面积3 000多亩。另外，清远市为扩大稻田鱼的影响力，自2014年开始，每年9月份收获稻田鱼时节，在连南县举办"稻田鱼节"活动，打造"稻田鱼"品牌，推动稻田养鱼产业发展。

二是借助科研院所来加强技术研发。乳源县畜牧兽医水产局聘请珠江水产研究所黄樟翰教授，开展禾花鲤的选育、提纯研究。

（二）加强示范带动，强化技术服务

主要采取"五个一"的模式进行推广。一是一个体系支撑，依托水产技术推广体系，开展试验示范、培训推广、技术指导等服务。二是一个组织推动，通过水产行业协会发挥其自身的职能作用，推动稻渔综合种养产业的发展。推广过程中，协会主要做好信息平台、预定平台的建设、维护、信息发布、预定产品发布，订单管理、客服、品牌创建等工作。例如，打造了韶关"岭南稻乡"和清远连南"稻田鱼"品牌。三是一个平台连接，运用互联网＋的思维，建立稻田鱼预订电商平台，实现产销对接。同时，把消费者引流到乡村田野，推动农产品就地销售，实现农民增收，客户享乐的双赢效果。四是一个专项资金的扶持，通过政府专项资金方式带动社会资金参与，通过财政资金的引导作用，激发企业和养殖户的生产积极性，推动稻渔综合种养产业发展。五是一个产业融合，将稻渔种养与三产融合。通过举办禾花鱼节及禾花鱼预订平台，吸引游客到农村享受下田捉鱼、吃鱼的乐趣，带动乡村旅游的发展。

（三）加强品牌建设，促进渔业提质增效

1. 明确指导思想。 在水产业的发展中，无论是供给侧结构改革，渔业的转型升级，精准扶贫，还是水产品质量安全，发展健康养殖，提高农民收入，都要抓好水产品的品牌

建设。只有品牌，才能反映质量，只有质量才能反映安全，只有安全才能反映价值，只有价值才能反映价格，只有价格才能反映农民的收入。好品牌带来好质量，好质量带来好价值，好价值带来好价格，好价格带来农民的好收入。因此抓好水产品的品牌建设尤其重要，是山区水产业发展的重要战略措施之一，必须统一思想，提高认识，确实把主要精力集中到抓好品牌建设当中来。

2. 明确发展思路。 实施双品牌发展战略，推动山区水产业振兴。政府重点抓好公共品牌的建设，养殖户、企业则配合公共品牌的宣传和打造，兼顾自有品牌的宣传。公共品牌是主力，是发展重点，是发力点，因此，政府主要精力应该重点花在打造公共品牌上，在宣传、资金上给予重点支持。这就要求在品牌打造上，树立一盘棋的思想，也就是说全市上下一盘棋，共同打造公共品牌。只有全市上下齐心协力，才能共同打造出一个既有当地特色，又有知名度和影响力的公共品牌。

3. 明确发展抓手。 打造公共品牌的抓手有两个，一是政府管理部门直接打造，二是以行业协会为抓手进行打造。韶关的做法是通过政府的扶持，以行业协会为抓手进行打造。其好处是能充分发挥行业协会在组织生产、质量监管、信息发布、技术推广、招商引资、产品销售的桥梁沟通作用，政府发挥的则是指导、扶持、监管作用。

4. 明确具体措施。 重点是依托水产行业协会的岭南水产信息网、岭南水产电商平台，推行"一个公共品牌，一个平台监管，一个平台销售，一个平台追溯。"的品牌打造模式，打造韶关"岭南稻乡"公用品牌，推动韶关市水产品质量的转型升级。

一个公共品牌是指"岭南稻乡"，使人们形成一个到韶关吃水产只认"岭南稻乡"品牌的思维定势，从而使"岭南稻乡"逐步走出韶关，走出广东，走向全国和世界。

一个平台监管是依托水产行业协会的岭南水产信息网，建立会员黑名单制度。对所有生产"岭南稻乡"产品的会员，从生产到产出的全过程进行监督，凡是违反标准进行生产的会员，将通过信息平台进行曝光，以提高会员按标准生产的自觉性。

一个平台销售是所有的"岭南稻乡"产品，都必须通过岭南水产电商平台或协会指定的销售网点进行销售。只有这样才能严把质量关，杜绝造假行为。

一个平台追溯是在岭南水产信息平台建立产品追溯系统，使水产品的生产实现全程可追溯，使消费者买得放心，吃得安心。

通过上述"四个一"的打造模式，使韶关水产品质量有了进一步的提升，品牌知名度已初步树立起来，如 2018 年 8 月在广州渔博会参展的岭南稻乡禾花鱼，销售价达到176 元/kg，因养殖禾花鱼而生产的禾花米，卖到 56 元/kg。

（四）打造"稻田鱼"节庆，带动发展旅游业

"稻田鱼"节的渔业品牌效应带动下，当地的旅游收入取得了快速增长，经济带动效应十分显著。2017 年 10 月 25 日，根据农业部渔业渔政管理局《农业部办公厅关于公布2017 年休闲渔业品牌创建主体认定名单的通知》文件精神，连南瑶族自治县"稻田鱼文化节"被认定为"国家级示范性渔业文化节庆（会展）"。在此基础上，把少数民族地区极具地域特色的渔业生态文化节庆提升档次，推向全省乃至全国，打造省级休闲渔业文化品牌，推进休闲渔业质量提升，推进渔业与旅游业的融合发展，成为地方旅游热点，有效

促进地方产业发展。

自 2014 年以来，连南县已连续四年举办了四届稻田鱼文化节。四年来，农业生产、旅游收入取得了极大增长。稻田鱼文化节通过组织"万人渔乐"、举办"田间摸鱼""以鱼会友"钓鱼比赛等活动，营造宣传营销切入点，邀请在国家、省、市有较高影响力的媒体现场报道，制造轰动效应，扩大瑶山稻田鱼、米的知名度，为打造岭南瑶族风情小城，建设瑶族山水宜居、旅游、宜商名称打好基础。与此同时，加入稻田鱼美食汇、音乐啤酒派对、小型农产品集市等内容，丰富活动内涵，吸引珠三角、广深珠和清远周边县市区的外地游客，进一步提高连南稻田鱼的知名度和美誉度，进一步打造连南稻田鱼"旅游＋休闲渔业＋"品牌。稻田养鱼是连南瑶族山区传统的一项综合种养方式。据统计，2017 年连南县旅游接待游客 279.13 万人次，旅游综合收入 10.71 亿元，分别同比增长 3％和 2％，旅游业带动的消费，大大拓宽了农民的收入来源。

三、主要效益

通过建立稻渔共生生态循环系统，提高了稻田中能量和物质循环再利用的效率，减少了病虫草害的发生和农业面源污染，改善了农村生态环境和卫生环境，从而提高了稻田可持续的利用水平。据统计，稻渔综合种养的水田，化肥、农药使用平均减少 50％以上，促进了水产绿色发展。

1. 实现了提质增效。农药、化肥的使用减少，促进了有机稻、有机鱼的生产，提升了产品质量和价格。从 2018 年的情况看，韶关市的禾花鱼每 500g 在 30～50 元，稻米价格每 500g 在 3～20 元，稻米价格提高了 1～10 倍，其中中冲村合作社的稻渔综合种养效益显著，全社发展稻渔综合种养面积 1 560 亩，示范基地种植的优质油黏米，亩产值 4 800 元，禾花鱼亩产值 2 500 元，稻田亩产值为 7 300 元，亩均利润达 6 000 元以上。

2. 实现了以渔促稻。稻田综合种养综合效益的提高，调动了农民种稻的积极性。如韶关市大桥镇水稻种植面积由三年前的 60％增加到现在的 97％，原来丢荒的农田基本上又种上了水稻，水田复耕效果显著。

3. 促进了三产融合发展。据不完全统计，韶关市禾花鱼节期间，开展以捉禾花鱼为主题的各种活动 30 多场次，参与人员 6 000 多人次。其中河渡村、中冲村的禾花鱼节活动 3 500 多人次，直播点击量 7.2 万人次。韶关的禾花鱼开始走进千家万户，并被广大市民接受，"岭南稻乡"禾花鱼的知名度逐步提高。

四、存在的主要问题

（一）养殖户对稻田养鱼新技术推广认识不到位

自给自足的传统思想难以改变，制定的养殖措施和技术得不到落实，对稻田养鱼资金投入不足，导致产量不高，开发力度不够，养殖效果不明显。

（二）创建品牌意识薄弱，产业链短，产业化经营程度低

广东省传统种植以分散经营为主，缺乏龙头企业带动，没有形成加工、流通、营销等市场机制。同时，广东省内陆山区人均占有土地很少，土地集中整理改造难，产业化程度低。

（三）试验示范推广力度和稻田养鱼开发力度不够

以清远市为例，近年来，稻田养鱼发展面积为 2 万亩，仅占全市适宜发展稻田养鱼面积的 25％左右。

（四）基础投入不足，基础设施薄弱，抵御自然灾害的能力较低

由于政府投入相对不足，农民自主筹资较为困难，致使养殖基地内的水、电、路、渠等设施建设相对滞后，抵御旱涝灾害的能力较低。发展后劲不足。

（五）稻田养鱼养殖品种和养殖方式较为单一

目前广东省粤北山区稻田养殖品种以鲤为主，梅州、河源地区主要以小龙虾为主，这与珠三角地区不吃鲤的饮食习惯有冲突，如果要把稻田鱼向全省推广有一定的难度。而鲫走水性强，防逃难度大，当地养殖户不是很欢迎。

五、发展思路与对策

深入贯彻乡村振兴战略，落实转方式调结构的农业供给侧结构性改革发展战略，通过政策引导、主体培育、品牌创建、科技支撑、人才培训等，系统推进全省稻渔综合种养产业，并实现与一、二、三产业的融合发展。

（一）完善产业发展政策

各级政府要把稻渔综合种养作为发展内陆山区地区农村经济、带领他们脱贫致富的重要内容来抓。稻渔综合种养是一项系统工程，要完善产业发展政策，制定全省稻渔综合种养发展规划，在起步阶段给予适当的财政补贴和扶持政策。扶持建立示范基地，鼓励大胆探索创新，不断总结经验，支持产前、产中、产后全方位做好社会化服务工作，走出一条高速高效发展稻渔综合种养的新路子。

（二）加大科技创新力度

加大扶持良种繁育场建设的力度，扩大禾花鱼种苗繁育基地，培育优质丰富的禾花鱼苗种，解决稻田养殖苗种瓶颈问题；支持对稻田养鱼优良品种的引进和开发，调整品种结构和养殖模式。在品种选择上既要考虑经济效益，更要考虑生态和社会效益。支持各地通过举办稻渔综合种养培训班、发放宣传资料、组织科研院所的专家和技术人员下乡等方式，着重从稻田工程、品种选择、养殖管理、疾病防治、捕捞以及稻米认证、创建品牌等

方面传授和推广稻渔综合种养技术，提高广大养殖从业者的技术水平。

（三）推进一、二、三产业融合发展

发展稻渔综合种养，要与渔业养殖、加工、流通、营销、休闲、旅游观光等紧密结合起来，以有效推动一、二、三产业融合发展。推进国家级、省级稻渔综合种养示范基地的建设，开展连片示范，扩大示范带动效应。进一步加强对稻田鱼（虾）的环保、安全和民俗传统等方面特色的宣传，争取更大的市场空间和经济效应。推进稻渔综合种养与休闲旅游结合，培育休闲渔业精品。将稻渔综合种养与休闲渔业挂钩，树立稻渔种养特色品牌，着力打造健康生态旅游水产品，提高稻田养鱼产业化经营程度。支持打造"广东省连南瑶族自治县稻田鱼文化节""韶关禾花鱼文化节"等节庆，支持旅游品牌文化建设。借力"醉美连南"等全域旅游平台，拉动品牌渔业发展。

（四）创新经营模式，发展基础建设

要突出抓好农民合作社和家庭农场两类农业经营主体发展，赋予双层经营体制新的内涵，不断提高农业经营效率。通过培育稻渔种养专业合作社和家庭农场等新型经营主体，发展新型集体经济，提高组织化程度，完善和规范管理机制，大力发展规模化养殖模式；同时也可吸收社会资金，投入农田基本改造建设方面。

（五）打造鱼米品牌，增加综合效益

以市场为导向，稳粮增收为目标，加强稻渔种养的生态理念，推动稻鱼"三品一标"、生态食材评定等认证工作，提高稻渔种养优质大米的价值和综合生产效益。同时，支持和鼓励养殖户、合作社和企业创办集生产、休闲、消费和娱乐于一体的多形式多产业合作机制，如"农家乐""禾花鱼农场"等，延长产业链，探索长效发展机制。

广东省海洋与渔业技术推广总站

罗国武

第十九章 2018 年广西壮族自治区稻渔综合种养产业发展分报告

一、发展沿革

(一) 广西稻田养鱼历史悠久

早在三国时期，桂东北地区就有稻田养鱼的记载，到唐末五代时期，利用稻田进行稻鱼生产已较普遍。唐昭宗年间，刘恂在《岭表异录》记述："新泷等州，山田栋荒，平处以锹锄，开为町疃，伺春雨，丘中贮水，即先买鲩鱼于散水田中，一、二年后，鱼儿长大，食草根并尽，即为熟田又收鱼利。乃种稻，且无稗草……"，可见当时广西西江一带及桂北的农民已掌握了草鱼的食性，利用草鱼作为开荒的手段，熟练运用了稻鱼轮作技术发展稻田养鱼生产。清代乾隆时曾把全州县的"禾花鱼"列为贡品。

(二) 近代广西稻田养鱼经历了几个起落

1. 第一个起落 (1938—1949 年)。1938 年广西省养殖面积达到 174.7 万亩，产量 2 325.6t，占全省淡水养鱼产量的 23.5%，年产量为新中国成立前历史最高；1949 年新中国成立前夕，养殖面积降至 49 万亩，产量仅 600 多 t。

2. 第二个起落 (1952—1980 年)。1952 年养殖面积迅速升至 195 万亩，产量 6 006t，占广西省淡水鱼养殖产量的 24.7%；之后，由于在水稻生产的耕作制度上，提倡浅灌、化肥和农药的施放量增加等稻作措施，特别是对"以粮为纲"方针的片面理解，稻田养鱼面积及产量连年下降，到 1980 年，广西稻田养鱼面积已降到 30 万亩，产量降到 272t 的最低点。

3. 第三个起落 (1982—2003 年)。我国农村实行家庭联产承包责任制后，农村商品经济的发展，使广西稻田养鱼面积逐步恢复到 60 万亩、产量 4 500t 左右；从 1990 年开始，广西稻田养鱼面积及产量逐年上升，至 1997 年广西稻田养鱼面积及产量分别为 132.92 万亩、2.56 万 t；从 1998 年开始逐年下降，至 2003 年，广西稻田养鱼面积降为 52.7 万亩、产量降为 1.6 万 t。

(三) 近年广西稻田养鱼经历了十多年的平稳发展期

1. 缓慢发展期 (2004—2015 年)。这十几年，广西稻田养鱼仍然是传统的稻田养鱼模式，养殖品种单一，一家一户小规模生产，生产效益较低，对社会投资没有吸引力，因此发展一直处于缓慢，甚至停滞不前的状态。2004—2015 年，全区稻田养殖每年发展面积、产量均在 53 万~68 万亩、1.5 万~1.7 万 t 之间徘徊。

2. 起步提升期（2016 年至今）。2016 年后，受其他省份高效的稻田养殖模式影响，加上生态农业和循环农业发展的要求，广西各级政府开始重视稻田种养的发展，出台政策，鼓励开展稻渔综合种养示范，不断加大资金和技术力量的投入，推动了全区稻渔综合种养的迅速发展，2016 年、2017 年和 2018 年（截至 10 月）的养殖面积分别为 69.5 万亩、71.5 万亩和 105 万亩，水产品产量分别为 1.8 万 t、2 万 t 和 5.5 万 t，面积和产量实现了大幅度增长。

二、产业现状

（一）布局

广西稻田综合种养的发展规模呈现三个等级，一是传统养殖区，约占全区稻田养殖总面积的 70%以上，主要分布在桂中、桂北地区，以桂林市的全州县、兴安县、灌阳县和柳州市的三江县、融水县为主。近年来养殖设施不断改进，但养殖品种单一，经营模式仍然是一家一户的分散经营为主。二是连片开发区，达到全区稻田养殖总面积的 20%以上，主要分布在桂东南地区，以贵港市的桂平市、港北区，玉林市的陆川县、博白县，南宁市的隆安县、上林县，梧州市的龙圩区为主，养殖规模连片，养殖品种多样化，经营模式以企业或合作社经营为主，具有现代稻渔种养特征。三是示范启动区，全区多达 50 多个县区因地制宜开展了数十亩至数百亩不等的稻渔综合种养示范（表 19-1）。

表 19-1　2018 年广西各市稻渔种养发展面积情况

区域	面积（亩）
南宁市	4 500
柳州市	233 400
桂林市	548 100
梧州市	4 200
北海市	12 000
防城港市	22 500
钦州市	1 500
贵港市	46 800
玉林市	49 500
百色市	22 500
贺州市	28 500
河池市	60 000
来宾市	15 000
崇左市	1 500

（二）效益

1. 经济效益。 稻渔综合种养在促进农业提质增效、农民脱贫致富的作用巨大，开挖鱼坑占用的种植面积，可通过宽窄行种植方式补足稻株，水稻产量基本不受影响。水产养殖产生的氮磷是水稻的肥料，可大量减少稻田的化肥用量，而水产养殖生物摄食稻田的昆虫，减少了水稻病害，降低了种植成本，提升了产品质量，可作为有机稻谷销售，平均价格高出 50% 左右。稻渔综合种养不用或少用化肥、农药，稻田水产品主要以农业下脚料、虫子、杂草、浮游生物、微生物等为食，品质极佳，符合当前的消费习惯，适于打造优质品牌和申报有机农产品。目前，稻渔综合种养产出水产品基本全部以鲜活产品形式销售，平均价格 30 元/kg 左右，可增加亩纯收入 1 500～4 000 元；部分稻渔综合种养区结合发展休闲旅游和生态旅游后，效益更加明显，如融水县在金秋烤鱼季，禾花鲤销售价格可达到 80 元/kg，经济效益极为显著。2016 年全区稻渔种养面积 69.5 万亩，稻谷产量 38.7 万 t，水产品产量 1.8 万 t，总产值达 21.9 亿元，2017 年 71.5 万亩，稻谷产量 40.0 万 t，水产品产量 2 万 t，总产值达 25 亿元。

2. 社会效益和生态效益。 稻渔综合种养的设施改造提升了蓄水量，可以有效地延缓旱情，增强了抵御自然灾害的能力。稻田养殖的鱼类食用大量的蚊子幼虫和螺类及底栖昆虫，可以降低疟疾、丝虫病等严重疾病的发病率。同时减少了农药的使用。稻米品质和质量安全水平也得到提高。据测算，稻鲤、稻鳅养殖模式化肥使用量下降 50% 以下，稻螺模式不使用化肥，仅使用有机肥。可见，发展稻渔综合种养，既可守住耕地红线，确保粮食安全，又提升了农田单位效益；对水产养殖业而言，则是拓展了发展空间和产业规模。更为重要的是，种养结合的农业生产模式，有利于稳定农民种粮积极性，提高农产品质量安全水平；有利于农业生产结构调整优化，农民致富奔小康，提高农民组织化程度；有利于改善农村农业生态环境，社会效益和生态效益极其显著。

（三）测产结果

2017 年，广西水产技术推广总站组织有关市站对"广西稻田生态种养十大模式"示范基地中的 16 个企业或合作社进行测产：稻田总面积 1 865 亩，平均亩产水稻 439kg，产值 2 985 元，亩产水产品 116kg，产值 4 872 元，合计亩产值 7 857 元，比水稻单作（对照组）单位面积总产值增加 6 116 元，即产值提高近 4.5 倍。

（四）政策

2016 年渔业油价补贴政策调整总体实施方案，将稻渔综合种养列为重点支持发展的项目。2017 年落实专项资金 3 000 多万元，支持开展良种体系建设、田间工程建设、技术模式研发与示范推广、基地建设等。2018 年在广西 36 个县区实施稻（藕）渔生态综合种养开发项目，支持建设田间工程和渔业生产设施、休闲渔业设施等，项目总投资 1.9 亿元，其中财政支持资金 4 562 万元，占 2018 年广西渔业油价补贴政策调整一般性转移支付（渔业生产类）项目资金的 45%。2013 年以来，累计投入财政资金 1 亿多元，支持建设稻渔综合种养示范基地 110 多个，示范面积达 5 万多亩。

三、主要技术模式

(一) 三江"一季稻＋再生稻＋鱼"模式

该模式是在总结传统的"一季稻＋鱼"（一年仅种一季稻谷和收获一次稻田鱼）模式基础上创新发展起来的，是利用一季稻收获后培植再生稻，稻田中继续放养鱼类的一种生产方式。再生稻是在一季稻成熟后，收取稻穗，留下稻株下段1/3的植株和根系，经施肥和培育后，让其再长出第二季稻子。在稻田养殖鱼类贯穿全部过程，田埂可套种瓜菜类。该模式一般亩产水稻550kg以上，比"一季稻＋鱼"水稻增产10%，亩产水产品50kg以上，亩增收3 000元以上。2016年三江县稻田养鱼面积7.46万亩，其中"一季稻＋再生稻＋鱼"1万多亩，该模式已在柳州等市县迅速推广。

(二) 全州"稻＋高产禾花鱼"模式

全州禾花鱼2000年被评为桂林市名牌农产品，2012年获农业部批准登记为禾花鱼农产品地理标志保护产品，2016年全州县稻田养殖禾花鱼面积2.03万 hm²，产量6 300.28t，占全县水产品总量的24.16%。该模式是对传统的稻田平板式养鱼工程进行升级改造，即采取池塘养殖技术，对稻田进行坑沟工程改造，在田头挖一个较大的鱼坑或宽沟，开挖面积占田块面积的8%~10%，一般水稻不减产，能亩产禾花鱼50~150kg，亩增收2 000~5 000元。该模式示范单位广西桂林绿淼生态农业综合开发有限公司，在全州县才湾镇七星村委流转稻田面积620亩，进行农田小块变大块、建设小窝流水养殖池和高标准的稻鱼工程，创新"稻＋高产禾花鱼"模式，公司因此荣获2017年全国稻渔综合种养模式创新大赛金奖，成为全国6个金奖得主之一。

(三) 灌阳"稻＋鱼鳅龟鳖黄鳝等多品种混养"模式

该模式是在稻田田头坑养殖禾花鲤模式的基础上，增加投放泥鳅、龟鳖、黄鳝、田螺等多品种混养的稻渔综合种养模式。要按照混养品种的生物学特性，对稻田工程进行一定的改造，如加深加宽鱼坑、设置防逃设施等，分阶段进行鱼类、泥鳅、龟鳖、田螺、黄鳝的放养，并采取相应管理措施。该模式一般水稻不减产或略有增产，能亩产水产品150kg以上，其中禾花鱼60kg、泥鳅40kg、田螺50kg，亩增收7 000元以上。该模式示范单位广西灌阳绿之源生态农业综合开发有限公司荣获2017年全国稻渔综合种养模式创新大赛绿色生态奖。

(四) 龙圩、融水、陆川"稻＋螺"模式

龙圩"稻＋螺"模式是对稻田加高夯实，建设微流水系统，在投放田螺种苗前施放有机肥在田中发酵培育基肥，养殖过程中根据田螺生长情况进行追肥，数据显示水稻一般不减产，亩产田螺500kg以上，亩增收5 000元以上。目前，龙圩区田螺养殖面积已达到2 000亩，比2015年增长了7倍，现有田螺养殖合作社8家，带动农户563多户（其中贫困户263户）。融水县和陆川县发展"稻＋螺"模式已有一定规模，出现了一些典型，如

融水县拱洞乡龙培村、龙令村、龙圩村三个贫困村已发展稻田养螺示范区 1 100 亩，陆川县广西丰兄农业开发公司发展稻田养螺 270 亩。该模式推广单位梧州市水产畜牧试验场荣获 2017 年全国稻渔综合种养模式创新大赛绿色生态奖。

（五）融水"稻＋河蟹"模式

融水县山区水资源丰富，水量充足，气温适宜，具有发展稻田养蟹的先天自然条件。融水县"稻＋河蟹"模式主要是在种植高原生态优质黑糯米的稻田里投放大闸蟹苗种。稻田养蟹模式的技术流程包括稻田改造、水草种植、螺蛳投放、蟹苗放养、套养鱼苗、水稻种植、投喂方式、高温季节管理、收获或补苗、尾水处理等。以融水县品山土特产电子商务有限公司为例，该公司在融水县三防镇建设稻田养蟹基地 230 亩，已注册有"禾花蟹"商标，并已获得原产地产品认证，黑香糯通过有机认定，2017 年河蟹亩均产 80kg，亩产值 1.62 万元，亩纯利润突破 1 万元。

（六）田东、桂平"稻＋小龙虾"模式

小龙虾是目前全国稻渔综合种养产业规模最大的品种之一，广西各地近几年引进养殖，规模养虾基地不断涌现。该模式主要在稻田四周开挖环沟养殖小龙虾，一般水稻不减产或略有增产，小龙虾单产可达 200kg 以上，亩增收 1 万元。百色田东天骄水产养殖公司于 2016 年在田东县林逢镇英和村建设小龙虾规模化标准化养殖池面积 200 亩，通过以"公司＋基地＋合作社＋农户"的方式，发展养殖 20 亩以上的小龙虾养殖示范户 5 户，发展小龙虾养殖 5 亩以上农户 20 多户，发展 5 亩以下农户 30 户。广西桂平维军生态农业科技投资有限公司在桂平市南木镇投资 1.5 亿元建设万亩稻虾基地，2017 年底已流转田地 3 500 亩，2018 年 5 月投放虾苗。贵港市港北区千亩稻虾基地也已建成，计划 2018 年 7 月投产。

（七）南宁横县"稻＋鳖"模式

稻田养鳖模式以南宁市横县海棠黄沙鳖养殖场"稻＋鳖"模式为代表，稻田养鳖面积 103.73 亩。稻鳖工程建设防逃墙，在稻田中开挖"口"字形沟。黄沙鳖需跨年养殖，在天气转凉时将未达到上市标准的小规格鳖搬至深水池塘暂养越冬。该模式水稻不减产或略有增产，黄沙鳖单产 300kg 以上，比水稻单作产值增加数万元。

（八）钦南"稻＋南美白对虾"模式

该模式主要是对稻田进行"小改大"改造和水利设施改造，实施进排水分渠，在田间开挖虾池、虾沟，扩大稻田养殖水体。该模式水稻不减产，对虾亩产量可达 100kg，亩增收 5 000 元以上。目前钦州市钦南已发展稻渔生态养殖模式的水田面积 13.33hm²，以钦州市家雷水产养殖有限公司最为典型，2014 年投资建设钦南区虾虾乐现代特色农业生产示范区，其中建设"稻＋南美白对虾"模式生态养殖水田面积 200 多亩。

（九）宁明"稻＋蛙"模式

宁明县稻田养蛙模式主要利用鱼蛙吃虫习性，构建稻蛙生态共生模式。稻田上要加设

防逃网和防鸟网，饲料台设置为网状弹性食台，当蛙进食时跳动弹抖颗粒饲料形成"活体饵料"，提高蛙的进食率。该模式示范点有两个：宁明县明江镇花山田园现代农业核心示范区和寨安乡安阳村六才屯，面积共 189 亩，其中，核心示范区 139 亩，安阳村六才屯 50 亩。该模式水稻不减产，虎纹蛙亩产 600kg 以上，亩增收 9 000 元以上。

（十）贵港、灵川"藕＋鱼"模式

该模式的主要工作是进行藕田改造，加固田埂，建设鱼沟、鱼坑进行养殖。贵港市覃塘区现代农业核心示范区莲藕种植面积多达 1 000 多亩，其中藕田套养泥鳅、禾花鲤养殖示范基地 50 亩。灵川县桂莲农业投资有限公司爱莲荷花园在灵川县九屋镇江头村建设藕田养鱼 200 多亩，亩产禾花鱼 100kg 以上，产值 5 000 多元，亩产莲子 150kg，产值 1.5 万多元，藕、鱼种养产值达 2 万多元。

四、品牌特色

（一）全州禾花鲤

2000 年广西全州县注册了禾花鱼商标，2000 年全州禾花鱼被评为桂林市名牌农产品，2006—2008 年建成 15 万亩的稻田禾花鱼无公害养殖基地，2012 年全州禾花鲤获农产品地理标志保护产品。

（二）三江稻田鲤

2017 年三江稻田鲤获得农产品地理标志保护产品。三江稻田鲤口呈马蹄形，身体柔软光滑，呈纺锤形，在广西柳州市三江侗族自治县全县均有养殖，总面积 5 400hm²，总产量 3 500t。

（三）融水田鲤

融水田鲤属鲤科温水性小型鱼类，原产于广西融水县，属中国土著鱼类，是具有地方特色的养殖品种，以水稻落花、水中微生物为食，因其脊背处有金黄色的条纹，所以当地俗称"金边鲤"或"金边禾花鲤"。融水田鲤种苗繁育场于 2015 年选育出金边禾花鲤，2016 年获国家"苗山金边禾花鲤生态原产地保护产品"，2017 年通过有机转换产品认证，已注册商标"大苗山金边"。2018 年融水田鲤申报农产品地理标志产品。融水县每年举办历时四个月的"金秋烧鱼季"。融水田鲤苗种繁育场选育出来的金边禾花鲤，苗种已销往湖南、贵州、云南等周边省份。

（四）绿淼生态农业

广西桂林绿淼生态农业有限公司"稻渔瓜果生态共作"立体高效种养模式，即田块 90％面积种植富硒稻，10％面积深沟养鱼，同时，利用鱼沟上方空间种植藤科蔬果，每亩综合效益可达 1 万元以上。荣获 2017 年全国稻渔综合种养模式创新大赛金奖。2018 年 6 月示范区基地挂牌成立桂建芳院士工作站，已申报 2018 年国家级稻渔综合种养示范区。产品专注生产绿色生态、富硒、有机农副产品，示范区"三品一标"认证率达 100％。

（五）维军生态农业

广西桂平维军生态农业科技投资有限公司在素有"粮仓"之称的桂平市南木镇创建"维军生态农业产业园"（万亩稻田综合种养休闲观光核心示范区）。目前已建核心区 3 500 亩，核心产品桂平黄沙鳖属农业部地理标志登记保护产品，水稻已获得有机认证。2018 年，维军生态农业荣获"广西农村致富带头人示范基地"荣誉。已申报 2018 年国家级稻渔综合种养示范区。

（六）稻渔种养绿色生态模式品牌建设

广西桂林绿淼生态农业有限公司、广西灌阳绿之源生态农业综合开发有限公司、广西融水元宝山苗润特色酒业有限公司、梧州市水产畜牧试验场等四家单位荣获 2017 年全国稻渔综合种养模式创新大赛绿色生态奖。

五、存在问题

（一）对稻渔种养产业认识不足

社会各界对稻田功能性认识比较单一，停留在以种植水稻和生产粮食为主的观念上，对其种、养、观光、生态等多功能认识不足，特别对稻渔综合种养在稳定粮食生产、增加渔业产量、增加农民收入、减少面源污染、提高农产品质量等方面的重要意义与作用缺少足够的认识，没有把稻渔综合种养作为一个重要产业来抓。《土地管理法》《基本农田保护条例》等相关法律法规中的"禁止在基本农田挖塘养鱼"在理解上有偏差，很大程度上制约了稻渔综合种养规模化、产业化经营发展。

（二）专项扶持政策措施较少

目前，自治区政府尚未出台促进稻渔综合种养产业发展的政策文件，专项扶持政策措施仅仅停留在单一部门。自治区财政预算尚未安排专项资金，市县的资金投入也不多，在完善田间工程、品种选育推广、技术指导培训等方面缺乏资金投入，难以有效推动产业发展壮大。广西农渔分家行政管理体制导致稻田种与养联动较少，在产业发展规划、项目资金安排、示范基地建设、技术指导培训等政策措施方面难以形成合力。

（三）稻渔设施整体标准较低

由于资金投入不足，导致田间工程完善、品种选育推广、技术指导培训等方面不足，创建的稻渔综合种养示范基地不多，已经建设的示范基地整体标准化程度比较低，示范基地面积小的 200～500 亩，大的 3 000 亩左右。大部分稻田工程达不到现代稻渔生态种养的基本标准，田间基础不规范，水容量、进排水系统、防洪防逃措施等达不到发展稻渔综合种养的需要，"人放天养"现象比较多，产量和效益不高。

（四）种养技术队伍缺少联动

发展稻渔综合种养产业既要种好稻也要养好鱼，提高种粮综合效益。目前现状是种养产业分开、技术分离，种粮农户种得好水稻的不会养鱼，养殖农户养得好鱼的种不好稻，缺少稻渔综合种养技术。稻渔综合种养产业在生产、教学、科研等方面尚未有效结合，还未组建集农科教、产学研、繁育推于一体的团队，在水稻品种筛选、鱼类品种繁育、稻鱼茬口衔接、机械化技术、信息化技术以及生产环节中用药、用肥、用水等方面还缺乏系统研究与攻关。

（五）规模化产业化程度较低

稻渔综合种养经营主体还是以农户为主，种养大户和企业参与不多，缺少龙头企业带动，三产有机融合度不高，尚无突出影响力品牌。养殖品种繁杂、区域分散，各个品种在广西各地都是零星发展，没有形成主打品种和优势主产区。规模不大、产量不多，没有形成"成行成市"的市场销售渠道，更没有加工业的强力拉动。稻渔产品消费市场尚未形成，加工程度极低，与湖北潜江小龙虾形成一定规模的、较长产业链的稻渔产业差距甚远。

六、发展对策

（一）发展思路

全面贯彻党的十九大精神，牢固树立创新、协调、绿色、开放、共享"五大发展"理念，坚持突出生态主导，把握水稻主体，利用种养技术手段，达到生态、社会、经济效益相统一。以现代特色农业园区和渔业园区建设理念，通过优化模式与技术，实现区域化布局、规模化开发、标准化生产、产业化经营、专业化管理，逐步构建以龙头企业带动为主的产业发展格局，推动广西稻渔综合种养向产业化、规模化发展，使其成为稳粮增收、生态循环和精准脱贫的产业，为实现乡村振兴和农民稳粮增收作出重要贡献。

（二）工作措施

一是加强政策措施支持。推动以政府名义出台关于加快稻渔综合种养发展的意见，增强渔业、国土、财政等部门协作，明确稻田综合种养在农业中的发展定位，明确发展方向、政策扶持和保障措施等，共同推动稻渔综合种养产业发展。着重解决限制在稻田开挖鱼坑、鱼沟等稻渔综合种养发展瓶颈问题。

二是加大基础设施建设。推动土地流转政策，推动稻田改造纳入国土整治和水利建设的范围，加大财政资金支持力度，实施稻田生态渔业系统建设工程，完善道路铺设、水利沟渠修造、田埂硬化、进排水系统和鱼沟及防逃设施建造等基础设施建设，在全区各地建成一批标准化、规模化、产业化稻田生态渔业园区。

三是壮大稻渔经营主体。推动农业支持政策向规模经营主体倾斜，加大对稻渔综合种养大户、专业合作社、龙头企业扶持力度，培植一批骨干示范基地。促进分散经营向适度规模经营转变，形成多元化、多层次、多形式的生产经营主体，切实提高稻渔产业组织化程度，把产业开发引领到规模化、标准化、品牌化、产业化、社会化发展轨道上来。

四是加快技术集成推广。继续总结提升、推广稻田生态种养十大模式，依托农渔业科研院校、龙头企业和专业合作组织，开展稻渔综合种养产业发展相关政策研究，研发、集成稻渔综合种养模式和配套技术，以项目和示范基地建设为载体，加快稻渔综合种养科技成果示范推广应用。有计划组织稻渔综合种养技术培训，为农户做好全程技术服务。

五是挖掘发展渔耕文化。充分利用丰富的休闲渔耕资源和渔业文化，支持鼓励各地发展稻渔综合种养休闲渔业，进一步延长产业链，提高综合效益。挖掘地方渔业饮食文化，发展以品渔为主的饮食业；挖掘地方渔业历史文化和民族渔业文化，发展与文化结合的、有民族特色的、以体验渔耕文化节庆活动为主的文化旅游活动。

六是培植发展加工流通。促进稻渔一、二、三产融合发展，支持稻渔产品加工、销售、餐饮一体化发展。指导电子商务等现代流通方式的发展，加快构建稻田种养产品的产销对接、货畅其流的现代物流网络，大力推进订单销售、农超对接、冷链物流、电子商务、"互联网＋"等新型水产品交易方式，促进贸易与流通；大力培育特色产品品牌，把这些产品品牌打造成全国知名品牌。

广西水产技术推广总站

李坚明

第二十章　2018 年重庆市稻渔综合种养产业发展分报告

稻田是一个典型的人工生态系统，稻田养鱼是种植业与水产养殖业有机结合的一种生产模式，是对陆生资源有效的复合利用。稻田养鱼是我国传统的养殖模式，也是 20 世纪 80 年代重庆"农业三绝"之一。稻鱼共生生态系统，是建立在"不与人争粮，不与粮争地"的基础上，根据生态经济学的原理，使稻田生态系统进行良性循环的生态养殖模式，通过人为控制，建立一个稻鱼共生、相互依赖、相互促进的生态种养系统，鱼在系统中既起到肥田、除害的作用，又可以合理利用水田土地资源、水面资源、生物资源和非生物资源，它融种稻、养鱼、蓄水、增肥地力为一体，集经济效益，生态效益和社会效益于一身，具有明显的增水、增收、增粮、增鱼和节地、节肥、节工、节支的"四增四节"效益，在农村各产业中具有明显的效益优势。现阶段稻渔综合种养技术是一项有利于农产品体质增效，有利于环境改善，有利于农民增收的绿色高效健康种养技术。

一、产业发展沿革

1979 年以前，重庆稻田大多只种稻不养鱼。20 世纪 80 年代，稻田养鱼经历了思想解放和技术进步的历程。在"以粮为纲"时代，稻田养鱼自生自灭，产量很低。改革开放以来，粮食产量迅速增加，自给有余，稻田养鱼有了发展机会。十一届三中全会以后，重庆市人民政府把稻田养鱼列为大农业优先发展项目之一，随着水产品市场的开放，试验示范的广泛开展，稻田养鱼得到了迅速发展，特别是 1984 年之后的几年间，全市的稻田鱼产量以年均 20％的速度递增。

20 世纪 80 年代中期至 90 年代中期，重庆市稻田养鱼发展水平全国领先，与"半旱式""再生稻"并称为重庆"农业三绝"，亩产"千斤稻百斤鱼"的稻田逐年增多，获农业部渔业丰收计划一等奖，开辟了稻田综合利用的新天地，新华社、《人民日报》《重庆日报》等媒体争相报道，各省市和国外人士来渝学习考察接连不断，重庆稻田养鱼一度辉煌。

1986 年全市稻田养鱼面积 7.04 万 hm²，水产品单产 120kg/hm²。1989 年全市稻田养鱼面积 9.2 万 hm²（其中半旱式稻田养鱼 4.5 万 hm²），总产量 1.6 万 t，稻田水产品产量占全市水产品总产量的 36.2％，居全国 14 个计划单列市第一位，水产品单产 180 kg/hm²，居全国第二位，水产品单产超过 450kg/hm² 的稻田面积有 0.9 万 hm²。《人民日报》1991 年 6 月 19 日报道重庆的稻田养鱼为重庆"农业三绝"之一。

1991—1995 年，全市实施市级水产丰收计划"规范化稻田养鱼技术"项目，大面积稻田养鱼水产品单产 270kg/hm²，"千斤稻百斤鱼"的稻田养鱼面积从 1990 年的 1.1 万 hm² 增加到 1995 年的 3 万 hm² 以上。1990 年农业部在重庆召开全国稻田养鱼经验交流会。1995—1996 年实施农业部丰收计划，圆满完成计划指标。

为进一步提高稻田养鱼经济效益，总结稻田养殖新技术，1997 年农业部以农科发〔1997〕第 8 号文下达重庆市"丰收计划"稻田养殖新技术项目，要求至 1998 年推广该项技术 6 666.7hm²，每公顷增产鱼 450kg 以上。采取建设规范化鱼田工程，为稻田养鱼高产创造良好的生态环境条件；积极推广名特优新品种如南方大口鲇、斑点叉尾鲴、异育银鲫等的养殖，进行多品种混养；因地制宜推广"稻鱼鸭""稻鱼菜"等多元复合生态种养模式；搞好科学种养和病虫害综合防治等措施，经过两年在三个区、市、县的实施，全面超额完成了各项任务指标，起到了良好的示范推广作用。以此为基础，1998 年稻田养殖新技术辐射到全市的 3.07 万 hm² 规范化稻田养殖区域，促进并带动了全市 11.6 万 hm² 稻田养鱼的发展，取得了很好的经济和社会效益，也取得了一系列具有重庆特色的稻田养鱼技术成果（表 20-1、表 20-2）。同年，市政府将稻田养殖新技术列入十大农业主推技术之一。

表 20-1　1998 年重庆市稻田养鱼项目实施区（市县）一览表

单位	实施面积（hm²）	乡镇数（个）	复合模式实施面积（hm²）				
			稻鱼萍	稻稻鱼	稻鱼菜	稻鱼鸭	小计
大足县	2 780	23	120	176	66	49	411
永川市	2 867	7	高产示范片				300
渝北区	2 400	8	300	0	80	0	380
小计	8 047	38	420	176	146	49	1 091
辐射区域	30 667						
全市	116 000						

表 20-2　1998 年重庆市稻田养鱼项目产量统计表

单位	实施面积（hm²）	总产稻谷（万 kg）	公顷产稻谷（kg/hm²）	总产鱼（万 kg）	公顷产鱼（kg/hm²）	新增稻谷（万 kg）	公顷新增稻谷（kg/hm²）	新增产鱼（万 kg）	公顷新增鱼（kg/hm²）
大足县	2 780	2 223.3	7 997	309.45	1 113	162.66	435	143.88	518
永川市	2 867	2 287.6	7 980	260.58	909	111.80	390	153.08	534
渝北区	2 400	1 864.8	7 770	214.20	893	91.80	383	124.20	518
小计	8 047	6 376.7	7 920	784.23	975	366.26	455	421.16	523
辐射区	30 667			2 160.8	704				
全市	116 000			4 157.9	357				

1999年，全市水产工作会议提出了以稻鱼工程和稻田养鱼新技术为核心的发展思路，全市稻田养鱼面积11.7万hm²，水产品产量4.16万t，占全市水产品总产量的四分之一，发展"稻鱼菜""稻鱼果""稻鱼鸭"等多元复合模式，其效益较普通稻田养鱼高30%以上。稻田养殖新技术荣获1998年度全国农牧渔业丰收计划一等奖和1999年重庆市农牧渔业科技进步一等奖。

2001年，稻田养殖主要推广名优品种养殖技术（稻田养蟹、养鳝）、规范化稻田养殖技术，由于劳动力进城务工和养殖效益的降低，稻渔综合种养面积逐年降低。2004年重庆市稻田养鱼面积10.3万hm²，比2000年的11.3万hm²减少9.4%，稻田养殖水产品产量3.8万t，占全市水产品总产量的16.6%。

为破解农民增收难题，铜梁县在总结"稻田养鱼"经验的基础上，积极探索"稻田养鳅"新模式，从2007年开始泥鳅繁殖、稻田养鳅和池塘养鳅试验示范，铜梁县玖龙水产养殖场、西来渔场、绿茵养殖有限公司和土桥镇巴渝人家生态养殖场开展的池塘自然繁殖、人工催产繁殖和池塘成鳅养殖试验取得全面成功，亩产鳅600kg以上、亩平均收入8 000余元；侣俸镇石河村四社开展的稻田养殖泥鳅试验也相继取得全面成功，半精养模式亩产鳅70kg以上、亩纯收入1 700余元；自然养殖模式亩产鳅30kg以上、亩纯收入700余元。2008年9月19日，时任市委常委、副市长马正其同志参观了铜梁县土桥镇巴渝人家生态养殖场的泥鳅养殖现场，在听取铜梁县开发"稻田养鳅"情况汇报后，对该项目工作给予了充分肯定，认为"稻田养鳅"可以成为农民增收的又一重要途径，要求做好试验示范，并大力推广。市农委根据这一指示精神，将"稻鳅双千"工程试验示范项目下达铜梁县实施。2008年稻田养鱼面积5.6万hm²，稻田养鱼水产品产量1.1万t，占全市水产品总产量5.3%。由于种稻效益差，农民积极性不高，种植面积减少较多，且稻田大多基础条件较差，养殖面积和产量均有较多程度的下降。经过多方考察和全面分析，2008年选择泥鳅作为冬水田养殖品种，养殖成本低，容易管理，能大幅度提高水产品产量，有效增加收入，这是重庆在全国首次提出大规模开发冬水田泥鳅养殖。

2009年6月16日，重庆市稻鳅双千工程现场会在铜梁县召开，会议认为实施"稻鳅双千"工程能够盘活农业资源，加快渔业发展，再现稻田养鱼的辉煌；要求抓好水的蓄存、种子供应、科技支撑、规模经营、质量安全、产品加工六个关键环节，从加强领导、创新机制（工作、投入、经营机制）、做好规划三个方面落实保障措施，确保"稻鳅双千"工程实施取得成效。是年，全市示范推广稻田养鳅面积276hm²，建成了一批鳅苗繁殖基地。随后几年，在大足、梁平、铜梁等区县实施"稻鳅双千"工程面积成倍增长，全市稻田养鳅面积达2 000多hm²，并探索推广稻鱼、鳅、虾、蟹、蛙，以及藕鳅、菱鳅、莼鳅等多种种养模式。

2013—2017年，全市按照"稳粮增效，以渔促稻"的总要求，集成配套稻渔综合种养关键技术和设施设备，建立稻渔综合种养产业化发展技术体系和配套服务体系，加大政策资金扶持力度，推广稻渔多样化综合种养模式，建立稻（藕、莼）鱼（鳅、蛙、虾、蟹、鳖等）等多种综合种养模式基地，在梁平集中打造一个万亩泥鳅生态养殖示范区。到2017年稻渔综合种养面积3.4万hm²，水产品产量8 177t（表20-3）。

表 20-3　1986—2017 年重庆市稻田养鱼统计表

年度（年）	1986	1987	1988	1989	1990	1991	1992	1993
养殖面积（万 hm²）	7.04	7.3	8.5	9.2	8.8	8.8	7.5	9.6
养殖产量（万 t）	0.8	1	1.5	1.6	1.6	2	1.6	2
平均单产（kg/hm²）	120	135	180	180	180	225	210	210
年度（年）	1994	1995	1996	1997	1998	1999	2000	2001
养殖面积（万 hm²）	8.3	8.7	11.6	11.1	11.7	11.7	11.3	11.6
养殖产量（万 t）	2.1	2.5	3.9	3.6	4.2	4.2	4.1	3.5
平均单产（kg/hm²）	249	285	335	330	357	357	362	299
年度（年）	2002	2003	2004	2005	2006	2007	2008	2009
养殖面积（万 hm²）	11.3	8.9	10.3	9.7	8.2	7.6	5.6	4.2
养殖产量（万 t）	3.8	3.5	3.3	3.4	1.1	1.6	1.1	1
平均单产（kg/hm²）	330	390	315	354	203	210	195	240
年度（年）	2010	2011	2012	2013	2014	2015	2016	2017
养殖面积（万 hm²）	4.2	4.3	4	4.1	3.7	3.7	3.4	3.4
养殖产量（万 t）	0.8	0.8	0.9	0.9	0.8	0.8	0.8	0.8
平均单产（kg/hm²）	195	180	225	225	210	210	210	210

二、产业现状

重庆市重点在潼南、巴南、永川、大足、武隆、万州等 20 多个区县推广稻渔综合种养技术，平均亩产泥鳅等水产品 62.9kg，亩产稻谷 450kg 左右，亩平利润达 1 535.6 元，实现"稻鳅双千"目标。2017 年，在万州、潼南、巴南、永川、大足、武隆、云阳等区县推广稻渔综合种养技术，推广面积达到 14.6 万亩，在全市建立示范区 26 个，示范面积 20 700 亩以上，形成包括大足铁山、武隆凤来、潼南崇龛、太和等十多个规模 500 亩以上稻渔综合种养基地，其中千亩基地 3 个，稻谷平均亩产 490.3kg，虾亩产 157.8kg 或大闸蟹 50kg，实现亩纯收入 3 127 元。稻鳅模式 40kg，稻虾（小龙虾）115.5kg，稻鱼模式 139.0kg，稻鱼鳖模式 233.5kg，亩均利润 2 795.9 元，亩同比增收 1 163.2 元，增幅达 71.2%，总增收 1.41 亿元。其中稻小龙虾和稻鳖模式亩利润达 4 000 多元，综合种养由于沟凼占稻田面积 10% 以内，稻谷产量略低于单种稻产量，但利润明显高于单种稻模式，就养殖模式来看稻虾、稻鳖养殖模式利润最高，实现"稻鱼双千"目标。全重庆市水稻田养殖面积 55 万亩，产量 8 000t，稻田养鱼平均亩产 15kg，稻渔综合种养技术推广后相比较于传统的稻田养殖产量和效益显著提高，稻渔综合种养模式增产增收潜力巨大。此外，通过稻渔综合种养试验示范，藕鳅、菱角鳅、莼菜鳅、稻虾、稻蟹、稻鳅蛙等养殖模式发展迅速，效益更为可观。

重庆市将稻渔综合种养技术列入了《重庆市渔业发展"十三五"规划》重点工程，自 2008 年开始不断探索新的稻渔综合种养技术，以实施"稻鳅双千"工程为突破口，提出了"1+N"(泥鳅、虾蟹、鳖、蛙、鱼等)稻渔综合种养模式和稻渔轮作模式,2018年已在大足、潼南、武隆、云阳等20几个区县推广27.5万亩,其中千亩连片基地达4个,形成凤来谷鳅田米、崇龛蟹田大米、稻田蛙等知名品牌。

2018年通过对全市稻鱼、稻蛙、稻鳅、稻小龙虾、稻蟹五个典型模式开展问卷调查,并对全市稻田综合种养情况开展调查。被调查对象年龄在28~46岁,养殖户均具有高中以上学历。家庭从事种养殖的一般1~2人,常年有雇工,忙时要大量雇短工,短工数量在30~200人,劳力日工资在50~80元。

重庆地区主要是山区和半山区地势,因气候条件限制,只种植一季稻,栽种方式以机插和人工为主。被调查户全部为流转土地,流转价格600~700元/亩,基本按250kg稻谷当年市价核算。均采用单季稻田养殖,养殖模式有稻鱼、稻小龙虾、稻鳅、稻蟹和稻蛙5种。被调查对象均参加了渔业合作社或协会,200亩以上面积的水产品基本上被企业或合作社收购,稻田综合养鱼模式具有较好的示范作用,周边水稻种植户有开展该种模式的意愿。

从不同模式稻谷和水产品生产情况看稻鱼养殖模式水稻产量高,而稻蛙模式动物产量高稻谷产量较低。水产品收益情况,稻蛙、稻蟹和稻小龙虾模式收入高,稻鱼的收入最低。名特水产品的价格要明显优于常规水产品价格,养殖名特水产品的常忽略水稻种植,未能体现价格优势(表20-4、表20-5、表20-6)。

表 20-4 5种稻田养殖经济模式水稻生产情况

养殖模式	水稻品种	亩均用种量(kg)	播种面积(亩)	50kg销售价格(元)	亩产水稻(kg)	水稻亩收入(元)
稻鲤	宜香优2115	1.2	600	140	550	1 493
稻鳅	宜香优2115	0.5	280	240	402	1 929.6
稻蟹	宜香优1108	1	40	400	287.5	2 200
稻小龙虾	Q优系列	1	500	100	450	900
稻蛙	渝香203	0.2	300	2 200	93.5	2 467

表 20-5 5种稻田养殖经济模式水产品生产情况

养殖模式	放养规格	亩放养量(kg)	养殖面积(亩)	销售价格(元/kg)	亩产水产品(kg)	水产品亩收入(元)
稻鲤	25尾/500g	10	200	2.6	73.8	790
稻鳅	5~7cm	10	280	6.5	75	1 950
稻蟹	60个/500g	10	40	25	62.5	5 875
稻小龙虾		40	500	14	170	6 720
稻蛙		10万尾	300	11	1 000	36 667

表 20-6 2018年不同养殖模式基本情况

模式	稻鱼	稻小龙虾	稻青虾	稻鳅	其他	单种
面积(万亩)	8	12	0.5	5	2	
水稻平均亩单产(kg)	400~470	400	350	400	400	500

（续）

模式	稻鱼	稻小龙虾	稻青虾	稻鳅	其他	单种
水稻价格（元/50kg）	130～200	130～250	240	120～250		120
水产品平均亩单产（kg）	40～75	75～125	65	75		
0.5kg 水产品价格（元）	10～15	20～30	50	11～14		

从不同模式稻谷和水产品生产情况看，稻鱼养殖模式水稻产量高，而稻青虾、稻小龙虾模式由于水产品价格高，虽然稻谷产量相对较少，收益却很高。稻渔综合种养模式往往要提前施足基肥，综合种养过程中少施肥或者不施肥，农药化肥使用量显著减少，收获的稻谷和水产品属于较为优质的产品，由于销售渠道和品牌打造相对落后因而收益差异不大，尤其是常规大宗淡水养殖品种。根据目前调查情况看，稻田养殖名特品种的模式利润空间大，投入产出高，农民和企业实施意愿强，未来几年应有较大的增长和发展空间。稻田养殖小龙虾、养蟹、养蛙等模式产量和养殖比例会进一步提高。

如表 20-7 显示，稻鱼模式养殖效益最低，稻小龙虾模式养殖效益最高。稻鱼模式一和稻鱼模式二对比，亩效益有近 2 000 多元的差异，其中模式一调查户家庭劳动力投入为 10 万元，可以说家庭主要劳动均在稻田种植经营上，如记为家庭收益，每亩利润也只在 725 元，相对模式二差异仍旧巨大。分析原因主要为养殖户进行了品牌打造，并且有较好的销售渠道，因而有较高的售价，利润更高些。稻小龙虾模式由于小龙虾受环境制约因素小，产量高，市场价格高，因而利润高，多次被媒体专题报道的典型养殖户谢云灿亩产小龙虾达 175kg，销售价格 17.5 元/kg，虽然稻米价格未体现优势，亩利润达到 6 217 元。不同模式比较，名特养殖品种有较高的利润，也预计近几年稻小龙虾、稻蛙模式的比例会进一步加大。

根据调查，养殖户对沟凼塘改造、养殖品种、市场价格信息、病害防控、技术指导等方面均有较高的要求，需要进一步加强投入和支持。

表 20-7　养殖户不同稻渔模式利润表

项目	稻鱼模式一	稻鱼模式二	稻小龙虾	稻青虾	稻鳅
面积（亩）	200	200	60	600	35
水稻平均亩单产（kg）	410	400	384	350	400
50kg 水稻价格（元）	200	500	130	240	270
水稻投入（万元）	14.86	40.7	6.3	42	8.9
水稻收入（万元）	21.7	80	6	100.8	10.3
水产品平均亩单产（kg）	53	80	175	65	105

（续）

项目	稻鱼模式一	稻鱼模式二	稻小龙虾	稻青虾	稻鳅
0.5kg 水产品价格（元）	10.5	13.5	35	50	13
水产品投入（万元）	14.9	15.6	35.9	234	9.6
水产品总收入（万元）	9.87	38.4	73.5	390	11.5
总利润（万元）	1.81	62.1	37.3	214.8	3.3
亩利润（元）	76.24	3 105	6 217	3 580	943
备注	家庭用工10万元，自己消费水产品2.7万元，如算作利润则总利润14.5万元，亩利润725元				其中2.9万元为自己消费，若全部销售，总利润6.2万元，亩利润1 771元

积极开展稻渔综合种养产品的绿色食品认证，形成了"鳅田米""蟹田米"等稻谷品牌。2017年巴南区石龙镇张孝君稻蛙养殖模式和大足去铁山镇谢云灿稻田养小龙虾模式，在中央电视台《致富经》栏目和《重庆日报》做了专题报道，使他们一下子成为了当地名人，许多人慕名来参观学习。

三、主要技术模式

（一）选择合适的稻田

1. 水源丰富、水质良好无污染，排灌方便。
2. 地势低洼，保水性能好。
3. 土壤以黏壤土、壤土为宜，黏土也可，田埂坚实不漏水。
4. 田块最好是联户或渔场实行规模养殖，以便利用农田外三沟、生产河及田头自然沟塘，从而减少养殖稻田的田间土方工程量。

（二）建好田间工程

为构建稻渔共生轮作互促系统而实施的稻田改造，稻田工程尽量保证水稻有效的种植面积，保护稻田耕作层，沟坑比不应超过10%，并在主干道田头留2m作收割机下田时通道。

1. 加高加固夯实田埂（≥40cm），提高保水性能。
2. 开沟挖塘，根据需要选择"一""十""井"字形沟，或暂养塘。
3. 建设防逃设施。

（三）稻田的结构形式

根据稻田田块地形和规模可选择合适稻田结构形式，重庆一般山区小型田块稻渔综合种养稻田的结构形式有 4 种，沟凼式、田塘式、沟垄式和流水沟式，目前主要采取的是沟凼式。而平面较大规模稻渔种养结构形式则是不封闭"回"字形，方便机械化作业。

1. 沟凼式。 在稻田中挖鱼沟、鱼凼，作为鱼的主要栖息场所，一般按"井"字形、"十"字形等挖掘。鱼沟要求分布均匀，四通八达，有利于泥鳅的生长，宽 35cm，深 20～30cm，鱼沟面积占稻田总面积的 8%～10%，沟凼式开挖形式多种多样。

2. 田塘式。 田塘式是在稻田内部或外部低洼处，开挖鱼塘，鱼塘与稻田沟沟相通，沟宽、沟深均为 50cm，鱼塘深 1～1.5m，占稻田总面积的 10%～15%，鳅在田、塘之间自由活动。

3. 沟垄式。 将稻田周围的鱼沟挖宽挖深，田中间也间隔一定距离挖宽深沟，所有深沟都通鱼凼，鳅可在田中自由活动。

4. 流水沟式。 在田的一侧开挖占总面积 5% 左右的鱼凼，挨着鱼凼开挖水沟，围绕田的四周，在鱼凼另一端水沟与鱼凼相通，田中间间隔一定距离开挖数条水沟，均与围沟相通，形成活的循环水体。

（四）水质环境洁净化

1. 水质的一般要求

悬浮物质：人为造成的悬浮物含量不得超过 10mg/L。

色、嗅、味：不得使鱼、虾、贝、藻类带有异色、异味。

漂浮物质：水面不得出现明显的油膜和浮沫。

pH：淡水 pH6.5～8.5。

溶解氧：24h 中，16h 以上氧气不低于 5mg/L，任何时候不得低于 3mg/L。

2. 稻田水质调控

生物调控：水稻和水生动物共生调控、微生物制剂调控、以稻养水。

物理调控：合理使用增氧机，加注新水，适时适量使用环境保护剂。

（五）养殖品种选择

1. 水稻选择和移栽

水稻品种选择：选择抗病虫害、抗倒伏、耐肥性强、质优、可深灌、株型适中的中稻和粳稻品种等。

秧苗移栽：插秧做到合理密植，在鱼沟和鱼溜四周增加栽秧密度。

栽插规格要求：每 667m² 移栽 10 000～12 000 丛，一般采取机插。插秧前用足底肥，以有机肥为主，少施追肥。

2. 水产养殖品种选择

主养品种：选择以优质养殖品种为主，如鱼、泥鳅、鳖、蛙、蟹、小龙虾等。需具备三个条件：一是具有市场性（适销对路），二是苗种可得性（有稳定的人工繁殖幼苗供应），三是养殖可行性（适应当地稻田生态系统）。

苗种质量：品种纯正，来源一致，规格整齐，体质健壮，无伤病。

苗种规格：主养品种的规格整齐，重量个体差异在 10% 以内。

（六）施肥

鱼苗以稻田生态系统里的水草、浮游生物等天然饵料为食。根据种养需要也可适当施用有机肥。

（七）病害防治无害化

1. 疾病的预防。在养殖的中、后期根据底质、水质情况每月使用环境保护剂 1～2 次，注意合理放养；或采用太阳能杀虫灯等物理方法预防病虫害。

2. 切断传播途径，消灭病原体。加强流通环节的检疫及监督，防止水生动物疫病的流行与传播。放养前对苗种消毒的药物主要有食盐、漂白粉等。

3. 流行病季节注意疾病的预防控制（3—10 月）。

4. 增强鱼体抗病能力。放养优良品种，投喂优质适口饲料，免疫接种，降低应激反应（如惊扰、水污染、暴雨、高温、雷电等）。

5. 严禁乱用药物。使用水产养殖用药应当符合《兽药管理条例》和《无公害食品渔药使用准则》（NY 5071—2002）。

（八）田间日常管理

1. 水深管理。前期保持田面水深 5cm 以上，后期保持 10cm 以上，注意补充日蒸发和渗漏损伤的水量。每隔 5～10d 排出蓄水量的 1/3～1/2，再补水到原水位。

2. 水稻用药。应少用或不用药。设置太阳能紫外线灭虫灯，杀灭的昆虫可作为养殖鱼类的饵料。可选用高效环保微生态制剂调节水质。

3. 巡田观察。每天沿田块观察 1～2 次，包括养殖种类的吃食、活动情况，水稻生长与病虫害情况等，以便及时采取措施。

（九）捕捞

不同养殖品种捕捞方式有一定差异。

1. 克氏原螯虾捕捞。幼虾捕捞采用地笼捕捞，从 3 月下旬开始，到 4 月中旬结束；商品虾捕捞从 5 月初开始，到 6 月上旬结束。

2. 青虾捕捞。在养成后，排水到低于田面 10～20cm 时，在沟中放置几只地笼，或用抄网等工具，全部起捕时可放干池水收捕。起捕后销售前，在清水网箱中暂养。

3. 中华鳖捕捞。收获前 1 个月排水搁田。搁田时，应缓慢排水，使鳖进入沟坑，防止鳖逃逸。收割前 7d 断水，起捕可采用钩捕、地笼或清底翻挖等方式。

4. 泥鳅捕捞。在收割前排干田水，将泥鳅聚集到鱼沟和鱼溜中时用抄网捕捞。采取抄网捕捞可将 50％～60％的泥鳅捕获。对剩下的 40％～50％泥鳅采用诱饵篓捕法，即在鱼篓中放入泥鳅喜食的饵料，如炒香的麦麸、米糠、动物内脏、红蚯蚓等，待大量泥鳅进入篓中时起篓即可。

5. 鱼类捕捞。稻田鱼的捕捞集中在每年 11 月至第二年 4 月，采用网捕。

四、特色品牌

重庆市长期坚持稻渔综合种养模式推广和宣传，2015 年市政府将生态渔产业链列入农业七个百亿级产业链，稻渔综合种养被确定为八大主推模式之一，2013—2017 年被评为全国渔业主推技术，并完成稻渔综合种养技术规范重庆地方标准。2016 年《重庆日报·农村版》整版连续报道生态渔产业链八大主推模式。2017 年 3 月 2 日，《重庆日报》以《大足区"稻虾轮作"促增收》为题，报道大足区稻虾轮作种养模式；同年 10 月 29 日，《重庆日报》又以《重庆 20 多个区县开展"稻渔共生"面积超 14 万亩》为题，专题报道重庆市开展稻渔综合种养技术取得的成绩，搜狐网、中央人民广播电台等媒体转载。2017 年 10 月 17 日，中央电视台 7 套《致富经》栏目以《挖掘机手养青蛙，年赚千万》为题，专题报道重庆市稻田蛙生态养殖有限公司开展稻蛙综合种养的情况。2017 年 11 月 7 日，中央电视台焦点访谈栏目以《土地能量，怎样激活》，专题报道了大足区养殖大户谢云灿，如何通过土地流转，开展稻渔综合种养技术致富增收。通过新闻媒体的多方报道，稻渔综合种养技术引起社会关注和政府重视，渔业节能减排技术深入人心，各区县高度重视，发展前景良好。

重庆市积极开展稻渔综合种养产品的绿色食品认证，指导开发潼南区崇龛"蟹田大米"、武隆"凤来谷"大米，鳅田米、稻田蛙品牌。通过电视宣传和品牌打造，打开了稻田水产品的知名度，提升了水产品及绿色稻谷产品的价格，有利于农民增收。

五、存在问题及发展对策

重庆市稻渔综合种养发展取得了较好的成绩，但发展中也还存在一些不容忽视的问题。

（一）水稻和大宗淡水鱼产品优质不优价

根据历年统计情况看，稻渔综合种养模式亩产水产品 50kg 以上，亩产水稻 400kg 左右，水稻由于打药施肥少和种植面积减少，产量略低于稻田单种的产量，但是由于品牌和销售渠道未做好，形成了稻渔综合种养产品优质不优价的情况。

（二）不同综合种养模式经济效益差异明显

据统计，稻鱼模式经济效益最差，而稻虾、稻蟹、稻蛙模式经济效益显著，开展高经济效益的养殖模式，需要的技术和投入成本高，为降低养殖风险，养殖户会将更多的成本投入到稻田养殖中，而忽略了水稻种植，最终可能形成以种稻为主的综合种养模式变成以养殖为主的模式，尤其是现在大部分综合种养大米价格无法体现优质优价的情况。

（三）品牌及市场营销打造不够

养殖户生产的稻渔综合种养产品主要是各自销售，价值也仅仅是普通农产品的价值，没有品牌化运营和包装，也没有主动进行推广和宣传，还没有形成品牌价值。

六、对稻渔综合种养工作的展望和政策建议

稻渔综合种养模式实现了"一水两用、一田双收"，提高了稻田资源利用率，能大量减少化肥农药的使用，显著减少农业生产对环境的影响，在稳定稻谷产量基础上，对提升稻田综合生产效益发挥重要作用，具有很高的经济效益、生态效益和社会效益。尤其是人们对农产品品质要求的提升，稻渔综合种养模式会有较好的发展前景，预计未来稻渔综合种养面积将进一步扩大。全市将继续做好稻渔综合种养技术推广工作，开展稻渔综合种养示范基地创建，争取在未来几年里使稻渔综合种养技术为农民创收增收。为此提出以下建议：

一是加强稻渔综合种养产品品牌打造。稻渔综合种养作为一种动物和植物共生的生态养殖模式，具有较高的生态、社会和经济效益，可以通过加强品牌宣传和品牌建设，扩大产品知名度，形成品牌价值。

二是加强政策和资金扶持。提高稻渔综合种养稻谷收购价格，支持稻渔综合种养大米加工厂配套设施建设，促进形成完整的产业链机制，畅通稻渔综合种养生产、加工、销售产业链。

三是科学引导。市场是一只无形的手，当种稻和养殖差异过大时，生产者会首先选择经济效益高的模式，如强制平衡收效可能甚微，应加强引导，提升弱势产品价值是最有效的措施。

七、典型案例

案例一：重庆市武隆区凤来乡被誉为"武隆区鱼米之乡"，全乡耕地面积1.88万亩，其中稻田1.29万亩。海拔800m以上，地形呈浅丘平坎，光照充足，昼夜温差大，山水灌溉，无任何污染源，处于原生态生长环境，长期以来种植稻、麦或一季水稻，若风调雨顺每亩产值仅1 000元，近年来年轻力壮的农民外出务工，耕地大量荒废。2012年年仅26岁的返乡创业青年陈明亿，带领5户农民成立了武隆区比丰水产养殖专业合作社，注册资金300万元。开展稻田养鳅200余亩，获得成功，做到鳅、稻双赢，亩均增收2 000元左右，户均增收2 000元左右，生产的凤来谷、鳅田米每500g 10元，且供不应求，产品在重庆、上海等地试销受到一致好评，部分客户提前签订供销合同。合作社采取"示范基地＋合作社＋农户"的生产模式，采取以土地流转、大户种养方式推广，实行"五统一"，注册"凤来谷""鳅田稻"品牌，以互联网为平台，开辟新型农副产品销售网络。凤来乡党委政府把鳅田米作为该乡农民增收致富的主要产业项目之一，合作社以280亩核心示范基地为依托，和凤来乡四个村1 173户签订1 200亩鳅田稻种植订单，发展优质水稻3 000余亩，为带动农户创造了良好的发展基础。

案例二：大足区铁山镇建角村谢云灿开展稻小龙虾综合种养模式，在280亩的稻虾共生示范基地内，稻田养虾实现零农药、零施肥、零添加，每亩收获水稻450kg、小龙虾

170kg，稻虾田的亩产值超过 1 万元，与往年单种水稻相比，每亩田新增纯收入 4 000 多元。

稻虾综合种养需做到两点：一是水稻种植前，基肥要一次性施足，避免再施化肥和农药，这样既能减少化肥、农药对小龙虾的影响，又能为水稻和小龙虾提供充足的肥料和丰富的生物饵料。二是需要对稻田进行开挖虾沟、虾凼等工程改造，沟凼面积不能超过稻田面积的 10％，确保稻谷和水产品的合理共生。

稻田养虾技术相对简单，关键要解决小龙虾吃什么的问题，种植轮叶黑藻、伊乐藻等水生植物效果较好。谢云灿从湖北引进了轮叶黑藻、伊乐藻等水生植物，并逐步摸索出了这些水生植物的栽种技术，小龙虾产量大增，从 2016 年的 80kg 跃升到 170kg，亩产值达 8 000 多元。

谢云灿的稻虾共生示范基地是重庆市连片规模最大、标准最高、可视效果最好的稻虾共生示范基地。2017 年 8 月，重庆市水产技术推广总站在这里组织召开稻渔综合种养技术现场会，全国水产技术推广总站站长肖放来到这里实地调研。《重庆日报》以《重庆男子养小龙虾年收入超过 300 万》对谢云灿的事迹进行专题报道。2018 年，这里还迎来湖南、四川、贵州等地人士前来参观学习、采购，谢云灿因此还卖出了 5 万 kg 以上虾苗，获得 300 多万元收入。

重庆市水产技术推广总站
翟旭亮　周春龙

第二十一章 2018 年四川省稻渔综合种养产业发展分报告

四川省稻田资源丰富，稻田养鱼历史悠久，继承传统并创新发展的稻渔综合种养，具有稳粮、促渔、提质、增效、生态等多方面功能，是调整渔业产业结构，促农增收的有效途径。2017 年，全省稻渔综合种养面积 464.46 万亩，水产品产量 37.78 万 t，占全省水产品总产量 145.64 万 t 的 25.9%。

一、产业发展沿革

从《四时食制》记载"郫县子鱼，黄鳞赤尾，出稻田可以为酱"算起，四川省稻田养鱼经过 1 700 多年传统养殖后，进入新的发展时期。从稻田养鱼发展过程来看，主要经历了五种模式阶段。

第一阶段是"平田式稻田养鱼"。20 世纪 80 年代前的主要养殖模式，即在未经改造的稻田中放入鱼苗，既种稻又养鱼，鱼苗人放天养、自产自食，平均亩产仅 5～10kg 成鱼，处于广种薄收、低水平、低效益的初级阶段。有谚语说"稻田养鱼不为钱，放点鱼苗换油盐"。

第二阶段是"沟凼式稻田养鱼"。即在稻田中开挖一些鱼沟、鱼凼，用做养鱼，稻谷不减产，提出了亩产"千斤稻百斤鱼"的产量目标。1980—1990 年，全省推广了沟凼式稻田养鱼模式，使稻田养鱼有了最基本的养殖基础生产设施，稻田养鱼生产水平有了一定程度的提高，平均单产达到每亩 42kg。1983 年 7 月，农牧渔业部在成都温江召开全国第一次稻田养鱼现场经验交流会。1984—1985 年由四川省牵头，18 省市共同承担的"稻田养鱼技术推广项目"获得 1986 年农牧渔业部科技进步一等奖；1988—1990 年四川省实施的"百万亩稻田养鱼高产技术"获得 1991 年农牧渔业部丰收计划一等奖。

第三阶段是"规范化稻田养鱼"。在稻田中开挖 1.5m 深，占稻田 8%～10% 水凼养鱼、蓄水，田中种稻，凼中养鱼，坎上种植蔬菜、水果，达到"稻鱼果"立体开发的目的，稻谷不减产，农民增鱼、增收。1994—2000 年实施的"规范化稻田养鱼"，对养鱼稻田按《稻田养鱼技术规范》进行工程改造和推行成套的养殖技术，实施县（市、区）的稻田养鱼平均单产达到每亩 75kg，亩均渔业产值 600 元，纯收益 200 元。该项目的实施曾获得 2000 年农业部农牧渔业丰收计划一等奖和 2001 年四川省科技进步二等奖，对稳粮增收和调整农村经济结构发挥了积极作用。农业部充分肯定四川省规范化稻田养鱼模式，并于 2000 年 8 月在南充召开了第四次全国稻田养鱼现场经验交流会。

第四阶段是"稻鱼轮作"。即利用冬闲水田、夏湿田、低产田或低槽田，在不影响稻田粮食生产基本功能的前提下进行养鱼设施改造，加高、加固田坎，建进排水渠，养鱼稻田不打底，不破坏基本农田功能；并引进池塘养鱼、集约化养鱼和名优水产品养殖技术成果，使平均单产达到每亩 400～800kg，平均每亩收入 3 200 元以上，利润 1 000 元以上。2000 年以来"稻鱼轮作"模式因产出效益高，发展迅猛，有的地方已经成为专业化、规模化、集约化产业基地。

第五阶段是"稻渔综合种养"。近年来，随着基本农田保护、保障粮食安全等政策的出台，各地纷纷结合实际，探索了注重优质水稻和优质鱼类的稻渔综合种养模式，最大限度利用稻田内天然物质资源，实现种养循环，达到"一水两用、一田多收"的目的，成为稻田养鱼最具发展潜力的模式。

二、产业现状

2013—2017 年，全省稻渔综合种养面积和稻渔综合种养水产品产量逐年增长（图 21-1、图 21-2）。

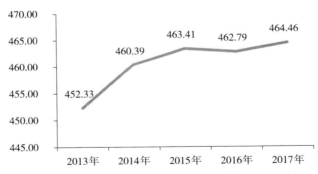

图 21-1　全省 2013—2017 年稻渔综合种养面积（万亩）

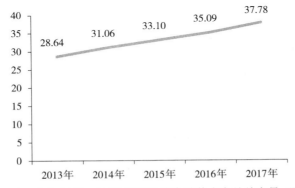

图 21-2　全省 2013—2017 年稻渔综合种养水产品总产量（万 t）

（一）产业布局

2017 年，四川省除甘孜州和阿坝州外的 19 个市州均有稻渔综合种养，全省养殖面积

464.46 万亩，其中宜宾 85.68 万亩、泸州 53.85 万亩，达州 47.23 万亩，内江、南充、自贡三市均超过 30 万亩，以上 6 市面积占全省稻渔综合种养总面积的 66%（图 21-3）。

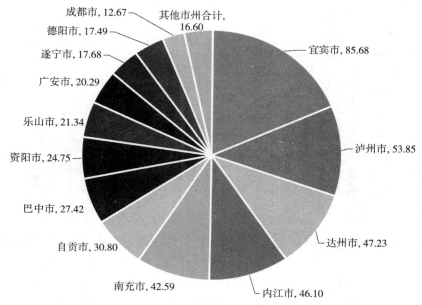

图 21-3　全省分市州稻渔综合种养面积（万亩）

全省稻渔综合种养水产品产量 37.78 万 t，其中乐山 6.96 万 t、内江 6.02 万 t、宜宾 5.07 万 t、泸州 4.63 万 t，上述 4 个市稻渔综合种养水产品总产量占全省的 60%。另外，达州、自贡、南充三市稻渔综合种养水产品产量均 2 万 t 以上（图 21-4）。

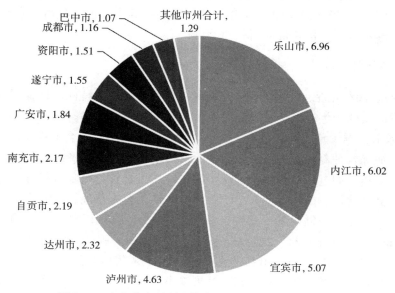

图 21-4　全省分市州稻渔综合种养水产品产量（万 t）

全省稻渔综合种养水产品单位产量每亩 81.34kg，其中乐山达到每亩 325.93kg，内江每亩 130.51kg，成都、广安、遂宁、泸州四市稻渔综合种养水产品单位产量均超过全省平均值（图 21-5）。

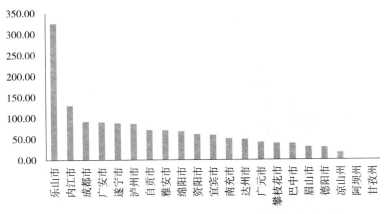

图 21-5　全省分市州稻渔综合种养水产品单位产量（kg/亩）

近年来，全省稻渔综合种养总面积略有增长。各市州中，攀枝花和成都增加最多，分别增幅 25% 和 23.99%。2017 年全省稻渔综合种养水产品产量较 2016 年 35.09 万 t 增加 7.68%，各市州中，绵阳和广元增加最多，分别增加 64.58% 和 62.58%，巴中和成都增幅均在 30% 以上。2017 年全省稻渔综合种养水产品单位产量较 2016 年每亩 75.81kg 增加 7.29%，其中广元稻渔综合种养水产品单位产量增加约 1.3 倍，绵阳、巴中、雅安均增加 30% 以上。

全省在改造提升原有 400 多万亩稻田养鱼基地的同时，有重点地打造了川西、川南、川北和川东 4 个核心示范片。先后创建了崇州、邛崃、江油、隆昌、内江市中区、泸县、开江和资阳雁江区等 26 个省级稻渔综合种养示范区，其中江油、隆昌、邛崃还建有国家级稻渔综合种养示范区，辐射带动面积 60 万亩。

（二）产业效益

"稳粮增收、渔稻互促、绿色生态"是稻渔综合种养的突出特征，具有"水稻＋水产＝粮食安全＋食品安全＋生态安全＋农业增效＋农民增收"的效果。

1. 经济效益。 据示范点调查数据，稻渔综合种养每亩稻田综合效益平均增加 3 000 元以上。一是稻渔综合种养在水稻不减产的情况下每亩平均产出水产品 100kg，约是传统稻田养鱼产量的 4 倍，通过水产品增量实现了增收。二是全省各级政府和行业主管部门积极推进特色稻渔品牌建设，鼓励专业大户、合作社认证无公害基地、无公害水产品、绿色食品、有机大米，用品牌引领发展。全省打造了"蓬溪·红田鱼""黄金甲有机鳖""稻田蟹""川中蟹田米""弯哥大米""稻渔香米"等优势稻渔品牌 28 个，农民收益显著增加，如邛崃市沃垦现代农业有限公司出品的富硒鱼香长生米售价高达 80 元/kg。三是各地依托稻渔综合种养开展各类节庆活动，积极发展渔事体验、餐饮、旅游产业，通过促进消费实现了增收。

2. 生态效益。 稻渔综合种养充分发挥生物共生互促作用，有效减少了化肥和农药的使用，减少面源污染，促进生态改善，同时实现"一水两用、一田多收"，是实现"一控两减"的重要方式。从各地示范点的实践看，稻渔综合种养减少农药使用量 68% 左右，减少化肥使用量 50% 左右，明显促进了农业投入品的减量控害，显著改善农业生态环境，维护农田生态系统，更好地保障稻谷和水产品的质量安全，提升了稻渔产品品质。同时，稻渔综合种养实施过程中对稻田基础设施进行改造，提高了稻田蓄水保水、抗洪抗旱能力，稻田中鱼虾大量摄食蚊子幼虫、钉螺、水草等，有效减少了血吸虫病等重大传染疾病的发生。

3. 社会效益。截至 2017 年，全省 100 亩以上稻渔综合种养专业大户达到 2 000 个，千亩以上核心示范基地达到 26 个，专业合作社近百家。专业合作社通过利益联结机制，把分散农户组织起来，使专业合作社与农户形成命运共同体，同时一部分撂荒闲置的稻田得到利用。各地组织的具有乡村情趣的各类节庆活动，大大丰富了市民周末休闲生活，带动了周边休闲旅游业的发展，有力助推了城乡一体化和幸福美丽新村建设，同时还提高了稻渔综合种养的知名度，提高了产品的市场竞争力。

（三）政策扶持

四川省委、省政府对稻渔综合种养高度重视，2014 年出台了加快发展现代水产业的通知，2015 年出台了加快转变农业发展方式的实施意见，都要求因地制宜发展稻渔综合种养。2016 年，省政府专门召开的全省现代水产产业工作会和《四川省人民政府办公厅关于加快发展现代水产业的意见》（川办发［2017］96 号），都对加快稻渔综合种养发展作出了全面部署，明确要求"稻田资源丰富的地区，要以稳粮增收为重点，大力发展稻渔综合种养产业，各级政府纳入经济社会发展规划，作为幸福美丽新村建设的重要内容"；《四川省"十三五"农业和农村经济发展规划》《四川省渔业发展第十三个五年规划》明确了稻渔综合种养的任务，并作了相应的规划布局；省农业厅制定了加快发展稻渔综合种养的指导意见，明确到 2020 年年底，全省新增稻渔综合种养面积 100 万亩，总面积达到 500 万亩以上。

稻渔综合种养被纳入农业用水、用电、用地等方面优惠政策范围。2015 年起，省级财政通过现代农业发展工程、现代农业重点县建设、健康养殖示范场创建、渔业标准化等项目、活动引导，地方财政纷纷采取以奖代补、民办公助等形式，鼓励和支持民间资本发展稻渔综合种养。据统计，每年全省各级财政投入 4 亿元资金发展稻渔综合种养，带动 10 亿元社会资金投入。如成都市每年投入 5 000 万元财政资金补助稻渔综合种养养殖户；内江市将发展稻渔综合种养纳入政府目标考核，实施以奖代补，开展 30 万亩稻渔综合种养示范区建设；隆昌县把稻渔综合种养作为现代农业重点县建设的主导产业，每年整合投入资金 4 000 万元。

三、主要模式

（一）产业模式

各地通过实践形成了一批可复制、可推广的产业经营模式，如"农业共营制＋稻渔综合种养""农业园区＋稻渔综合种养""新型经营主体＋稻渔综合种养"等。

（二）技术模式

在品种选育上，全省筛选出"川优 6203""川优 8377"等 3 个优质水稻品种，筛选出红田鱼、泥鳅、黄颡鱼、小龙虾、中华鳖等适宜四川地区稻田养殖的优质水产品种 10 余个。在技术上，集成了以稻鱼、稻鳖、稻鳅、稻虾四种模式为核心的田间工程建设技术、种养技术标准 5 项及技术规程 6 套。

四、存在问题

（一）认识不足，重视不够

相当一部分地方对稻渔综合种养认识不足，没有站在战略高度去认识，部分干部和群众认为稻渔综合种养只是养点鱼而已，没有把它作为农业种养循环、绿色发展、提质增效、促农增收的有效途径，因此工作主动性不足，领导力缺乏，造成稻渔综合种养规模化、规范化、产业化水平不高，难以发挥稻渔综合种养的优势。

（二）政策扶持力度不够

由于农业产业的特殊性，需要各级政府大力扶持，引导产业资本投入，才能有效促进产业健康发展。从目前四川省稻渔综合种养的分布区域看，具备资源优势的地方，往往地方财力不足，相应的配套措施差，政策扶持力度和持续性不强，多部门管理难以产生合力，土地流转困难，影响社会资本进入，规模化的高标准稻渔综合种养基地形成有难度。

（三）示范基地建设和品牌培育不够

全省除 26 个示范基地具有产业化发展水平外，大多数都存在规模不大、规范性差、稻渔品牌缺乏、产业化水平不高等问题，稻渔综合种养的生态、社会、经济等综合效益难以体现，对当地农业农村经济缺乏足够的影响力。

（四）技术支撑保障不够

稻渔综合种养涉及种植、畜禽、土肥、农经、水利和水产等多个技术和管理部门，在发展上需要多部门协同一致，各尽其责。目前普遍存在的问题：一是协调性差，表现在各自为政，缺乏合力；二是技术力量薄弱，水产体系基层人员老化且数量不足，知识更新缺乏，不能有效开展工作；三是经费缺乏，相当部分地方存在"有钱养兵无钱打仗"的状况。

五、发展对策

（一）抓好宣传引导

一是加强稻渔综合种养工作汇报，积极争取各级党委政府的重视和支持。二是充分发挥传统媒体和新媒体的作用，广泛宣传稻渔综合种养在稳粮增收、生态环保和质量安全方面的重要作用以及稻渔综合种养产品的优质性，提高各级、各部门干部群众和养殖户的认识。三是积极宣传稻渔综合种养的好模式、好典型、好经验和好做法，营造良好的发展氛围。

（二）抓好政策支持

一是抓住乡村振兴战略规划中"探索农林牧渔融合循环发展模式"和四川省推进现代农业产业融合示范园区建设等重大机遇，将稻渔综合种养纳入园区建设范围，打造示范典型引领发展。二是积极整合农田水利建设、扶贫开发、农业综合开发和高标准农田建设等资金，支持稻渔综合种养基础设施改造、技术推广及培训等。三是积极研究农业领域各项金融政策与稻渔综合种养有机结合，推进稻渔综合种养产品政策性保险、小额信贷，为稻渔综合种养提供风险保障和资金支持，提高抗风险能力。

（三）抓好示范基地建设和品牌培育

继续抓好示范基地建设，不断增加示范基地数量，发挥好引领带动作用。加大对适合稻渔综合种养的优质水稻品种和质优价高水产养殖品种的扶持力度，结合现代农业、渔业发展扶持政策，大力开展优良品种引进、示范、推广等工作。扶持和引导有实力的合作社和龙头企业着力打造优质大米、水产品品牌，把稻渔共生"优质、生态、无农残"理念融合到品牌宣传、包装设计中，结合各类展会和推介会开展营销，提高稻渔共生产品知名度和稻田养鱼综合效益。

（四）抓好技术支撑体系建设

尽快建立由水产、种植、农机、农艺、农经、农产品加工等多方面专家组成的技术协作组，指导解决产业间相互合作、相互协调、相互融合的生产和技术问题，形成技术规范指导生产。利用各类培训，积极推广适合四川省的稻渔综合种养模式的技术和品种，把培训班办到村头、田头，帮助农民不断更新知识，掌握稻渔种养技术操作规程。培训农户选用高效、低毒、低残留农药和性诱、灯诱等绿色防控产品防治水稻病虫害，促进稻渔综合种养与绿色防控融合发展。

四川省水产技术推广站

邓红兵　王艳

第二十二章　2018 年贵州省稻渔综合种养产业发展分报告

近年来，贵州省围绕"稳粮增收，渔稻互促，绿色生态"，集成具有贵州山区特色的稻渔综合种养技术，坚持以稳定水稻生产为中心，兼顾促渔、增效、提质、生态、节能等目标，围绕"南北互动、类型互补、集中成片、效益明显、示范带动"的基地建设，以遵义湄潭、凤冈等县为示范点，结合"红色旅游"文化元素，建成了黔北地区高标准稻渔综合种养示范区，结合"加榜梯田"等的原生态旅游资源优势，在从江、黎平、榕江等月亮山地区打造了黔东南月亮山地区大面积稻渔生态种养综合示范区，形成了贵州南北稻渔文化特色。

据统计，全省累计投入各类资金 2.4 亿元以上，养殖产量 3.08 万 t，比 2017 年增加了 6.85%（贵州省渔业统计管理系统 9 月统计），产值 8.87 亿元。参与养殖企业 41 个，农民合作社 91 个，散户 358 354 户，个体养殖户 33 户，带动贫困户 41 514 户，贫困人口 140 031 人（贵州省农业产业脱贫攻坚监测产业调度系统 9 月统计）。稻渔综合种养示范区建设推动了贵州省水稻和水产品生产科技水平的提高和产业的发展，对保障粮食安全、农民增收和脱贫攻坚作出了重要贡献。

一、发展沿革

"稻田养鱼"是一种农耕文化，是多民族经验和智慧的结晶。据史料考证，中国的稻田养鱼习俗至少已经有 3 000 多年以上的历史。贵州稻田养鱼主要集中在黔东南、遵义、铜仁、黔南等地区，其历史已有 1 200 多年。少数民族先祖们为了躲避战乱不得不辗转迁徙于贵州，为延续"稻作农耕、饭稻羹鱼"的传统，稻田养鱼应运而生。明、清时期稻田养鱼在贵州省开始盛行，稻田养鱼逐渐推广。新中国成立后，贵州省的稻田养鱼生产得到显著发展，大体经历了以下三个发展时期。

一是起步时期（1953—1957 年），从外省引进大量优良鱼种和先进的养殖技术，在"大力发展养鱼事业"的方针指引下，养殖面积不断扩大。二是停滞时期（1958—1979 年），片面强调发展集体养鱼，盲目引进鱼种，损失大，平板式的养殖模式单产低，化肥、农药的使用和稻田耕作制度的变化，使稻田养鱼严重萎缩。三是发展时期（1980—1990 年），十一届三中全会以后，随着农村经济体制改革和农业生产结构的调整，调动了广大农民养鱼的积极性，稻田养鱼得到飞速的发展，不仅在黔东南等传统养殖地区迅速恢复和发展，铜仁、遵义等新区也迅速得到推广。据 1983 年省农业厅组织稻田养鱼专题调查，全省稻田养鱼遍及 63 个县 971 个公社（乡），养殖面积 108.9 万亩，稻田水产养殖品种不断优化。据《中国农业年鉴》（1986—2002 年）统计，贵州稻田养鱼产量显著上升，到 2003 年单产达到亩产 15kg 左右，土壤中的氮、磷、钾含量升高，水稻的空壳率下降，千粒重提高，低产田亩增产较为明显，达到真正意义上的促进水稻增产的目的，而新一轮稻渔综合种养始于 2013 年。

二、主要经营和技术模式

贵州发展稻田养鱼存在"2 个劣势，3 个优势"。

2 个劣势：一是典型的喀斯特地貌特征。贵州素有"天无三日晴、地无三尺平"之说，位于东经 103°36′～109°35′、北纬 24°37′～29°13′之间，受地质构造影响，山脉高耸，切割强烈，地貌类型主要为高原山地，丘陵和盆地，制约了稻田养鱼的产业化发展。二是贵州耕地面积小，质量差。贵州素有"八山一水一分田"之说，土地平均坡度 21.5°，中低产田土地面积大，其中一等耕地仅占 22%，二等耕地占 42%，三等耕地占 36%。中、下等耕地占耕地总面积的 80% 左右，喀斯特地貌特征决定了成土率低，土层浅薄，肥力较低，水土流失严重。

3 个优势：一是贵州稻渔文化绚丽多彩，贵州是一个民族文化基因库，全省共有 56 个民族，创造了"一山不同族，五里不同俗，十里不同风"的民族文化奇观。稻渔文化也和人们生活息息相关，传统节日"苗族吃新节""水族端节"等，服饰、房屋、生活用品都离不开鱼图装饰（鱼图腾），饮食"侗族腌鱼""水族韭菜鱼""苗族酸汤鱼"等，婚丧娶嫁，架桥立房，踏青扫墓等都少不了有鱼充席。二是红色文化资源丰富。贵州是红色文化的热土，全国 100 个"红色旅游经典景区"贵州占了十分之一。三是"一带一路"倡议带动。"一带一路"倡议构想，在通路、通航的基础上通商，形成了和平与发展新常态。目前贵州省基本完成县县通高速，高铁、航线不断增加，为贵州省发展旅游业提供了基础。

贵州 95.2% 的国土面积为山地和丘陵，境内山峦起伏，连绵纵横，构成"八山一水一分田"的山地格局，"靠山吃山"的贵州人在陡峭的大山中孕育了独具贵州特色的稻渔综合种养模式。一是在典型的喀斯特地貌特征下，因地制宜，形成多元化贵州稻田养殖结构模式。以黔东南为代表的传统"平板式"稻田养殖模式；以铜仁、黔南等为代表的"鱼沟鱼凼"稻田养殖模式；以遵义为代表的"大边沟"稻田高效养殖模式。二是在贵州稻渔文化影响下，形成了独具特色的稻渔综合种养示范区。结合"红色旅游"文化元素，建成了黔北地区高标准稻渔综合种养示范区；结合"加榜梯田"等原生态旅游资源，在从江、黎平、榕江等月亮山地区打造了黔东南月亮山地区大面积稻渔生态综合种养示范区。

贵州省将"稳定米袋子，丰富菜篮子，充实皮夹子"作为重要抓手，培育新型经营模式，推广多样化技术模式。

主要经营模式：通过优化扶农政策，培育新型农业经营主体，发挥龙头企业、村级集体经济、专业合作社示范带动作用，培育了"企业＋合作社＋农户""景区＋产业＋农户""公司＋基地＋农户""村级集体经济＋合作社＋农户"等模式，创新农业经营体制，发展订单农业，利益共享，风险共担，实现小生产与大市场的有效对接。

主要技术模式：结合实际，因地制宜，充分利用稻田空间，发展"稻＋"模式，真正做到"一水两用，一田多收"。目前，遵义主要推广稻鱼、稻虾、稻蟹、稻蛙、稻鳖、中药材渔（田螺）、稻鳅、稻鱼藕、稻鱼蔬、稻鱼鸭等综合种养多元化发展模式。黔东南推广稻鱼菜果、稻鱼菜、稻鱼草果、稻鱼禽、稻鱼沼畜等生态养殖模式。铜仁主要有稻蟹菜共生、稻鱼连作、蟹鱼田种稻、稻鳅共生等模式。

三、主要做法和经验

（一）抓好政策落实

2018 年贵州省完成了全水域"零网箱"的工作目标。制定了《贵州省生态渔业发展实施方案》，由省人民政府颁布实施。该方案指出以黔东南为重点，在遵义市、铜仁市和黔南州的适宜区发展稻渔综合种养，推广稻鱼鸭生态循环养殖，重点解决稻田沟渠设计及鱼苗投放密度不合理等技术问题，提高水产品单产，主要养殖鲤、草鱼、泥鳅、鳖、蛙等，形成民族特色和地方特点相结合的稻渔综合种养产业带。在稻渔综合种养中做好"稻"文章，选择适合稻渔综合种养的水稻品种，加大生态米的宣传力度，打造鱼、米品牌，提高综合效益。该方案制定了中长期发展目标，将对贵州省渔业转型升级产生重大影响。

（二）抓好品牌建设

加大生态米的宣传力度，打造鱼、米品牌，提高稻渔综合种养产品知名度和稻田综合种养综合效益。一是扶持和引导有实力的合作社和龙头企业着力打造优质大米、水产品品牌，把稻渔综合种养"优质、生态、无农残"理念融合到品牌宣传、包装设计中去。二是以渔业产业结构调整转型为引领，深化加工水平，延长产业链，大力开展农产品的有机绿色升级换代，提升产品在市场上的竞争力，推进循环生态与节能型种养相结合。

品牌建设方面，遵义市走在了前端，其他市州正处于起步阶段。目前遵义市特色品牌有贵州山至金生态农业有限公司的"仙乡谷"、播州区的"团溪白果贡米"地理标志产品、贵州满地金现代农业发展有限公司的"黔渔"、贵州渔恒丰农业科技发展有限公司的"清泉脆鲩"和"稻鱼欢"、贵州湄潭高山景农业科技发展有限公司的"青瓦寨"、贵州湄潭金灿灿大米专业合作社的"沃尚稼"、湄潭县宫廷香米业有限责任公司的"农民红"等。2017 年黔东南州"锦屏腌鱼"获评中国地理标志产品。铜仁市德江县荆角乡角口专业合作社"稻田鱼"获得有机产品认证。各种品牌产品各具优势，以质量好、口感好的特点畅销省内外市场，深受消费者喜爱。

（三）抓好稻田综合种养产业化配套技术集成与示范测产

根据全国水产技术推广总站《稻田综合种养产业化配套关键技术集成示范联合实施方案》（农渔技术体函〔2014〕101 号）及《关于做好 2015 年稻田综合种养产业化配套技术集成与示范项目测产总结的通知》（农渔技术体函〔2015〕95 号）的要求。创建国家级稻渔综合种养示范区，创新技术模式，建设一批有质量、有规模、有特色的稻渔综合种养示范区。培育稻渔养殖企业 41 个，农民合作社 91 个，建设 8 个以稻渔综合种养为主的现代农业园区，创建 2 个国家级稻渔综合种养示范区。全省开展稻渔综合种养项目监督、检查、示范测产工作，以下是部分稻渔综合种养重点示范区测产基本情况。

稻虾共生：实施面积 500 亩，亩年产优质稻 450kg，按市场收购价 5 元/kg 计算，水稻亩均收入 2 250 元；亩年产克氏原螯虾（小龙虾）150kg，按市场全年平均收购价 40 元/kg 计算，小龙虾亩均收入 6 000 元，亩产值 8 250 元（贵州满地金现代农业发展有限公司）。

稻鱼共生：实施面积 350 亩，亩年产无公害优质稻 400kg，按干稻谷市场收购价 6 元/kg 计算，水稻亩均收入 2 400 元；每亩年产清泉脆鲩 100kg，按市场平均收购价 30 元/kg 计算，鱼亩产收入 3 000 元，亩产值 5 400 元（贵州渔恒丰科技有限公司）。

稻蛙共生：实施面积 100 亩，亩产优质稻 360kg，按市场均价 5.2 元/kg 计算，亩均收入 1 872 元；亩产蛙 167.38kg，按市场价格 44 元/kg 计算，亩均收入 7 364.72 元，亩产值 9 236.74 元（贵州湄潭高山景农业科技发展有限公司）。

（四）构建稻渔旅综合体系，实现了融合发展新模式

以推进创建国家级稻渔综合种养示范区为工作重点，在播州、湄潭、凤冈等县，结合"红色旅游"文化元素，创办彩稻文化旅游节，形成了黔北地区高标准稻渔综合种养示范区；结合"加榜梯田"、占里侗寨农耕文化等旅游资源，在从江、黎平、榕江等月亮山地区打造了黔东南月亮山地区大面积稻渔生态种养综合示范区，建成"南北互动、类型互补、集中成片、效益明显、示范带动"示范基地。

（五）稻渔综合种养，助力扶贫攻坚

贵州省是贫困面最大、贫困程度最深、贫困发生率最高的省份之一。在农业部、中国科协、国务院扶贫办贯彻落实中央扶贫攻坚系列决策部署，大力推动科技助力精准扶贫工作的氛围下，贵州省围绕稻田综合种养精准扶贫做了大量工作，取得了很好的成效，已成为实现精准扶贫的"金钥匙"。据统计，贵州省稻田综合种养参与养殖企业 41 个，农民合作社 91 个，散户 358 354 户，个体养殖户 33 户，带动贫困户 41 514 户，贫困人口 140 031 人。稻渔综合种养，助力扶贫攻坚，为保障贵州省粮食安全和农民增收作出了重要贡献。

（六）积极探索不同类型的苗种生产与培育方式，保障水产养殖的需要

在以往的工作基础上，继续探索不同类型的苗种生产与培育方式。贵州省以省级水产苗种生产场为重点，水产苗种专业生产户为纽带，积极探索适应当地渔业生产的苗种生产与培育方式，极大地缓解了优质苗种供需矛盾。如黔东南州充分利用冬闲田发展苗种生产，在水稻收获后，放入鱼苗，经当年 10 月至翌年 4 月强化培育，即可满足当地稻田养鱼的鱼种需要。各稻渔综合种养示范区扶持建设了一批水产良种场和苗种生产基地，通过以奖代补的方式，鼓励农民自繁水产苗种，繁育村规范生产基地，扩

大水产苗种繁育能力。

四、抓好重点项目扶持

2018 年贵州省完成了全水域"零网箱"的工作目标，水产品产量下降，但市场价格升高，水产行业面临前所未有的机遇和挑战。稻渔综合种养在贵州省有丰富的文化历史，发展稻渔综合种养成为政策的导向。贵州省部分市（州）根据实际情况，将稻渔综合种养作为重点项目来抓。目前，黔西南州开始探索稻渔综合种养，规划义龙新区龙广镇、木咱镇、新桥镇、雨樟镇、顶效镇、万屯镇、德卧镇 7 镇共涉及 16 村，面积为 20 851 亩，一期实施 11 233 亩，二期实施 9 618 亩，项目总投资 2.34 亿元，一期工程即将完成。对稻渔综合种养实力较强的市（州）进行重点扶持，不断开发新技术以充分利用稻田空间，结合"红色文化""稻渔文化"增加稻田综合效益。贵州省农委 2014 年用于扶持黔东南从江县稻鱼鸭复合系统建设试点项目资金 25 万元，2016 年扶持遵义市稻渔综合种养项目资金 360 万元，2017 年扶持全省稻渔综合种养项目资金 380 万元。

五、存在问题及不足

一是养殖技术较为落后，技术推广力量薄弱；二是喀斯特地貌特征导致养殖规模小；三是资金投入不足，产业发展基础设施落后；四是苗种生产体系建设薄弱，优良苗种供应不足。

六、下一步工作思路

一是加强对水产技术推广人员、稻渔综合种养从业人员进行集中培训及现场实际操作，不断提升水产技术推广人员及从业人员的养殖技术管理水平。

二是以黔东南州为重点，在遵义市、铜仁市和黔南州发展稻渔综合种养，推广稻鱼鸭生态循环农业工程，规范养殖模式，减少农业面源污染，促进农业增效、农民增收。加大品牌创建及宣传力度，形成有民族特色和旅游特点的稻渔综合种养产业带。

三是加大对稻渔综合种养养殖基础设施设备投入力度。

四是进一步扶持建设水产苗种生产体系建设，提高优良水产品种覆盖率，确保水产苗种质量安全，通过加强水产苗种的生产与管理，提高特色水产苗种的质量及自给率，推动全省渔业种业的健康、有序发展。

贵州省水产技术推广站

熊伟

第二十三章　2018年云南省稻渔综合种养产业发展分报告

根据国家大宗淡水鱼产业技术体系研发中心及产业经济研究室的要求，2018年10月30日至11月10日，昆明综合试验站（依托单位为云南省水产技术推广站）开展了云南省大宗淡水鱼产业调查和稻渔综合种养情况跟踪调查，调查地区包括元阳县、开远市、麒麟区、寻甸县、隆阳区、宜良县、澜沧县等7个县区，包括了昆明站的5个示范县及稻渔综合种养重点县。共完成调查问卷44份，其中完成问卷一：大宗淡水鱼生产、市场情况7份；完成问卷二：本省稻渔综合种养2018年跟踪调查11份；完成问卷三：稻渔综合种养户问卷调查26份。现将2018年云南省稻渔综合种养情况报告如下：

近年来，云南稻渔综合种养蓬勃发展，形成了一定的规模，各州市根据稻田资源条件情况，因地制宜，推广总结了很多好的稻田养殖经济模式，取得了较好的生态、社会及经济效益，稻渔综合种养模式在水产养殖业转方式调结构中起到积极作用，对云南省渔业的健康可持续发展起到积极作用。云南省地处祖国西南边陲，是高原山区省份，国土面积39.4万km²，山区、半山区面积占94%，坝子仅占6%，地形复杂，地势起伏悬殊，最高海拔6 740m，最低海拔76.4m。受地理环境的影响，山区半山区农民人均占有耕地面积少，增收渠道窄，增收难度大。稻渔综合种养具有"不与人争粮，不与粮争地"的优势，"一水两用，一田双收"，既能有效促进粮食生产，又能促进农渔民增收，同时具有极大的生态效益，大力发展稻渔综合种养是云南省渔业转方式调结构的重要抓手，是助推云南山区半山区精准扶贫的有效途径。

一、稻渔综合种养情况的发展现状和特点

云南稻田养鱼历史久远，但作为渔业的重要内容大面积推广始于1984年，由农业部水产局立项在全国18个省区推广（云南省是其中之一），从此云南省的稻田养鱼进入了崭新的发展时期。

（一）发展现状

据《2017年云南省渔业年报》统计，全省水产品总产量94.7万t，其中稻田养殖产量6.4万t，占水产品总产量的6.76%，稻田养鱼面积168.5万亩，平均亩产量38kg。与2016年相比较，全省稻田养殖面积略有缩小，缩小量仅为0.17%，稻田养鱼的产量有所

增加，增加了 277t，平均亩产保持 38kg 不变，总产量从 2011 年的 5.1 万 t 增加到 2017 年的 6.4 万 t，从"十二五"期间到 2017 年总体发展情况看，养殖面积、单产、总产量均呈现逐年增加的状况（表 23-1）。

表 23-1　云南省发展稻渔综合种养情况表

年份	养殖面积（亩）	总产量（t）	亩单产（kg）
2011	1 616 519	51 453	32
2012	1 644 010	53 664	33
2013	1 677 392	59 001	35
2014	1 701 261	61 786	36
2015	1 670 844	64 900	39
2016	1 688 167	63 846	38
2017	1 685 230	64 090	38

（二）发展特点

1. 稻渔综合种养覆盖范围不断扩展。 云南省稻渔综合种养覆盖 16 个州市的 80 多个县（市、区），主要集中在滇东南、滇南、滇西地区，其中面积在十万亩以上的有红河、保山、德宏、曲靖、文山、普洱 6 个州市，面积占了 83%，产量占了 77.6%；面积超万亩的除以上 6 个州市外，还有楚雄、昭通、西双版纳、大理、丽江、玉溪、临沧、昆明，共 14 个州市；因受地理、气候条件限制，迪庆和怒江州稻田养鱼面积相对较少。

2. 养殖品种、养殖模式不断增加。 养殖品种从单一的鲤、鲫，发展到福瑞鲤、芙蓉鲤鲫、泥鳅、蟹、罗氏沼虾、土著鱼等多个品种，养殖结构不断优化。各地因地制宜，积极探索，形成适宜各地发展的模式，如西双版纳州的塘田式稻田养鱼，曲靖的稻蟹模式，红河州的稻鱼鸭、稻鳅模式，德宏州的土著鱼养殖模式等，稻渔综合种养效益得到了进一步提高。根据各地上报的相关材料，元阳县实行稻鱼鸭高产高效种养模式，亩均综合产值达 8 130～10 260 元，亩均节省农药、肥料、人工等成本 200 元，扣除亩生产成本 4 460 元，亩均纯收入 3 670～5 800 元，较单纯种植水稻增收 2 600～4 700 元，是单纯种植水稻收益的 2～4 倍。红河县稻鳅模式，亩产稻谷 700kg，单价 2.5 元/kg，亩产值 1 750 元，泥鳅亩产 100kg，单价 50 元/kg，亩产值 5 000 元，扣除成本 1 800 元，亩纯收入 4 950 元。西双版纳州的塘田式稻田养鱼亩产量 90kg，12 元/kg，亩水产品产值 1 080 元，成本大概每亩 100 元，利润 980 元左右；种植滇屯 502 水稻，亩产稻谷 530kg，按市场价 3.4 元/kg 计算，可得亩产值 1 802 元，扣除成本 480 元，亩收益 1 322 元；种菜三季合计亩收入 690 元。塘田式稻渔综合种养亩纯利润达 3 000 元。德宏州稻田养殖"土著鱼"，最高亩单产 35kg，最低 30kg，平均亩单产 32.5kg，"挑手鱼"的销售价格为 60 元/kg，平均亩产值达 1 950 元，除去成本 1 050 元，亩净利润可达 950 元。2015 年稻蟹综合种养模式亩产成蟹达 20kg，平均规格达 120g/只，销售价格为 150 元/kg，养蟹收入达 3 000 元；稻谷亩产 400kg，销售单价为 10 元/kg，收益 4 000 元，合计收入 7 000 元。扣除生产成本 4 000 元左右，亩利润 3 000 元。

3. 产业化发展得到了一定的提升。2017 年农业部公布的首批国家级稻渔综合种养示范区名单中，云南省有两个，分别是元阳县呼山众创国家级稻渔综合种养示范区（示范种植面积 2 800 亩）和大理市荣江国家级稻渔综合种养示范区（示范面积 428 亩）。元阳县呼山众创农业开发有限公司在新街镇黄草岭示范区和大鱼塘示范区采用稻鱼鸭综合种养模式，以梯田养殖福瑞鲤为主，开发出了哈尼梯田谷花鱼、哈尼梯田咸鸭蛋、哈尼梯田红米等哈尼哈巴系列产品；大理市荣江稻渔综合种养示范区也开发出了诸葛荣江生态软香米品牌；宜良县耿家营乡开发出了河湾生态米产品。这些产品的开发极大地丰富了云南省稻渔综合种养的特色农产品，延伸了产业链。随着国家一系列优惠政策的出台，鼓励了企业、农业合作组织通过土地流转规模化发展稻渔综合种养，并与休闲、旅游、观光等相结合，促进了全省稻渔综合种养产业的发展。

二、发展稻渔综合种养的优势

（一）政策优势

稻渔综合种养是一项将种植业和水产养殖有机结合的绿色生产模式，符合中央提出的绿色发展政策，特别是《国务院办公厅关于加快转变农业发展方式的意见》（国办发〔2015〕59 号）文件中明确提出"统筹考虑种养规模和环境消纳能力，积极开展种养结合循环农业试点示范。发展现代渔业，开展稻田综合种养技术示范，推广稻渔共生、鱼菜共生等综合种养技术新模式"；《全国渔业发展第十三个五年规划》提出"提质增效、减量增收、绿色发展、富裕渔民"的发展原则；云南省委省政府对云南省加快稻渔综合种养发展也非常重视，主管领导多次作出重要批示。

（二）各级领导高度重视

自 1984 年云南省稻田养鱼列入国家重点推广项目以来，得到了各级领导的高度重视，自"七五"以来，稻田养鱼都是云南渔业工作的重点。近两年来，稻渔综合种养技术受到各级领导重视，极大地推动了全省稻田养鱼的发展。2016 年 11 月，农业部韩长赋部长亲临红河州元阳县调研"稻鱼鸭"模式，对稻渔综合种养工作给予了充分肯定和大力支持；2017 年 5 月，农业部渔业渔政管理局张显良局长又亲临红河州元阳县、红河县进行调研，并对下一步做好哈尼梯田稻渔综合种养工作作出了重要指示；2016 年云南省人民政府分管农业的副省长等领导对全省发展稻渔综合种养作出多次重要批示。

（三）强有力的技术支撑

1. 全国水产技术推广总站。云南稻渔综合种养工作，长期以来得到了全国水产技术推广总站的大力支持。2016 年 12 月肖放站长率队赴元阳调研，形成调研报告，得到了韩长赋部长及于康震副部长的重要批示。2017 年 4 月、5 月先后 2 次到元阳县落实韩部长、于副部长的批示和《2017 年渔业扶贫及援疆援藏行动方案》，与红河州人民政府签订了《共同推进哈尼梯田稻渔综合种养发展合作协议》。

2017 年 4 月在红河州举办"2017 年稻渔综合种养关键技术培训班"，邀请中国科学院桂建芳院士、上海海洋大学李家乐副校长、中国水产科学研究院淡水渔业研究中心邴旭文副主任等专家，为云南省 150 名专业技术骨干授课，并与其他 10 多名全国水产行业专家亲赴元阳县、红河县开展现场技术指导；4 月中旬，全国水产技术推广总站领导带队，组织云南省渔业主管部门、技术推广部门、昆明市、红河州、元阳县及红河县渔业主管部门领导及企业负责人等一行共 13 人赴浙江省丽水市学习调研稻渔综合种养关键技术及产业发展状况。通过培训和参观学习，开阔了眼界，启发了思路，转变了观念。

2. 中国水产科学研究院淡水渔业研究中心。 2016 年 4 月，中国水产科学研究院淡水渔业研究中心与云南省渔业局签署了《科技合作协议》，以推进云南高原淡水渔业科技发展为目标，加强云南省渔业科技应用与技术推广，提高渔业产业关键技术研发能力，促进渔业科技成果转化，共享合作成果。双方在决策咨询、科技支撑、成果转化、人才交流与培养等各个领域开展广泛合作。

中国水产科学研究院淡水渔业研究中心在云南中海渔业有限公司设立博士后科研工作站，同时作为该公司的技术依托单位，在红河县开展"哈尼梯田稻鳅共作"模式试验示范，助推当地精准扶贫工作。2016 年以来，中国水产科学研究院淡水渔业研究中心徐跑主任多次组织派遣专家到哈尼梯田开展试验、引种、监测等工作，促进了哈尼梯田"稻鳅"综合种养的发展。

3. 国家大宗淡水鱼产业技术体系。 国家大宗淡水鱼产业技术体系首席科学家戈贤平研究员和其他专家多次到云南调研并指导云南稻渔综合种养模式，引进适合稻田养殖的大宗淡水鱼新品种福瑞鲤、芙蓉鲤鲫、异育银鲫等开展试验示范。2016 年 10 月国家大宗淡水鱼产业技术体系专门在昆明举办"全国稻田养殖经济模式培训暨研讨会"，并通过体系与全国相关科研院所及专家建立了较好的合作关系。

（三）充分发挥全省技术推广体系的职能作用

稻田养鱼长期以来是云南省渔业工作的一项重要内容，尽管财政资金投入不多，全省水产技术推广系统始终认真履行公益性职能，长期坚持不懈开展稻渔综合种养工作，积极开展与稻渔综合种养相关的新品种、新技术的试验示范及基层技术人员、养殖户的技术培训工作。云南省水产技术推广站在云南省渔业局的领导下，组织带领全省水产技术推广系统做了大量卓有成效的工作。

一是充分发挥省级水产机构的引领作用，有序开展试验示范。云南省水产技术推广站积极与省外科研院所及技术推广机构沟通协调，引进适宜云南省稻田养殖的大宗淡水鱼新品种福瑞鲤、异育银鲫"中科 3 号"、芙蓉鲤鲫、松浦镜鲤等在全省 30 多个县（区）试验示范及推广养殖，通过多年努力，大宗淡水鱼新品种在云南稻渔综合种养产业中的贡献越来越明显。

二是着力转变稻渔综合种养发展理念，强化科技人员培训。2014 年至今，云南省水产技术推广站先后举办与稻渔综合种养技术相关的培训班五期，邀请时任全国水产技术推广总站站长魏宝振、上海海洋大学王武教授、上海海洋大学马旭州博士、四川水产研究所杜军所长、中国水产科学研究院淡水渔业研究中心闵宽洪研究员等全国行业内著名专家，赴滇为州、市、县渔业分管领导及全省水产技术人员进行"稻田种养新技术""净水渔业"

"稻田养鱼新技术新模式""稻田生态种养技术""稻鱼共生理论与实践"等专题授课,共培训人员 700 人次。全省各地因地制宜,多渠道举办多类型培训班,仅云南省水产技术推广站参与的有关稻渔综合种养的培训班就有 98 期,共培训技术骨干和养殖户 8 542 人次。通过多年培训,基层技术人员稻渔综合种养发展理念逐步更新,发展思路逐渐转变,养殖户技术水平得到进一步提高。

三是深入开展稻渔综合种养现状调研,提供产业发展依据。近年来,随着各级领导高度重视,云南省稻渔综合种养产业蓬勃发展,形成了一定的规模,但在发展过程中仍存在一些问题。根据农业部渔业渔政管理局的要求,云南省水产技术推广站派出技术骨干深入全省各地,就稻渔综合种养发展现状、主要做法、发展特点和经验及存在的主要问题,采用问卷调查和现场调研等方式进行调研,到云南省稻渔综合种养技术发展较有代表性的元阳县、红河县、勐海县、芒市、隆阳区、龙陵县、腾冲市、麒麟区、寻甸县等地开展重点调查,在调研的基础上,通过认真总结、梳理、分析,形成调研报告,为产业的发展提供了强有力的依据。

四是积极组织稻渔综合种养资料编印,提供养殖技术指导。针对云南高原山区自然条件,云南省水产技术推广站于 2010 年组织专业技术人员编辑出版了《云南稻田生态养殖新技术》书籍,该书图文并茂,通俗易懂,实用性较强,适合基层专业技术人员、养殖户阅读,为养殖生产提供了系统的技术指导;同时利用《云南水产》期刊,刊登相关技术文件、资料,为广大专业技术人员和养殖户搭建经验交流的平台。

三、稻渔综合种养在扶贫工作中取得的成效

(一)扶贫工作开展情况

为了贯彻党中央"坚决打赢脱贫攻坚战"的决策部署,响应国家"十三五"发展战略及绿色发展要求,云南省把大力发展稻渔综合种养作为全省渔业转方式调结构的重要抓手,助推云南山区半山区精准扶贫。

1. 邀请专家开展现场指导

(1)三年来,针对元阳县的现场调研和指导较多,先后邀请戈贤平首席科学家,桂建芳院士、陈洁研究员、李家乐教授、徐皓所长、邹桂伟所长、王桂堂研究员、朱健研究员、董在杰研究员、石连玉研究员、石存斌研究员、王卫民院长、李大鹏教授、谢骏研究员等 10 余位专家,杜军、李虹、权可艳、冯晓宇等试验站站长及团队成员 10 余人分别到元阳县现场指导。

(2)针对澜沧县的现场指导和调研 3 次,其中 2017 年 10 月 31 日至 11 月 4 日,产业经济研究室陈洁研究员同昆明综合试验站田树魁站长和团队成员杨其琴农艺师一起,前往滇西边境山区的澜沧拉祜族自治县和双江拉祜族佤族布朗族傣族自治县开展渔业扶贫调研工作。在澜沧县惠民镇景迈村班改村民小组,调研稻渔综合种养,现场查看稻(再生稻)鱼共生模式,然后同当地农业局领导、水产站专业技术人员、养殖户(傣族)进行座谈了解情况。

2. 赠送优良的大宗淡水鱼新品种。2011—2016 年,免费向元阳县提供 100 万尾大宗

淡水鱼类新品种鱼苗（福瑞鲤和芙蓉鲤鲫）作为稻渔综合种养试验示范的苗种保障，2017年提供了 300 万尾水花鱼苗。

2018 年 6 月 13—14 日，由国家大宗淡水鱼产业技术体系主办，昆明综合试验站具体承办，在元阳县开展"2018 年精准扶贫赠鱼种活动"。体系首席科学家戈贤平、岗位专家徐皓和邹桂伟等一行 16 人参加了该活动，专家一行于 13 日下午调研了元阳哈尼梯田渔业产业扶贫工作；14 日上午 9 点在元阳县新街镇土锅寨村委会黄草岭村，启动了哈尼梯田稻渔综合种养"2018 年精准扶贫赠鱼种活动"，活动现场向当地稻渔综合种养农户无偿赠送福瑞鲤大规格鱼种 8 万尾。随后专家一行到元阳县呼山众创农业开发有限公司同当地政府及养殖户代表座谈，与会专家为开展好哈尼梯田稻渔综合种养积极建言献策，提出了多项极具针对性的技术建议，为推动元阳县稻渔综合种养产业扶贫工作提供了强大助力和宝贵支持。

2018 年 4 月 30 日，昆明综合试验站购买 15 万尾福瑞鲤夏花，赠予贫困县澜沧县，在收到鱼苗后，澜沧县水产站进行了集中培育，于 5 月 20 日前后把苗种分发给上允镇、竹塘乡、南岭乡、拉巴乡、发展河乡、回东镇、惠民镇等乡镇的农户用于稻渔综合种养试验示范养殖，每亩投放 1 000 尾。截至 7 月 25 日，苗种长势良好，规格已达 80～100g。

3. 认真组织开展试验示范。在元阳县新街镇土锅寨村委会黄草岭、大渔塘村两个试验示范点，试验面积 284 亩，示范区面积 2 400 亩。6 月 26 日完成鱼种投放，9 月 25 日，由云南省水产技术推广站牵头联合多家单位，进行现场测产。两个示范点平均亩产鲜鱼65.9kg，最大个体体重 380g，体长 28.2cm，最小个体体重 40g，体长 8.5cm，平均鲜鱼个体重达 116g/尾；两个示范点平均亩产梯田红米稻谷 346kg，稻谷 346kg，产值 2 422元；亩产鱼 65.9kg，产值 3 295 元；两项合计亩产值 5 717 元，扣除种养成本 2 140 元，利润 3 577 元。比只种稻不养鱼梯田亩增收 3 295 元，比传统稻田养鱼亩产鱼 18kg 增产47.9kg，增收 2 395 元。三种模式种植的水稻不减产。118.2 亩试验示范区总产值 65.57万元。

在澜沧县惠民镇景迈村班改村民小组开展稻渔综合种养，试验示范面积为 169 亩，参与农户 26 户。

（二）扶贫工作取得成效

1. 元阳县稻鱼鸭综合种养模式取得实效。稻鱼鸭综合种养于 2014 年开始实施，2017年，元阳县通过各种渠道累计投入 2 000 余万元，在新街、马街、牛角寨、攀枝花等 7 个乡镇，打造连片示范点 13 个片区共 2 万亩，带动农户发展稻鱼鸭 3 万亩，涉及 2.7 万户农户，覆盖 22 个贫困村，建档立卡户 4 792 户。示范区亩产值达 10 174.2 元，辐射带动区亩产值达 8 095 元，亩产值由单纯种植水稻不到 2 000 元提高到万元以上。2018 年，计划在 13 个乡镇实施稻鱼鸭综合种养模式示范推广面积 5 万亩，其中稻鱼鸭示范 3 万亩，包含稻鱼 1 万亩、稻鱼鸭综合种养 1 万亩、优质水稻种植 1 万亩，辐射带动面积 2 万亩。目前，已完成了水稻移栽和鱼沟、鱼凼的整理，鱼苗、鸭苗订购，开始投放鱼种，6 月底至 8 月完成鸭苗投放。通过项目实施，力争核心示范区梯田红米平均亩产 400kg 以上，亩产商品鱼 43kg 以上，亩产鸭蛋 2 541 枚以上，亩综合产值超过 1 万元；辐射带动区梯田红米平均亩产 360kg 以上，亩产商品鱼 38kg 以上，亩产鸭蛋 2 003 枚以上，亩综合产值达 8 000 元以上。

通过稻鱼鸭综合种养项目的实施，哈尼梯田稻鱼鸭综合种养模式实现了"百斤粮、百斤鱼、千枚蛋、万产值""一水三用、一田多收"的目标；力争到 2020 年发展稻渔、稻鱼鸭综合种养 10 万亩。

2. 澜沧县惠民镇稻渔综合种养增收效果明显。澜沧县稻渔综合种养示范创建实施地主要在惠民镇景迈村班改村民小组，当地属于低热河谷坝区，是傣族村寨，有耕地面积 2 580 亩，89 户农户，人口 403 人，农民收入主要以种植业为主。试验示范面积为 169 亩，参与农户 26 户，投放 6.6～13.2cm 鲤鱼种 11 万尾，鱼种规格 20～25g/尾，亩投放 620～660 尾。169 亩稻田共产鲜鱼 14.43t，亩产达 85.4kg，以 40 元/kg 计算，每亩增加产值 3 560 元，扣除每亩成本 1 110 元（苗种费每亩 350 元，饲料费每亩 400 元，工程开挖费每亩 300 元，管理费每亩 60 元），亩均纯收入增加 2 450 元。参与农户户均增收 15 923 元，人均增收 3 235 元，带动全县山区、半山区开展稻渔综合种养 3.5 万亩。增加了农村剩余劳动力就业机会，实现粮、鱼双丰收，是一条实现农业增效、农民增收的较好途径。

四、稻渔综合种养存在的问题

云南省稻渔综合种养虽然取得了一些发展，但存在财政资金投入少，稻渔设施基础薄弱，总体技术水平不高，规模化、组织化、产业化程度低等问题，突出表现在"三个不足"。

（一）财政资金投入不足

云南省稻田面积 1 500 多万亩，适宜发展稻田综合种养的稻田近 700 万亩，但长期以来，全省用于稻渔综合种养的资金较少，各级水产技术推广机构难以开展新技术和新模式的试验示范，无法开展系统性的培训和技术指导，导致全省稻渔综合种养发展缓慢，产业化水平低。严重制约了稻渔综合种养的发展。

（二）综合保障能力不足

目前，云南省各地重视发展稻渔综合种养，有些地方将稻渔综合种养列为产业精准扶贫重要措施之一，但从全省调查情况来看，多数地区稻渔综合种养推广仍属于部门的单打独斗，没有与种植、农机、水利等部门联动形成合力，技术与模式创新不足，综合保障能力低，大多数稻渔综合种养还停留在传统低水平生产，没有发挥出稻渔共作的综合效益。

（三）规模化产业化不足

目前，全省稻渔综合种养大多数仍处于一家一户生产经营的状态，专业合作社或协会等组织少，组织化程度较低；由于全省地貌以山区半山区为主，田块小，导致土地流转费用高，流转困难，企业介入程度不高，难以在生产和销售等方面形成合力，对稻渔综合种养的标准化生产、产业化运营、社会化服务等方面构成制约。

五、建议

(一)加大投入,加强引导

稻渔综合种养是一项综合生态系统,是绿色产业,是一项助推云南山区半山区产业精准扶贫的"短、平、快"项目,但由于全省渔业投入资金少,扶持力度不足,全省稻渔综合种养产业发展缓慢,因此,借中央提出绿色发展之契机及相关政策,做好顶层设计,积极与财政、扶贫、水利、种植、旅游等相关部门联动,整合资源,加大稻渔综合种养投入,助推全省稻渔综合种养的快速健康发展。

(二)加大技术创新支撑力度

为了加快全省稻渔综合种养产业的发展,整合省内相关科研院所,州、县相关技术推广单位人才资源,构建全省稻渔综合种养技术创新支撑体系,从放养品种的选择、稻渔工程建设、苗种投放、饲养管理、组织措施、市场营销等方面建立完善的技术方案及规范,做到事事有方案、步步有计划,达到产业的规范化推进;指导各地因地制宜探索适宜当地的养殖模式;在"绿色、增产、提质、增效"上开展科研及技术创新,加大试验示范推广力度,加强农户技术培训,建立"科研、示范、推广"为一体的工作体系,为全省稻渔综合种养的快速健康发展提供有力的技术支撑。

(三)加快产业化发展进程

加大龙头企业的引进及扶持力度,加大土地流转的政策支持,建立由"企业+基地+合作社+农户"的运营模式,开展规模化生产,加大稻田养殖的生态水产品、生态米等商标注册,品牌打造宣传,进一步提升稻渔综合种养的效益,推进稻渔共作的产业化发展进程,使全省稻渔综合种养成为高原特色农业的典范。

云南省水产技术推广站

田树魁　石永伦

第二十四章 2018 年陕西省稻渔综合种养产业发展分报告

陕西省稻渔综合种养起步较晚，于 2013 年开始逐步发展，现主要集中在陕北榆林市横山区的无定河滩涂，汉中市、安康市有 5 000 多亩。各地示范推广了稻田生态养殖河蟹、泥鳅、中华鳖、小龙虾等名优水产品种，目前全省已形成"香草湾"大米、"香草湾"河蟹、横山河蟹、"螺丝沟"大闸蟹、"康源"鳖、"陕汉"泥鳅等一批稻渔特色品牌，取得了一定的成效。

一、总体发展情况

目前，全省发展稻渔综合种养面积 16 000 多亩，主要模式有稻田生态养蟹、稻田养泥鳅、稻田养殖中华鳖、稻田养殖小龙虾四种模式。其中，榆林市横山区示范开展集中连片稻田养蟹 10 660 亩，平均亩产蟹 12kg，亩纯利润 1 600 多元，已经形成了首个万亩稻蟹生态养殖示范基地。2018 年榆林百川生态农业有限公司荣获国家级稻渔综合种养示范区（第一批）荣誉。汉中市勉县发展小龙虾稻田养殖 350 亩，总产小龙虾 9.8 万 kg，虾苗 0.6 万 kg，亩产达到 280kg，亩均产值 2 万元，纯利润 1 万元。南郑县发展稻田养鳖、洋县发展稻田养泥鳅、旬阳县发展稻田养鱼也取得了较好的经济效益。

总体来看，经过 6 年的大力推动，根据近期调研检查情况，陕西省在沿黄地区滩涂湿地推广的稻田生态养蟹项目，已形成燎原之势，多点开花。现在，项目在横山、榆阳、洋县、勉县、南郑、旬阳、黄龙七个县（区）市形成了 10 个核心科技示范点，实施示范面积 10 000 多亩，各点平均亩效益都高出单种稻 1 000 多元，生态效益、经济效益和社会效益相当显著，前景广阔。

二、主要做法及经验

陕西稻田养鱼历经几起几落，这是第三次大的发展。因此，我们总结前两次的经验和教训，转变思路，走"生态"发展之路，在河蟹品质、口味、蟹黄蟹膏上下功夫；走"品牌"发展之路，大力宣传，打造品牌，注入文化内涵，着眼未来；走"产业化"发展之路，下大力气推动上下游配套、种养加成套的产业链，全面促进生态养蟹业持续发展，久久为功。通过上述的做法和发展思路，目的是形成陕西特有的"横山河蟹"等地方特色品牌，另辟蹊径，用心用力创出一条有别于其他省份、独居陕西特色的发展新路，实现弯道超车。

一是选好水、好地，才能养出好蟹。经多方调研，将核心示范点选择在横山区无定河畔的滩涂稻田，这里的水、土、光照很适合养殖辽蟹，而且优势突出。水是经沙漠沉淀过滤的水，水质好，土质是沙壤土，且水草茂盛；并专门引进养殖辽蟹，以发挥当地光照、积温和生长期比辽宁长的优势。事实证明，当地养出的河蟹品质、口味能和安徽石臼湖特产金角红毛"花津"贡蟹相媲美，盘锦人吃了都说好，在陕北更是深受当地群众喜爱，已经形成了"香草湾"大米、"香草湾"河蟹等当地特色品牌。可以说，这是陕西省的独特亮点，也是这项工作能越来越加快发展的根源所在。

二是同时养殖长江蟹、辽蟹两个地方品种，进行对照，优选适合陕西的品种，为打造陕西特有品牌找准出路。在黄陵、黄龙、大荔开展长江蟹养殖，在横山、榆阳区开展辽蟹养殖。经过 6 年的养殖实践，辽蟹更适宜在陕西养殖，且品质、优势特别明显，因此，我们重点推广辽蟹生态养殖技术。

三是引进蟹苗，保障自身蟹种供应，努力建设西北扣蟹蟹种供应基地。为有效解决蟹种的瓶颈制约，2017 年从辽宁光合蟹业试验引进河蟹大眼幼体 35kg，经过一年精心培育，收获扣蟹 6 000 多 kg，取得了成功。2018 年又组织横山、榆阳区从辽宁盘锦调回大眼幼体 525kg，蟹种培育面积逾 3 000 亩，基本可满足养殖需求。

四是打造龙头企业，搞好试验示范，带动周边群众发展。榆林横山百川生态农业有限公司是陕西省稻田养蟹重点示范基地，它在苗种选择、技术人员引进、稻田养蟹关键技术及经验、培育市场等方面发挥了很好的示范带动作用，由当初的 350 亩发展到 3 000 多亩。黄龙县饲养大闸蟹的农户由 2014 年的 2 户 16 亩，发展到 2018 年的 425 亩，已辐射全县 7 个乡镇 52 户。

五是有效发挥政府推动、品牌拉动、技术保障三方作用，共同推动发展。横山区政府为大力发挥无定河两岸稻田资源优势，走立体生态绿色农业发展之路，采取措施大力推广稻田河蟹技术。2018 年区财政拨款 140 万元，免费为农户提供河蟹种苗、饲草等，并聘请专业技术人员到各基地进行技术指导，解决河蟹养殖过程中存在的技术问题，极大地促进了稻田养殖河蟹的发展。同时培育市场主体、开拓新市场，采取品牌营销策略，重点打造横山河蟹品牌，力争实现以销促产。

六是以项目带发展，以苗种补助撬动社会资金共同发展。2015 年、2018 年陕西省专门将该项目列为陕西水利科技重点项目，开展推广示范，进行扶持补助，连续实施 6 年。

回顾六年，主要经验有两点：一是必须选准一个适合当地资源、能充分利用和发挥当地资源优势，形成当地独有的特色品种，才能确保成功；二是必须产业、品牌、文化三点一起抓，有文化才能走得长远，留得深远。

三、存在问题

面临的突出问题是陕西省每年都必须从外省调运扣蟹或大眼幼体，2017 年一次从辽宁盘锦调运扣蟹 10 000kg 以上，2018 年调运扣蟹 5 000kg 以上，成本增加，不利于开展大规模生产；其二，养殖效益还需进一步提高；其三，蟹、虾市场处于开发和培育阶段。

四、历史沿革及反思

陕西稻田养鱼第一次大发展是在20世纪80年代后期，大搞平田养鱼，耗费九牛二虎之力，也产不了几斤鱼，劳民伤财，效益太低；第二次是在90年代中期，发展工程化稻田养鱼，需要建设鱼凼、鱼沟工程，投资大，收入少，设计上存在不足，依然没有留住。

反思上述二次大发展，共同点都带有行政色彩，都有技术、设计上的缺陷，生命力、科学性、可行性需要进一步商榷。因此，这次稻渔综合种养吸取了前两次的经验和教训，因地制宜，充分发挥优势，利用好资源，选准当地适宜品种，走特色、品牌、文化之路，保证项目的可行性和生命力，力争把这项产业做大做强做长远，为陕西留下一项长远的优势产业。

五、中期规划及发展设想

按照习近平总书记关于"共抓大保护，不搞大开发"的指示精神，以"稳粮增效、以渔促稻、质量安全、生态环保"为发展目标，继续按照"生态、生产并重"的原则，走"生态绿色发展"之路，通过实施项目带动战略，加大资金倾斜力度，出台扶持政策，吸引社会力量发展等一系列配套措施，重点推广应用不投饵、不用药、不施肥的稻田生态养殖技术，实现养殖全程无公害，生产优质绿色水产品、有机大米，实现高效、生态养殖。规划目标是用3~5年时间建成一项系统完善的稻渔特色产业。

（1）形成2个万亩核心科技示范点；

（2）建成西北首家扣蟹培育供应基地；

（3）培养一批专业龙头合作社；

（4）打造一批稻渔综合种养特色品牌；

（5）组织举办蟹米节及其他文化赛事，参加全国蟹米评比会，提升品牌影响力，打好文化牌。

在抓好上述五项重点工作的同时，要继续充分发挥政府推动、渔业服务、科技支撑、市场主体四方面作用，上下联动，扎实有力推动陕西稻渔综合种养产业再上新台阶！

陕西省水产研究与工作总站
万星山

第二十五章　2018 年宁夏回族自治区稻渔综合种养产业发展分报告

　　宁夏是北方稻作区最佳粳稻生产区之一，黄河流经宁夏 397km，形成了丰富的宜渔资源和稻田资源，自古就有"鱼米之乡"的美誉。宁夏种植水稻 120 万亩，近年来，紧紧依托自然资源禀赋，以转方式调结构为主线，以"农业增效、农民增收、绿色发展"为目标，在引黄灌区 11 个县（市、区）实施稻渔综合种养工程，持续开展稻渔综合种养技术试验示范研究，集成创新稻渔综合种养模式，不断完善稻渔综合种养技术规程，形成了稻渔综合种养产业体系，促进了产业的快速发展。

一、产业沿革

　　宁夏从 2009 年开始引进试验示范稻渔综合种养工作，历经 10 年示范推广，经历了从粗放型的规模化到集约化、标准化过程，种养面积从引进初期的 0.1 万亩发展到现在稳定在 5 万亩（最多时期 2014 年的 17 万亩），累计推广稻渔综合种养面积达 79 万亩（图 25-1）；种养模式从引进初期单一的稻田养蟹发展到现在的稻田养蟹、鱼、鸭、泥鳅、鳖、小龙虾 6 种模式；种养效益从引进初期的 500 元左右增加到平均 2 000 元以上；推广地区从初期的银川市贺兰县，辐射到引黄灌区兴庆区、金凤区、西夏区、灵武市、永宁县、平罗县、沙坡头区、中宁县、利通区、青铜峡市和农垦农场 4 市 11 个县（市、区）水稻主产区（图 25-2），实现了宁夏引黄灌区水稻主产区全覆盖；建成 2 个"国家级稻渔综合种养示范基地"，1 个一、二、三产业融合发展"稻渔空间"田园综合体（图 25-3）。

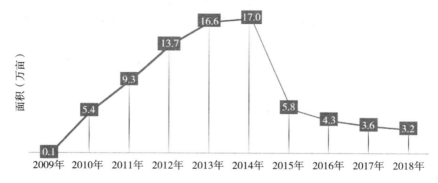

图 25-1　全区稻鱼生态综合种养面积统计

实施稻渔综合种养工程，实现了减排、减肥（化肥）、减药和增收的"三减一增"成效，产业发展集休闲娱乐、观光旅游、文化餐饮一体化的现代渔业发展模式。

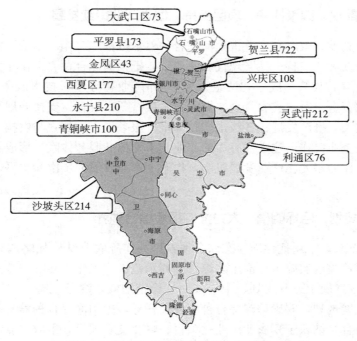

图 25-2　2018 年宁夏水稻主产区生产情况（hm²）

图 25-3　宁夏"稻渔空间"田园综合体

二、产业现状

(一) 政府重视，政策扶持，项目支持，促进产业持续发展

自治区各级党委、政府高度重视稻渔综合种养示范推广工作。自治区农业农村厅按照自治区党委政府发展"一特三高"现代农业要求，把稻渔综合种养工作作为全区农业重点工作，制定产业发展政策，成立"两组一会"，即产业指导组、技术服务组、产业协会，安排农业产业化资金、财政支农资金、重大技术推广项目资金，支持开展稻渔综合种养试验示范、技术攻关、推广发展；各级水产技术推广服务中心，加强与农技（机）部门、科研院所、种养殖企业协作，建立强有力的产业技术支撑和服务体系，形成了政府引导、企业参与、市场运作的多元化产业发展机制，提升了产业发展的层次和水平，促进了产业的持续快速发展。

(二) 科学规划，目标明确，大力推广稻渔综合种养

自 2009 年以来，宁夏把稻渔生态综合种养作为实施农业结构战略调整的切入点和突破口，在全区引黄灌区实施了稻渔生态综合种养示范推广工作。在《宁夏渔业发展十二五规划》《宁夏渔业发展十三五规划》中，按照"稳粮增效、绿色生态、以渔促稻"的现代生态高效农业发展规划，明确稻渔综合种养发展任务，把稻渔综合种养与盐碱地改良、中低产田改造相结合，纳入宁夏农业产业化项目、财政支农项目，争取农业农村部节能减排项目，集成配套稻渔综合种养关键技术和设施设备，引导合作经济组织、龙头企业和家庭农场流转土地进行规模经营，将有机水稻生产、水稻旱育稀植、病虫害综合防控、生产过程标准化管理、水稻机械化收割、产品品牌化销售、田园多产业融合等现代农技、农机、农艺结合起来，示范推广稻鱼、稻蟹、稻鳅、稻虾、稻鸭等多种稻田生态种养模式，拓展稻渔生态综合种养新技术新模式，稻渔生态综合种养已成为自治区农业主推技术模式之一。

(三) 经营主体积极参与，集约化、规模化、标准化发展

农业龙头企业、专业合作组织、家庭农场、村集体组织以及大米加工企业等，通过流转土地形成适度规模经营主体，发展稻渔综合种养。目前，全区有 2 家国家级稻渔综合种养示范基地、5 家农业部健康养殖示范场、40 个专业合作组织、3 个家庭农（渔）场、3 家省级农业龙头企业和 8 家大米加工企业，参与稻渔综合种养，产业实现了规模化、基地化、产业化发展，形成了龙头企业示范带动，社会化合作组织、家庭农场积极参与的发展格局，全区 100％以上的稻渔综合种养基地实现了集约化、规模化、标准化生产经营。

(四) 产学研联合攻关，推广部门制定标准，提升技术应用水平

按照产学研协同、农科教结合的原则，针对瓶颈性的技术难题，联合全国水产技术推广总站、中国农业大学、浙江大学、上海海洋大学、宁夏大学、宁夏水产研究所等院所的

专家开展科技攻关和模式创新；聘请区内外渔业专家开展稻渔综合种养技术的田间工程改造、养殖水生动物生物习性、种养实例等技术培训和现场观摩，总结和熟化关键技术，授之以渔，提高科技水平；由宁夏水产技术推广站、全区稻田蟹首席专家和技术团队组成的技术攻关小组，开展技术指导和服务，制定了《稻田河蟹生态种养技术规范》（DB64/T 1237—2016）（图 25-4），编制《宁夏稻田河蟹生态种养技术（商品蟹养殖）生产管理流程图》（图 25-5），编撰《稻田蟹（鱼）生态种养技术》和《宁夏优质水产品标准化健康养殖技术》培训教材，培训技术骨干、新型职业渔民，开展标准化、规范化生产，提升全区稻渔综合种养发展技术水平，促进产业健康发展。

ICS 67.120.30
B 52

DB64

宁 夏 回 族 自 治 区 地 方 标 准

DB 64/T 1237—2016

稻田河蟹生态种养技术规范

Technical Specifications for Rice-crab co-culture

2016-12-28 发布　　2017-03-28 实施

宁夏回族自治区质量技术监督局　发布

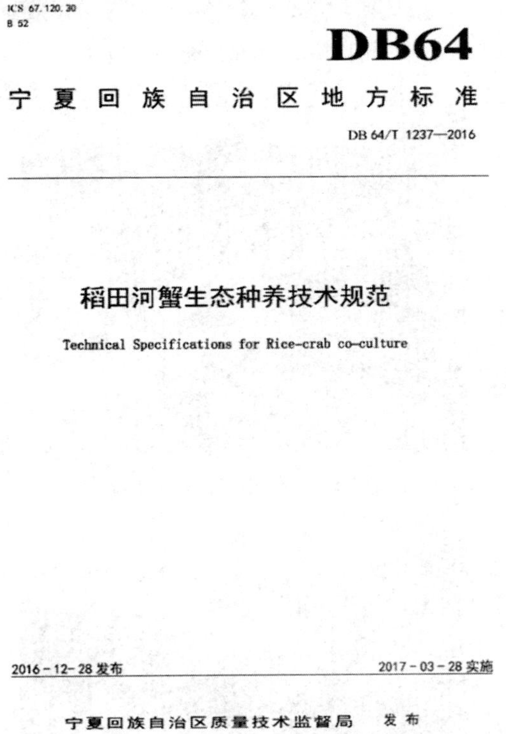

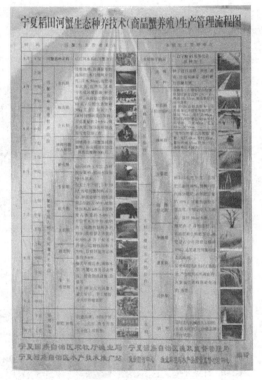

图 25-4　宁夏稻田河蟹生态种养技术规范

图 25-5　宁夏稻田河蟹生态种养技术（商品蟹养殖）生产管理流程

三、主要技术模式

（一）形成稻蟹、稻鱼、稻鸭、稻虾、稻鳖、稻鳅 6 大模式

在稻渔综合种养发展过程中，通过学习借鉴区外省份的先进经验，结合宁夏自然资源特点，不断创新种养模式，形成了具有宁夏本地特点的开口宽 5m、底宽 2m、深 1.5m 的“宽沟深槽”“稻蟹、稻鱼、稻鸭、稻虾、稻鳖、稻鳅” 6 大种养模式，拓宽了产业发展内涵，丰富了综合种养内容（图 25-6～图 25-11），对农业增效、农民增收和产业持续发展起到了积极的推动作用，具体效益分析见表 25-1。

图 25-6　稻蟹综合种养模式

图 25-7　稻鱼综合种养模式

图 25-8　稻鸭综合种养模式

图 25-9　稻虾综合种养模式

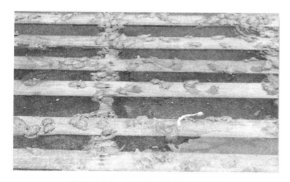

图 25-10　稻鳖综合种养模式

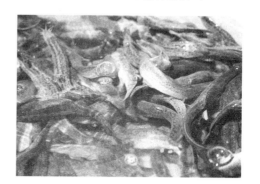

图 25-11　稻鳅综合种养模式

表 25-1　宁夏稻渔生态综合种养新技术 6 大模式效益表

种养模式	水产品种	水稻产量 （kg/亩）	水稻产值 （元/亩）	水产品产量	水产品产值 （元/亩）	总产值 （元/亩）	总利润 （元/亩）
稻蟹	扣蟹	460	2 760	40kg/亩	2 000	4 760	2 732
	商品蟹	500	3 000	19kg/亩	1 900	4 900	2 872
稻鳅	台湾泥鳅	458	2 748	60kg/亩	1 080	3 828	2 083

（续）

种养模式	水产品种	水稻产量 （kg/亩）	水稻产值 （元/亩）	水产品产量	水产品产值 （元/亩）	总产值 （元/亩）	总利润 （元/亩）
稻鸭	四川麻鸭	545	3 270	15 只/亩	750	4 020	1 593
稻鳖	中华鳖	600	3 600	10kg/亩	1 200	4 800	2 433
稻虾	小龙虾	432	2 592	10kg/亩	1 000	3 592	1 747
稻鱼	鲤	465	2 790	60kg/亩	720	3 510	1 865
	中科 3 号	402	2 412	79kg/亩	948	3 360	1 683
	青田鱼	536	3 216	78kg/亩	1 552	4 768	2 503
单作		557	2 228				865

注：水稻单价按收获的稻谷价格计算，未按照加工后的有机大米计算。

（二）创新宁夏流水槽养鱼与稻渔种养生态循环养殖模式，打造稻渔综合种养 3.0 版"宁夏模式"

2018 年宁夏水产技术推广站将"宽沟深槽"稻渔综合种养技术和池塘工程化循环水养殖技术结合起来，把养鱼流水槽建设到稻蟹种养的环沟中，创新出"稻田综合种养集成流水槽养鱼"新模式（图 25-12、图 25-13），即以 10 亩稻田为种养单元，在"宽沟深槽"环田沟内配套建设一个 22m×5m×2.0m 的标准化流水槽，稻田种植水稻养蟹（鸭、泥鳅、鳖等），流水槽集约化养殖鲤、草鱼、鲫等水产品，流水槽尾水直接进入稻田肥田，稻田净化水体再循环进入流水槽，从根本上解决了养殖水体富营养化和尾水污染的问题，减少了病害发生，提升了水稻和水产品的品质。通过试验对比，稻田综合种养集成流水槽养鱼模式较单纯的池塘工程化循环水，养殖尾水净化率、水质优良率、水资源利用率提高 50％以上。水稻亩产量稳定在 500kg，水产品产量提高 7.8 倍，实现了农业农村部关于"健康养殖、绿色发展、节本增效、以质取胜、环境友好、不滥用药"的现代渔业发展要求。

（三）创新 9 大关键配套技术，形成了产业持续发展的科技支撑体系

1. 田间工程改造技术。重点开展平田整地、环沟开挖、防逃围栏、水利设施建设等技术。将小块稻田平整为 10～50 亩一个单元的大块田；在不占用稻田的前提下，田边开挖上口宽 5m、深 1.5m、下口宽 1m 的"宽沟深槽"环田沟，将环田沟面积控制在稻田面积的 10％之内；防逃网以 20～30 亩为一个养殖单元，用 0.7m 高的塑料薄膜进行围拦；进排水口一般适宜设在稻田相对两角的田埂上，采用直径 20cm 的聚塑管对角设置，水管内侧设双层防护网；稻田四周有小型田埂，高 50cm，顶宽 50cm。

2. 水稻种植技术。推广有机水稻旱育稀植种植技术，按有机水稻生产方式进行生产管理，以"宁粳 43 号""宁粳 47 号"等优质水稻品种为主要品种，4 月上旬进行旱育秧。5 月上旬早平地、早旋田、早泡田、多施有机底肥，底肥占总用肥量的80％，5 月下旬采取稀植栽培模式进行水稻机械插秧。以生物有机肥作为水稻追肥，追肥占总用肥量的 20％，定期加水，加强日常管理，根据农时在 9 月底适时进行机

图 25-12　稻田综合种养集成流水槽养鱼新模式（集中式）

图 25-13　稻田综合种养集成流水槽养鱼新模式（分散式）

械收割。

　　水稻插秧采取"双行靠、边行密"的方式，窄行距 20cm、宽行距 40cm，表现为 20cm—40cm—20cm，在环沟两侧 80cm 之内的插秧区，宽行中间加一行，行间距全部为

20cm，将环沟占用的水稻穴数补上；穴距都为10cm，每穴3～5株苗，每亩插秧穴数在15 000～17 000穴，水稻秧苗穴数不少于宁夏常规的旱育稀植水稻种植，确保了水稻不减产。宽行距为水生动物在稻田中形成一定的活动空间，满足了其生长需求。同时，提高了稻田中的透气性和通风、采光率，提高水稻对光照的利用，增加水体的溶解氧和水温，降低了稻田的湿度，降低了稻瘟病的发病率。

3. 种养茬口衔接关键技术。稻渔综合种养各模式中，采取稻渔共作方式。水稻在5月中下旬栽植，而各种水产养殖品种的放养时间要根据不同品种的生物学特性确定，做到种植和养殖的时间茬口衔接合理、互利共作、和谐共生、相互促进。当水稻定植一周且稻苗开始生长达到20cm时，水产苗种适时投放。

稻田养扣蟹：6月上旬将规格为3万～4万只/kg的大眼幼体放入稻田，亩放养量0.5kg。稻田养成蟹：5月中下旬将集中暂养的扣蟹放入稻田和环沟，亩放养量4kg左右，规格在10g以上，即80～120尾/kg。稻田养鱼：6月份亩放鲫、鲤、草鱼等品种20kg左右，规格为100～150g。稻田养鳅：6月中上旬将泥鳅放入稻田，亩放泥鳅5 000～8 000尾，平均规格5cm左右。稻田养虾：养殖品种为小龙虾，6月中上旬将小龙虾放入稻田，亩放小龙虾10～15kg，亩放养量1 600～2 000尾，放养规格160～200尾/kg。稻田养鸭：5月下旬左右将购进的四川麻鸭幼苗在稻田边的排水沟集中暂养20d左右，6月中上旬待稻田秧苗缓苗后，再将鸭子放入稻田，利用鸭子除草、杀虫、施肥、按摩水稻和预防病虫害，亩放养量15只，规格为300g。8月中旬左右将鸭子收上来集中暂养，10月中上旬水稻收割完后再将鸭子放入稻田，11月初淌冬水时即可上市销售。

4. 水产品养殖关键技术。稻田蟹种（扣蟹）养殖：要根据蟹苗生长发育情况，分仔蟹养殖和蟹种养殖两个阶段精养细喂。蟹苗到Ⅰ期仔蟹阶段，每天每亩泼洒发酵有机肥液100kg，培育浮游生物，投喂用新鲜野杂鱼做成的鱼糜浆；Ⅰ期仔蟹到Ⅲ期仔蟹阶段，每天分两次投喂粗蛋白40%以上的河蟹配合饲料，饲料量为仔蟹总体重的10%～20%。蟹种养殖阶段，每天分两次投喂粗蛋白35%以上的河蟹配合饲料，饲料量为河蟹总体重的5%～10%。稻田商品蟹养殖：要分为春季扣蟹池塘集中暂养、夏季水稻河蟹生产管理、秋季商品蟹育肥上市三大阶段进行。稻田养鱼：稻田中的鱼类除摄食田中的天然饵料外，为提高鱼产量，还需适当投喂配合饲料，投喂人工饵料时应坚持做到"定时、定位、定质、定量"，饵料投在环沟内，投饵量视养殖品种、水温、水质、季节以及鱼的摄食和生长情况而定。此外，也可施少量粪肥或混合堆肥，繁殖天然饵料。稻田养鳅：要在鳅种放养后，投喂糠麸、豆饼、商品饲料等，前期日投饵量为泥鳅体重的5%～8%，以后为5%左右，饲料投放在沟、坑中。同时，根据水质情况及时追施肥料，每次追肥量15kg。稻田应尽量少用农药，必要时选择高效低毒农药。保持水质清新，防止投饵施肥过量而影响水质。

5. 种养施肥技术。在稻渔综合种养模式中施用有机肥和微生物肥料是安全施肥技术的创新点。水稻采取测土配方施有机肥，基肥为主，追肥为辅。有机肥施入稻田后分解缓慢，对鱼虾蟹等毒害小，且肥效长，可使水稻稳定生长保持中期不早衰，还能调节土壤微生物的活动，增加土壤的缓冲性，防止土壤的板结和渗水。微生物肥料能够促进水稻对营养元素的吸收，产生多种生理活性物质刺激调节水稻生长，提高水稻抗逆性等。而且，一部分有机肥和微生物肥料还可作为鱼类饵料。

6. 田间水质调控技术。 稻田水位、水质的管理既要符合鱼类的生长需要，又要符合水稻生长的环境。在整个养殖过程中，稻田水位保持在 10～15cm，根据天气、水质变化调整水位、换水次数和换水量。当水稻需晒田时，将水位降至田面露出水面即可，晒田时间要短，晒田结束随即将水位加至原来水位。稻田环沟中定期使用微生物制剂及改良剂进行水质调控，降解水体中的有毒有害物质。稻田水中溶解氧保持在 5mg/L 以上，pH7.5～8.5，氨氮含量小于 1mg/L。

7. 病虫草害综合防控技术。 做到以防为主、防治结合。稻渔综合种养的病害防治包括水稻的病害防治和水生动物的病害防治。主要采取水产养殖品种吃虫、扰虫的生态防害，利用杀虫灯进行物理灭虫，利用枯草芽孢杆菌生物农药防治稻瘟病的生物防病。水产养殖品种根据鱼病进行对症防治，做到勤观察、勤换水或勤加水，保持水质清新；定期对环境、水体、投饲点进行消毒；用光合细菌或芽孢杆菌泼洒调节水质，抑制病菌繁殖。施药后要加强观察，如有不良反应，立即采取换水措施。

8. 产品质量控制技术。 推广无公害、绿色、有机产品生产技术，将农药定期防病技术变为动物适时防病，将人工、农药定期除草技术变为水产养殖品种 24h 全天候及时除草，将人工定期施肥向动物全天候自动施肥增肥转变。把稻渔生态综合种养技术与优质粮工程、粮食创高产、水稻机械化生产等技术结合起来，按照品种优质化、生产标准化、操作规范化、管理集约化、经营品牌化的产业化方式综合发展。

9. 产品收获加工销售技术。 到 9 月中旬以后，即可根据不同养殖品种特性，采取抓捕、网捕、排水干田、光照等方式进行捕捉并进行育肥暂养。稻渔综合种养农产品通过互联网进行宣传和销售，通过 B2C 的电商购物模式进行销售，企业、专业合作社利用手机上的购物网店替代官方网站、网络商城平台，建立微信公众号，在微信上建立购物平台，在朋友圈实现自身产品的销售和推广，扩大了知名度和影响力。通过 O2O 线上订购、线下消费模式，消费者可在网上的众多商家提供的商品里挑选最合适的商品，亲自体验购物过程。

四、加强品牌宣传，创建特色品牌

目前，宁夏打造并形成了 2 个"国家级稻渔综合种养基地"和 1 个集休闲餐饮旅游于一体的"稻渔空间"田园综合体。全区共创建"蟹田米"以及"稻田蟹""稻田鱼""稻田鳅""稻田鸭"等品牌 23 个，认定有机产品生产基地 5 个。每年组织"春季农业嘉年华""秋季稻渔丰收节""'稻蟹香·蟹王'争霸赛"，并组织了首届"中国农民丰收节"活动，邀请中央七套《农广天地》栏目以宁夏为题材拍摄的《稻渔综合种养》专题片，组织企业参加"中国国际现代渔业暨渔业科技博览会"推介宣传，打造"塞上江南、鱼米之乡"品牌，创建稻渔综合种养特色品牌（图 25-14～图 25-19）。

图 25-14 蟹田米等品牌

图 25-15 《农广天地》栏目组拍摄《稻渔综合种养》专题片

图 25-16 举办"稻蟹香·蟹王"争霸赛

图 25-17 举办农业嘉年华

图 25-18 召开全国生态健康养殖技术集成现场会

图 25-19 荣获稻蟹产业推广贡献奖

五、存在问题

（一）基础设施投入较大，制约了发展速度

稻渔生态综合种养新技术新模式对基础设施要求较高，除去土地承包费等基本费用外，平田整地、宽沟深槽建设、流水槽建设、围栏建设、进排水设施建设等属于稻渔综合种养田间工程改造的重耗资区，并且需要每年进行维护、维修，一定程度上造成了稻渔生态综合种养新技术新模式的高门槛。同时，农家肥、饲料费、种子费、人工费、机械作业费等都在生产总成本中占较大比例，说明稻田养殖模式前期投入较大，对资金需求高，让很多种养户望而却步。目前政府在稻田养殖方面的支持政策和资金投入还十分有限，政府主导的示范推广力度和深度有待加强。

（二）种植和养殖双技能人才缺乏，降低了经济效益

水稻种植和水产养殖是两个不同的技术工种，目前宁夏大部分稻渔综合种养大户都是种稻出身，虽然种植水稻经验丰富，但对水产养殖一知半解，对鱼、虾、蟹、鳖、鳅、鸭等生物习性及养殖知识匮乏，严重缺乏必要的水产养殖知识和技术。而部分水产养殖大户，却又缺乏必要的水稻种植技术和加工技术。同时，作为水产技术推广部门，在实际技术指导推广过程中，双技能人才缺失，综合服务能力不足。导致在实际推广过程中，因技术和管理等原因造成水稻种植和水产养殖效益不能得到双赢。

六、下一步工作思路和措施

依托 2 个国家级稻渔综合种养示范基地，结合"农业农村部稻渔综合种养技术"示范项目，拓展稻渔综合生态种养功能，实现稳粮、减排、减肥、减药和增收的"一稳三减一增"综合效益。

（一）开展"宽沟深槽"环田沟模式生态种养新技术的示范

一是继续提升稻渔综合种养建设标准，扩大示范面积和范围，将小块田平整为 20 亩的大块田，形成成熟、完善的"宽沟深槽"稻渔综合种养新技术模式，进行大面积推广。二是继续丰富稻渔综合种养品种，拓展稻渔综合种养模式。开展稻田养小龙虾、稻田养鳖、稻田养青田鱼试验。

（二）示范推广流水槽养鱼与稻渔种养生态循环养殖模式

将"宽沟深槽"稻渔综合种养技术和工程化循环水养殖技术结合起来，形成流水槽养鱼与稻渔种养生态循环养殖模式。水稻种植、稻田养蟹（渔）、流水槽养鱼相融合，田块种稻、水稻净水、鱼粪肥田、蟹（渔）除杂草互相作用，破解养殖水体富营养化、尾水污染等问题，达到"一水两用、一田多收、种养结合、生态循环、提质增效、减量增收、绿

色发展、富裕渔民"的综合效益,打造稻渔生态种养3.0版"宁夏模式"。

宁夏回族自治区水产技术推广站

李斌　白富瑾　张朝阳　王建勇

第二十六章　2018 年新疆维吾尔自治区稻渔综合种养产业发展分报告

按照全国水产技术推广总站《关于报送稻渔综合种养产业发展报告的通知》（农渔技产函〔2018〕227 号）文件要求，现将 2018 年度稻渔综合种养产业发展情况予以汇报。

一、稻渔综合种养产业发展情况

（一）新疆稻田种植基本情况

新疆稻区中的早中熟稻区集中分布于水源充沛中段的洪积—冲积扇缘和泉水溢出带，乌鲁木齐市米东区和伊犁哈萨克自治州察布查尔锡伯自治县是早中熟稻的主产区；阿克苏河、塔里木河、渭干河、开都河、孔雀河流域冲积平原的北部是中晚熟稻区；克孜勒苏河、叶尔羌河、和田河、克里雅河流域的冲积扇缘、河漫滩及低洼地的南疆西南部为晚熟及复播稻区。

目前新疆最大的 3 个产稻区分别为伊犁哈萨克自治州察布查尔锡伯自治县、阿克苏地区温宿县和乌鲁木齐市米东区，3 个产稻区的稻谷产量占全区产量的 40% 以上。其中，伊犁哈萨克自治州有 200 多年水稻种植历史，是目前新疆最大的水稻生产区，2018 年水稻种植面积 22 万余亩，约占全疆总面积的 30%，主要分布在察布查尔、霍城、伊宁、新源、巩留等县，以察布查尔、霍城两县面积最大，占全地区水稻面积的三分之二，其中察布查尔县作为主产区水稻面积 17 万余亩，水稻单产达 600kg 左右。近年来，伊犁哈萨克自治州立足优势，以稳定面积、提高单产、提升品质为基础，水稻产业呈现出良好发展态势。温宿县位于天山南麓、塔克拉玛干沙漠北缘，于 1998 年被农业部命名为"中国大米之乡"称号，目前，温宿县水稻种植面积在 15 万亩、总产量 10 万 t 左右。米东区是新疆水稻种植历史最悠久的地区之一，水稻种植面积常年维持在 15 万～20 万亩的规模，但最近几年，米东区水稻种植出现急速锐减的情形，种植面积从过去的 20 万亩锐减到如今的不足 5 万亩。

（二）新疆稻渔综合种养基本情况

新疆开展稻渔综合种养起步较晚，最早为乌鲁木齐市米东区，自 2009 年起，在该区科技局的主导下，米东区大力发展稻田养蟹，种植户通过引进技术、品种，在专业技术人员的指导下，经过三年经验积累，摸索出了适合本地的养殖方式，发挥了显著的经济效益，成为了自治区稻渔综合种养的典型。目前，自治区稻渔综合种养主要分布于伊犁哈萨克自治州察布查尔县、乌鲁木齐市米东区、阿克苏地区温宿县，塔城地区沙湾县、乌苏市等水资源较为丰富的水稻主产区，也是农业产业结构多样化发展和实施农业产业结构调整的重点县市。按照在全疆进行稻田养殖（鱼、虾、蟹）经济模式调查统计发现：全疆稻渔综合种养面积总计 6 890 亩，其中乌鲁木齐米东区三道坝镇、羊毛工镇及长山子镇共有稻田养蟹 3 000 亩、稻田养鱼 120 亩；伊犁哈萨克自治州察布查尔县稻田养蟹 1 500 亩、稻田养鱼 120 亩；塔城地区乌苏市稻田养蟹 1 000 亩、温宿县稻田养蟹 550 亩、稻田养鱼 300亩、稻田养鸭 300 亩。稻田综合种养面积约占稻田种植总面积的 0.9%。

二、本区域对稻田养殖政策扶持情况

通过调研发现，因稻渔综合种养涉及种植业、养殖业，技术要求相对较高，各地的稻渔综合种养均为项目财政资金引导下尝试开展，行业主管部门提供了免费蟹苗、技术等支持。

以新疆地区最早开展稻蟹综合种养的乌鲁木齐市米东区为例，在米东区科技局倡导下，开展稻田蟹养殖试验的资金来源由米东区科技计划资助；其间，陆续得到了市科技计划资金、自治区渔业发展资金资助，2011 年项目产生较为显著的经济效益后，周边养殖户开始自筹资金大规模投入开展稻田养蟹综合经营。

伊犁哈萨克自治州察布查尔县开展稻田养蟹为江苏省对口支援伊犁哈萨克自治州前方指挥部牵线，江苏省、自治区和自治州外国专家局联合引进"稻蟹共作"种植技术在察布查尔县试验，使这项技术得到有效推广，有机水稻种植面积不断扩大。试验资金一部分为自筹资金，另外一部分为自治区渔业发展资金资助、自治区科技扶贫资金等。

塔城地区乌苏市的稻田养蟹为市科技局经过近两年考察后引进，2015 年，市科技局争取项目经费 15 万元，从辽宁省盘锦市引进优质中华绒螯蟹蟹苗，分别在西湖镇、头台乡稻田养殖螃蟹 550 亩和 200 亩，取得了显著成效。

近年来，自治区名特优水产品消费的增长和内地市场对新疆名特优水产品的青睐，使各地渔业主管部门认识到发展名优特水产品对于自治区渔业转方式、调结构和加快供给侧改革的重要性，其中在有稻田种植的地方，政府职能部门已着手加大宣传力度，大力发展种养结合的发展模式，为当地渔业经济的发展增添新的亮点和发展活力。

三、稻田养殖主要模式及成本收益情况

养殖模式：受新疆地理条件和气候因素的制约，稻渔综合种养的养殖模式相对较为单一，均为单季稻田种养殖，其中养殖品种主要为中华绒螯蟹，占稻渔综合种养面积的96% 以上；极少数养殖户尝试套养鳖、鲫、小龙虾等品种，但因养殖技术限制，养殖效益较低。稻渔综合种养结构为稻蟹双元复合养殖结构，工程模式为稻田回沟式、沟塘结合，极少有其他模式。

养殖规模：从事稻渔综合种养的人员均为之前的水稻种植户和种养殖综合经营的企业、合作社，未发现渔民转型从事稻田综合种养殖，其中稻田以承包土地或流转土地为

主。综合种养面积不等，大的 600 亩，小的 10 亩。投放蟹苗规格以扣蟹为主，亩放养密度 3~6kg，蟹苗的来源以辽蟹为主，长江蟹较少。养成商品蟹亩产量 5~25kg；价格视规格、大小而定，均价 100~120 元/kg。

养殖效益：稻田综合生产成本中，养殖成本主要为蟹苗、防逃设施、蟹捕捞人工费用；稻田种植成本主要为种子、肥料、水电、人工、机械作业等费用。通过近 3 年的稻渔综合种养收益分析发现，全疆稻田综合种养殖生产出的水稻价格市场差异较大，主要原因为品牌化发展道路差异，部分地区因种养殖规模小，缺少宣传，水稻销售价格与普通种植方式的价格相差不大，稻渔综合种养主要的效益增长点在于螃蟹养殖收益。而伊犁哈萨克自治州察布查尔县、温宿县等地建立了"基地＋公司＋农户"的合作方式，把有机水稻种植发展推向市场，可亩产有机水稻 350kg，螃蟹 15~20kg，亩产值可达 3 500 元以上，比普通水稻亩产 650kg 收入 2 000 元增加了 1 500 元以上。

四、存在的问题

（一）种养殖技术缺乏，综合种养模式较为单一

稻田种植在新疆有较为悠久的历史，但稻田养殖发展较晚，在新技术、设施建设等方面较为薄弱，综合种养殖技术缺乏仍然是制约稻田养殖的主要因素，全疆稻渔综合种养几乎全部为稻田养蟹，大宗淡水鱼及名优鱼类品种的稻田养殖基本处于空白。同时，在本次调研过程中发现，自治区各地的土壤、气候等条件复杂，稻田养蟹技术普遍还不成熟，部分地区产量不稳定，亩产商品蟹 5~25kg，养殖规格和产量差异较大，从事稻田综合种养殖的普遍为农民，对水产养殖技术知之甚少，养殖技术水平有待于提高，综合效益没有得到充分发挥。

（二）经营不规范，管理还待进一步加强

稻渔综合种养的经济效益主要为水产品增产后的养殖效益和水稻品质提升后的种植效益，综合种养的稻米和水产品受到消费市场的欢迎。但调研过程中发现，部分种植户将从市场上购置的商品蟹投放到稻田冒充稻蟹，部分商家将普通稻米包装成稻蟹米进行高价销售，这些现象经曝光后对消费者的消费心理产生了较大的影响，管理部门需加强市场监督与管理，建立强有力的品牌引领。例如，察布查尔县的优质稻谷因品牌不响，只能走低端市场，目前，政府对本地 19 家大米企业推行准入和统一标识，引入了第三方监管机构，对大米的种植、收割、生产过程进行 24h 全方位监管，并不定期对稻田内的有机水稻抽样检测，对各企业生产的大米进行批量检测，建立了严格的质量安全标准，符合标准的企业在大米包装袋上使用"察布查尔大米"地理标志商标，满足了个性化、多样化、高品质的消费需求，实现了农民的增产增收。

（三）稻渔综合种养的优势还未充分发挥

目前，稻渔综合种养的宣传还主要侧重于渔业养殖户，在种植业领域宣传得较少，而调研过程中发现，极少有渔民弃渔从事稻渔综合种养的意愿，渔民增收途径仍以水产新品

种、新技术的应用为主，开展稻渔综合种养的大多数为原以稻田种植为主的农户，因而，仅在渔业领域开展稻渔综合种养示范推广工作不能充分发挥其优势。近年来，水稻种植成本不断上涨而收购价格未涨，导致种植效益明显下降，政府决策部门应在种植业特别是水稻种植行业加大宣传引导力度，结合地方实际，鼓励引导各地积极探索实践稻渔综合种养先进技术模式，逐步建立健全稻渔综合种养产业体系、生产体系和经营体系，深入挖掘稻渔综合种养，在促进农业增效、带动农民增收的同时，进一步加快推进农业转型升级，加速农业供给侧结构性改革。

（四）水资源限制了养殖规模的扩大

新疆的农业用水日趋紧张，受水资源的限制，需水量大的水稻面积不断缩减，已从20世纪80年代初的播种面积140万亩缩减到目前的75万亩左右，对稻渔综合种养的发展产生了不利影响。如乌鲁木齐市米东区水稻种植面积从过去的20万亩锐减到如今的不足5万亩，稻田养蟹面积从2012—2013年的1万亩下降至目前的3 000亩左右，而且仍呈下降趋势。因而，研发推广高产高效稻渔综合种养技术，提高综合种养效益，是自治区稻渔综合种养产业发展的必由之路。

新疆维吾尔自治区水产技术推广总站

高攀

附录　国家级稻渔综合种养示范区名单（第一批）

省、自治区、直辖市	序号	名称	建设单位	面积（亩）	备注
天津	1	天津市宝坻区鸿腾国家级稻渔综合种养示范区	天津鸿腾水产科技发展有限公司	3 000	
辽宁	2	辽宁省大洼县光合国家级稻渔综合种养示范区	盘锦光合蟹业有限公司	4 623	
	3	辽宁省盘山县绕阳河国家级稻渔综合种养示范区	盘锦绕阳河文化旅游有限公司	5 300	
吉林	4	吉林省白城市弘博国家级稻渔综合种养示范区	白城市弘博农场有限公司	5 000	
江苏	5	江苏省沛县湖西国家级稻渔综合种养示范区	江苏徐垦湖西农业发展有限公司	11 466	
	6	江苏省盱眙县小河国家级稻渔综合种养示范区	盱眙小河农业发展有限公司	2 810	山区
浙江	7	浙江省德清县清溪国家级稻渔综合种养示范区	浙江清溪鳖业股份有限公司	3 200	
安徽	8	安徽省繁昌县盛典国家级稻渔综合种养示范区	芜湖盛典休闲生态园有限公司	5 120	
	9	安徽省全椒县赤镇国家级稻渔综合种养示范区	全椒县赤镇龙虾经济专业合作社	13 500	
	10	安徽省庐江县放马滩国家级稻渔综合种养示范区	庐江县放马滩龙虾养殖专业合作社	12 000	
福建	11	福建省松溪县稻花鱼国家级稻渔综合种养示范区	松溪县稻花鱼养殖专业合作社	1 200	山区
江西	12	江西省彭泽县九江凯瑞国家级稻渔综合种养示范区	九江凯瑞生态农业开发有限公司	10 000	
	13	江西省万载县丁家源国家级稻渔综合种养示范区	万载县潭埠镇丁家源水产养殖农民专业合作社	3 000	

（续）

省、自治区、直辖市	序号	名称	建设单位	面积（亩）	备注
山东	14	山东省高青县大芦湖国家级稻渔综合种养示范区	淄博大芦湖文化旅游有限公司	3 300	
	15	山东省滨州市澍稻廪实国家级稻渔综合种养示范区	滨州澍稻廪实农业科技有限公司	5 600	
湖北	16	湖北省潜江市莱克国家级稻渔综合种养示范区	湖北莱克现代农业科技发展有限公司	8 000	
	17	湖北省监利县福娃国家级稻渔综合种养示范区	福娃集团有限公司	6 900	
	18	湖北省潜江市华山国家级稻渔综合种养示范区	湖北省潜江市华山水产食品有限公司	20 000	
	19	湖北省京山县盛老汉国家级稻渔综合种养示范区	京山县盛老汉家庭农场	5 000	
湖南	20	湖南省南县君富国家级稻渔综合种养示范区	南县君富稻虾种养专业合作社	3 075	
广东	21	广东省乳源瑶族自治县中冲富民国家级稻渔综合种养示范区	广东省乳源瑶族自治县大桥镇中冲富民蔬菜专业合作社	1 560	山区
河南	22	河南省潢川县黄国粮业国家级稻渔综合种养示范区	河南黄国粮业股份有限公司	4 564	
	23	河南省光山县青龙河国家级稻渔综合种养示范区	光山县青龙河农业机械化农民专业合作社	3 160	山区
四川	24	四川省隆昌市隆农汇国家级稻渔综合种养示范区	四川隆农汇农业有限公司	5 632	
	25	四川省邛崃市稻渔源国家级稻渔综合种养示范区	邛崃稻渔源农业合作联社	4 000	
	26	四川省江油市贯福国家级稻渔综合种养示范区	江油市贯福生态种养殖专业合作社	2 800	山区

（续）

省、自治区、直辖市	序号	名称	建设单位	面积（亩）	备注
贵州	27	贵州省遵义市山至金国家级稻渔综合种养示范区	贵州山至金生态农业有限公司	500	山区
	28	贵州省湄潭县满地金国家级稻渔综合种养示范	贵州满地金现代农业发展有限公司	1 000	山区
云南	29	云南省元阳县呼山众创国家级稻渔综合种养示范区	元阳县呼山众创农业开发有限公司	2 800	山区
	30	云南省大理市荣江国家级稻渔综合种养示范区	大理荣江生态农业发展有限公司	428	山区
陕西	31	陕西省榆林市百川国家级稻渔综合种养示范区	榆林百川生态农业有限公司	2 500	山区
宁夏	32	宁夏回族自治区贺兰县广银米业国家级稻渔综合种养示范区	宁夏广银米业有限公司	3 600	
	33	宁夏回族自治区灵武市金河渔业国家级稻渔综合种养示范区	灵武市金河渔业专业合作社	3 132	